MATHEMATIK FÜR INGENIEURE, NATURWISSENSCHAFTLER,
ÖKONOMEN UND LANDWIRTE · BAND 1

Herausgeber: Prof. Dr. O. Beyer, Magdeburg · Prof. Dr. H. Erfurth, Merseburg
Prof. Dr. O. Greuel † · Prof. Dr. H. Kadner, Dresden
Prof. Dr. K. Manteuffel, Magdeburg · Doz. Dr. G. Zeidler, Berlin

PROF. DR. N. SIEBER
PROF. DR. H.-J. SEBASTIAN
DOZ. DR. G. ZEIDLER

Grundlagen der Mathematik, Abbildungen, Funktionen, Folgen

7. AUFLAGE

BSB B. G. TEUBNER VERLAGSGESELLSCHAFT
LEIPZIG   1986

Verantwortlicher Herausgeber:
Dr. rer. nat. habil. Horst Erfurth, ordentlicher Professor an der Technischen Hochschule
„Carl Schorlemmer", Leuna-Merseburg

Autoren der Kapitel 1—7:
Dr. rer. nat. Norbert Sieber, ordentlicher Professor an der Technischen Hochschule Leipzig
Dr. sc. nat. Hans-Jürgen Sebastian, ordentlicher Professor an der Technischen Hochschule Leipzig

Autor der Kapitel 8—10:
Dr. rer. nat. Günter Zeidler, Dozent an der Hochschule für Ökonomie „Bruno Leuschner",
Berlin-Karlshorst

Als Lehrbuch für die Ausbildung an den Universitäten und Hochschulen der DDR anerkannt.

Berlin, Februar 1982   Minister für Hoch- und Fachschulwesen

Anerkanntes Lehrbuch seit der 1. Auflage 1973.

Sieber, Norbert:
Grundlagen der Mathematik, Abbildungen, Funktionen, Folgen / N. Sieber;
H.-J. Sebastian; G. Zeidler. —
7. Aufl. — 195 S.: 99 Abb. — Leipzig: BSB Teubner, 1986. —
(Mathematik für Ingenieure, Naturwissenschaftler, Ökonomen und Landwirte; Bd. 1)
NE: Sebastian, Hans-Jürgen:; Zeidler, Günter:; GT

ISBN 3-322-00293-4

Math. Ing. Nat. wiss. Ökon. Landwirte, Bd. 1
ISSN 0138-1318

© BSB B. G. Teubner Verlagsgesellschaft, Leipzig, 1973

7. Auflage

VLN 294–375/31/86 · LSV 1014

Lektor: Dorothea Ziegler

Printed in the German Democratic Republic

Gesamtherstellung: INTERDRUCK Graphischer Großbetrieb Leipzig,
Betrieb der ausgezeichneten Qualitätsarbeit, III/18/97

Bestell-Nr. 665 671 8

01000

Vorwort zur 4. Auflage

Diese Auflage des Lehrbuches wurde erneut – wie schon die 2. – zu einer gründlichen Überarbeitung genutzt, wobei die nunmehr reichlich vorliegenden Erfahrungen bei seinem Einsatz in der Ausbildung von Direkt- und Fernstudenten für Veränderungen, Ergänzungen und Streichungen maßgeblich waren. Im Vordergrund der Überarbeitung stand deshalb auch die weitere Verbesserung der methodischen Gesichtspunkte bei geringer Lockerung von abstrakten Betrachtungsweisen.

Der Inhalt richtet sich – wie in allen weiteren Bänden dieses Lehrwerkes – vorwiegend an Hochschulstudenten der Natur-, Ingenieur-, Wirtschafts- und Landwirtschaftswissenschaften. Dabei stellt der vorliegende Band die mathematischen Grundlagengebiete bereit, die für die nachfolgenden Bände erforderlich sind. Entsprechend ist die stoffliche Auswahl getroffen, wobei auch manche neue Wege beschritten wurden.

Das Lehrbuch ist so angelegt, daß es sowohl Direkt- als auch Fernstudenten zur Unterstützung des Selbststudiums dienen kann. Natürlich bestimmen Kursvorlesungen oder Studienanleitungen Umfang und Auswahl für das mathematische Studium der einzelnen Fachrichtungen.

Weiterhin eignet sich dieser Band sicher auch zum Nachlesen für alle diejenigen Interessenten, die während ihrer Ausbildung die behandelten Gebiete nicht oder nur wenig kennengelernt haben. Wegen seines spezifischen Inhaltes eignet sich auf diese Weise das Lehrbuch auch zum Nachschlagen.

Die Autoren waren sich beim Schreiben dieses Bandes auch der Probleme bewußt, die seine Gestaltung bei teilweise unterschiedlichen Zielstellungen mit sich brachte. Sie möchten sich deshalb sehr herzlich für die vielen konstruktiven Hinweise – insbesondere zu methodischen Fragen – bedanken, die weitgehend berücksichtigt werden konnten. Wir bedanken uns bei Herrn Professor Erfurth, Merseburg, sowie bei Herrn Dipl.-Math. H. Ebmeyer, Dresden, für ihre kritischen Anregungen und konkreten Abänderungsvorschläge, die uns sehr geholfen haben. Weiterhin danken wir Herrn Professor Wußing, Leipzig, für seine wertvollen Bemerkungen zum geschichtlichen Überblick. Besonderer Dank gilt Frau Ziegler vom Teubner-Verlag Leipzig; sie war uns in der Zusammenarbeit wiederum eine verständnisvolle und sachkundige Beraterin.

Die Autoren

Leipzig, Juli 1979

Inhalt

6   Inhalt

1.   Zum Anliegen des Bandes

Der vorliegende Band 1 des Lehrwerkes behandelt einige allgemeine Grundlagen, die für den Aufbau und das Verständnis weiterer mathematischer Gebiete und somit für die Inhalte der folgenden Bände notwendig sind. Auswahl und Umfang dieser Grundlagen leiten sich in erster Linie aus den Erfordernissen ab, wichtige Begriffe, Methoden und Ergebnisse zur fundierten Darstellung mathematischer Disziplinen bereitzustellen.

Dabei ist berücksichtigt, daß nach der Neugestaltung des Mathematikunterrichtes in den allgemeinbildenden Schulen für moderne Auffassungen in der mathematischen Ausbildung günstige Vorbedingungen geschaffen sind. Ausreichende Kenntnisse und Fertigkeiten in der Bruch-, Potenz-, Wurzel- und Logarithmenrechnung sowie in der elementaren Geometrie und der Trigonometrie werden zudem vorausgesetzt. Selbstverständlich ist bei der Darlegung der Grundlagengebiete für Inhalt und Form die Zielstellung des Gesamtlehrwerkes maßgebend, der mathematischen Unterrichtung von Ingenieuren, Naturwissenschaftlern, Ökonomen und Landwirten an Hochschulen zu entsprechen. Deshalb wird für die naturgemäß in den Grundlagengebieten besonders zahlreich auftretenden abstrakten Begriffe der Erkenntnisprozeß durch anschauliche Entwicklung unterstützt, ohne die erforderliche Strenge und Exaktheit zu verletzen. Auch sind zahlreiche anwendungsbezogene Beispiele im Text und bei den Übungsaufgaben enthalten.

Der Sinn mathematischer Betrachtungen besteht allerdings nicht allein im Bereitstellen von Ergebnissen und Sätzen. Er liegt gleichermaßen in den besonderen Formen des Denkens und Schließens zur strengen Herleitung allgemeingültiger Resultate aus exakt formulierten Voraussetzungen. Es ist ein weiteres Anliegen dieses Lehrabschnittes, den Lernenden besonders an exaktes und logisches Denken zu gewöhnen.

In den Abschnitten 3. und 4. beschäftigen wir uns deshalb mit Begriffen der Logik und den aus ihnen abgeleiteten Beweisprinzipien. Für die Gewinnung mathematischer Ergebnisse und Tatsachen ist es charakteristisch, daß sie logisch einwandfrei aus Voraussetzungen abzuleiten sind. Deshalb ist die Kenntnis strenger Beweisführung notwendig und das sorgfältige Studium dieser Abschnitte dringend anzuraten.

Im Abschnitt über die Zahlenbereiche wird bei der Darstellung der reellen Zahlen und der Rechengesetze, denen sie genügen, ein axiomatisches Vorgehen erläutert. Die komplexen Zahlen dagegen werden anschaulich eingeführt und auf Grund ihrer Bedeutung in physikalischen und technischen Anwendungen ausführlich behandelt. Bei vielen mathematischen Untersuchungen treten Fragen der Auswahl, der Anordnung oder der Zusammenstellung verschiedenartiger Elemente auf. Sie werden im Kapitel über Kombinatorik näher untersucht.

Eine zentrale Stellung innerhalb der Mathematik nimmt die Mengenlehre ein. Mit ihren Begriffen lassen sich die mathematischen Disziplinen begründen und die objektiv gegebenen Sachverhalte verschiedener Wissensgebiete erfassen.

Zwei weitere Abschnitte befassen sich mit den in fast allen Anwendungsgebieten bedeutsamen Begriffen der Abbildung bzw. der Funktion, die mengentheoretisch definiert werden. Der letzte Abschnitt schließlich ist den Zahlenfolgen gewidmet und stellt den wichtigen Grenzwertbegriff bereit.

2. Die Entwicklung der Mathematik und ihre Beziehung zur Praxis

2.1. Aus der Entwicklungsgeschichte der Mathematik

Die Geschichte der Mathematik ist eng mit der der menschlichen Gesellschaft verknüpft. Ferner bestimmen einige bedeutende Mathematiker durch ihre richtungweisenden Ideen und Entdeckungen die Entwicklung der Mathematik entscheidend. Die Mathematik gehört – neben Philosophie, Medizin und Astronomie – zu den ältesten Wissenschaften. Sie erreichte schon im 2. Jahrtausend v. u. Z. in Ägypten und Mesopotamien, aber auch im alten China und Indien einen beachtlichen Reifegrad. Die verwendeten Zahlensysteme standen im engen Zusammenhang mit kommerziellen und militärischen Interessen sowie mit Verwaltungsproblemen. Man kannte Verfahren zur Lösung von Gleichungen, sogar höheren Grades. Die Geometrie diente dem Errichten von Bauwerken, der Feldvermessung und der Orientierung am Himmel. Doch handelte es sich um eine rezeptartige, noch nicht auf Beweisen von explizit angeführten Sätzen aufbauende Mathematik.

Erst mit der Herausbildung der antiken Sklavenhaltergesellschaft im alten Griechenland wurde die Mathematik im 6.–5. Jh. v. u. Z. zu einer selbständigen Wissenschaft mit eigenen Methoden und Beweisverfahren; auf dieser Grundlage schuf Euklid (365?–300? v. u. Z.) mit seinen „Elementen" (um 325 v. u. Z.) eine bewunderungswürdige Darstellung des damaligen mathematischen Kenntnisstandes. Mit Archimedes (287?–212 v. u. Z.), dem in Geometrie und Mechanik große Entdeckungen gelangen, erreichte die Mathematik der Antike während der hellenistischen Periode ihren Höhepunkt.

Zur Zeit der Herrschaft der Römer und in der feudalistischen Gesellschaft gab es in Europa keine nennenswerten mathematischen Entwicklungen, während die Mathematik vor allem in Indien und in den Ländern des Islam zu einer hohen Blüte gelangte; viele Teilergebnisse – darunter die indisch-arabischen Ziffern – gelangten seit dem 12./13. Jh. in die Länder des europäischen Feudalismus, in denen bis dahin nur ein sehr bescheidenes wissenschaftliches, darunter auch mathematisches Niveau geherrscht hatte.

Erst mit der Entwicklung von Elementen des Frühkapitalismus in Europa bildeten sich, insbesondere seit dem 16. Jh., günstige Bedingungen für die Übernahme des antiken mathematischen Erbes und für dessen selbständige Weiterentwicklung durch die Europäer heraus. Die Trigonometrie entwickelte sich zu einer selbständigen mathematischen Disziplin. Die Durchbildung der Rechenmethoden machte große Fortschritte; von den sog. Rechenmeistern wurde in Deutschland A. Ries (1492–1559) am bekanntesten, der im Erzgebirge wirkte. Reichlich ein Jahrhundert später wurden die ersten Maschinen für die Grundrechenarten entwickelt (Schickard (1592–1635), Pascal (1623–1662), Leibniz (1646–1716)).

Das Gedankengut der rationalistischen philosophischen Systeme und der Aufklärung sowie die bürgerliche Revolution brachten im 16. und 17. Jahrhundert mit der Überwindung der feudalistischen Gesellschaftsordnung und der diese Ordnung rechtfertigenden Ideologien auch den Naturwissenschaften und der Mathematik wieder Geltung und Bedeutung. Descartes (1596–1650) begründete den modernen Rationalismus auf der mathematischen Grundlage der von Galilei (1564–1642) geformten Naturwissenschaften. Er gilt auch als Begründer der analytischen Geometrie.

Die Herausbildung der infinitesimalen Methoden erfolgte in engem Zusammenhang mit der geistigen Bewältigung des Bewegungsproblems in Physik (G. Galilei) und

Himmelsmechanik (J. Kepler). Im Anschluß an die Ergebnisse von Archimedes und durch sehr mühsame Gedankenarbeit im 16. und zu Anfang des 17. Jahrhunderts vermochten es I. Newton (1643–1727) und G. W. Leibniz im letzten Drittel des 17. Jahrhunderts, unabhängig voneinander die Methoden der Differential- und Integralrechnung durchzubilden. Während Newton, der als einer der bedeutendsten Forscher auf den Gebieten der Mathematik, Mechanik und Astronomie gilt, mit Hilfe dieses neu entwickelten mathematischen Werkzeuges den Aufbau der klassischen Mechanik und seine „Mathematischen Prinzipien der Naturwissenschaften" (1687) vollenden konnte, setzten sich die geschickteren Bezeichnungen von Leibniz rasch durch. Die „Infinitesimalmathematik" wurde im 18. Jh. in den Händen der Gebrüder Johann (1667–1748) und Jakob Bernoulli (1645–1705) und L. Eulers (1707–1783), der in Berlin und Petersburg wirkte, zu einem weitreichenden Mittel zur Bewältigung schwieriger Probleme der Mechanik, der Himmelsmechanik, der Optik, des Artilleriewesens, der Seeschiffahrt und vieler anderer praktischer Anwendungen.

Die neue Geltung und Anerkennung der Mathematik und der Naturwissenschaften kam u. a. auch bei J. L. d'Alembert (1717–1783) und in der großen französischen Encyclopédie zum Ausdruck.

Nach der französischen bürgerlichen Revolution (1789) setzte insbesondere in den von der industriellen Revolution erfaßten Ländern Europas ein bedeutender Aufschwung in der Mathematik ein. Bei der Grundlegung der Analysis, in Algebra, in darstellender, analytischer und projektiver Geometrie sowie bei der Nutzbarmachung der Mathematik für Anwendungen in Technik und Naturwissenschaften wurden bedeutende Fortschritte erzielt. J. Lagrange (1736–1813), P. S. Laplace (1749–1827), A. Legendre (1752–1833), G. Monge (1746–1818), J. Fourier (1768–1830), A. Cauchy (1789–1857), J. V. Poncelet (1788–1867) u. a. leisteten hier und auf anderen mathematischen Gebieten Hervorragendes; viele Mathematiker nahmen aktiv am gesellschaftlichen Leben ihrer bewegten Zeit teil. Sie haben zudem große Verdienste bei der Neugestaltung der mathematischen Ausbildung.

Der deutsche Mathematiker C. F. Gauß (1777–1855) lieferte am Ende des 18. und zu Beginn des 19. Jahrhunderts hervorragende Beiträge zur Entwicklung der Mathematik. Er bereicherte sie um zahlreiche neue Verfahren und Theorien und überwand viele ungelöste Probleme. Seine Forschungen waren dabei an Anwendungen in der Geodäsie, der Astronomie und der mathematischen Physik orientiert.

Von der zweiten Hälfte des 19. Jahrhunderts bis zum Ausbruch des ersten Weltkrieges traten insbesondere die Mathematiker aus den Ländern hervor, in denen sich Kapitalismus und Industrialisierung am weitesten entwickelt hatten. Genannt seien: G. Boole (1815–1869), A. Cayley (1821–1895) und R. Hamilton (1805–1865) in Großbritannien, C. Jordan (1838–1922) und H. Poincaré (1854–1912) aus Frankreich, K. Weierstraß (1815–1897), B. Riemann (1826–1866), R. Dedekind (1831 bis 1916) und F. Klein (1849–1925) aus Deutschland, S. Lie (1842–1899) aus Norwegen, E. Beltrami (1835–1900) und G. Peano (1858–1932) aus Italien, Ch. S. Peirce (1839–1914) aus den USA sowie N. I. Lobatschewski (1792–1856) und P. L. Tschebyscheff (1821–1894) aus Rußland. Für die Begründung wichtiger Gebiete und Auffassungen in der modernen Mathematik sind die grundlegenden Ideen von G. Cantor (1845–1918) und D. Hilbert (1862–1943) aus Deutschland sowie die des polnischen Mathematikers St. Banach (1892–1945) zu großer Bedeutung gelangt.

Nach der Großen Sozialistischen Oktoberrevolution (1917) nahmen die mathematischen Forschungen in der Sowjetunion einen ungeheuren Aufschwung. Die gesellschaftliche und wirtschaftliche Entwicklung in diesem Lande ermöglichte es, daß heute die sowjetischen Mathematiker zu den führenden in der ganzen Welt zählen und ihre Ergebnisse und Leistungen Entwicklungsrichtungen der modernen

Mathematik bestimmen. Auch in der DDR wurde die Bedeutung der Mathematik durch die Partei- und Staatsführung erkannt, was sich in einer großzügigen Förderung der mathematischen Forschung und Ausbildung äußert.

Dieser kurze Abriß zeigt, daß vorwiegend in den fortschrittlichen Gesellschaftsordnungen einer Epoche die Mathematik durch bedeutende Entdeckungen erweitert und bereichert wird.

2.2.   Zu den Anwendungen der Mathematik

Die klassische Mathematik fand ihre Anwendung vorwiegend in Physik, Mechanik, Astronomie und Geodäsie. Die mathematische Durchdringung dieser Wissenschaften wirkte sich andererseits befruchtend auf die Entwicklung der Mathematik und ihrer Methoden aus. Auch die technischen Wissenschaften bedienen sich seit ihrer Entstehung in starkem Maße des mathematischen Instrumentariums.

Die Begriffe der Mathematik sind Abbild von für den Gegenstand mathematischer Betrachtungen wesentlichen Eigenschaften der Realität in unserem Bewußtsein. Von realen Erscheinungen läßt sich ein abstraktes mathematisches Modell aufbauen, das ihre Haupteigenschaften widerspiegelt und einfacher ist. Dieses Modell kann mit mathematischen Methoden untersucht werden, und es können dabei neue Eigenschaften und Gesetzmäßigkeiten der realen Erscheinungen entdeckt werden.

Aber auch umgekehrt lassen sich zu mathematischen Strukturen Realisierungen finden, deren Anwendungen von großem Nutzen für den wissenschaftlichen Fortschritt sind. Dieses Vorgehen wird in der Astronomie, der modernen Physik oder bei der Entwicklung elektronischer Rechenanlagen erfolgreich praktiziert.

Auf dieser Grundlage erklären sich die engen Wechselbeziehungen zwischen der gesellschaftlichen Praxis und der Mathematik. Heutzutage werden mathematische Methoden besonders in der Wirtschaft, der Chemie, der Geologie, der Biologie, der Medizin und der Landwirtschaft, in der Pädagogik und in den Sprachwissenschaften angewendet. Diese Mathematisierung der Wissenschaften ist eine der bedeutendsten Erscheinungsformen der wissenschaftlich-technischen Revolution. Die Mathematik entwickelt sich somit zum Bindeglied verschiedener Disziplinen und beeinflußt aktiv die Entwicklung der Wissenschaften und der Praxis.

Besondere Bedeutung besitzen algorithmische Darstellungen und numerische Methoden im Hinblick auf die Nutzung der elektronischen Rechenautomaten zur Beschreibung und Lösung der Modelle. Da vielen Vorgängen Zufallserscheinungen innewohnen, ergibt sich eine starke Beachtung der stochastischen Betrachtungsweise. Sehr intensiv sind mathematische Probleme der Planung und Leitung, der Prozeßsteuerung, der Produktionskontrolle, der Versuchsplanung und der Zuverlässigkeit von Systemen zu betrachten. Häufig sind diese Fragen im Zusammenhang mit Optimierungen zu sehen. Aus der gewachsenen Leistungsfähigkeit der elektronischen Rechenanlagen ergeben sich zudem neue Gesichtspunkte für die Anwendung mathematischer Methoden in den Anpassungs- und Lernprozessen oder den Problemen der nichtnumerischen Informationsverarbeitung.

Die Mathematik trägt auch dadurch in hervorragendem Maße zum gesellschaftlichen Fortschritt bei, indem sie das Formalisieren und Quantifizieren, die strenge Begriffsbildung, die Entwicklung von Ordnungsprinzipien und das logische Denken in hohem Maße fördert.

3. Logik

Die nachfolgenden ausgewählten Bemerkungen zur Logik dienen in erster Linie dazu, den Leser zu befähigen, vorgelegte Sätze in besonderer Weise mit dem Ziel einer Formalisierung zu analysieren.

Wir stellen zunächst mit den sogenannten Wahrheitstabellen ein einfaches Instrumentarium bereit, um festzustellen, ob der vorgelegte Sachverhalt eine wahre oder falsche Aussage darstellt. Dies sind die notwendigen Grundlagen zum Verständnis der logischen Schlüsse, die in der Mathematik, aber auch in anderen Wissenschaften, immer wieder benötigt werden.

Darüber hinaus findet die Logik in neuerer Zeit immer mehr auch Anwendungen in Naturwissenschaften und Technik (digitale Rechentechnik, Neuronennetze, Technologie, Netzplantechnik, Steuerungsprobleme).

3.1. Aussagen

Gegenstand der Logik sind *Aussagen*. Diese werden im sprachlichen Umgang in Aussagesätzen formuliert. Eine Aussage drückt einen *Tatbestand* aus. Demzufolge sind alle aus der Umgangssprache bekannten Fragesätze, Aufforderungssätze, Befehlssätze, Wunschsätze, Zweifelssätze usw. keine Aussagesätze. Speziell sind

- Ist $10^{10} + 1$ eine Primzahl?
- Löse die Gleichung $x^2 + 4x + 10 = 0$!
- Rechts abbiegen!
- Hoffentlich scheint morgen die Sonne.
- Ich glaube nicht, daß morgen die Sonne scheint.

keine Aussagesätze.

Betrachten wir zunächst als Beispiel die Aussage „$2 \cdot 2 = 4$". Diese Aussage kürzen wir mit p ab und schreiben:

$$p = \text{„}2 \cdot 2 = 4\text{"}$$

Ebenso wird in den folgenden Beispielen verfahren.

Beispiel 3.1:

$q = \text{„}10$ ist eine Primzahl!"

$r = \text{„Die Sonne scheint"}$

$s = \text{„Am 10. 10. 1995 wird in Leipzig die Sonne scheinen"}$

$t = \text{„Kolumbus hat 1492 Amerika entdeckt"}$

Diese Beispiele zeigen, daß es sinnvoll ist, nach dem *Wahrheitsgehalt* der entsprechenden Aussagen zu fragen.

Die mit p und t abgekürzten Sätze stellen offenbar wahre Aussagen dar, dagegen ist q falsch. Die Frage nach dem Wahrheitsgehalt der durch r beschriebenen Aussage ist erst nach Kenntnis von Ort und Zeit mit „wahr" bzw. „falsch" entscheidbar. Für die durch s beschriebene Aussage ist es sinnvoll, den Wahrheitsgehalt zu dem Zeitpunkt, an dem sie gemacht wird, durch eine Wahrscheinlichkeit zu präzisieren.

Diese Überlegungen veranlassen uns zunächst zur folgenden Erklärung:

p heißt eine Aussage, *wenn p einen Tatbestand ausdrückt.*

Die Gesamtheit aller so definierten Aussagen p fassen wir zu einer Menge A_1 zusammen: $A_1 = \{p \mid p$ ist eine Aussage$\}$.

Wir benutzen bereits hier den Begriff der Menge, welcher in Abschnitt 7. ausführlicher behandelt wird.

Unter einer *Menge* verstehen wir nach Cantor eine Gesamtheit (Zusammenfassung) bestimmter, wohlunterschiedener Objekte unserer Anschauung oder unseres Denkens, wobei von einem Objekt eindeutig feststeht, ob es zur Menge gehört oder nicht.

Können wir die Objekte, die zur Menge gehören und *Elemente* der Menge heißen, aufschreiben, so führen wir sie in geschweiften Klammern auf. So wird die Menge M_1 der natürlichen Zahlen, die größer als 2 und kleiner als 10 sind, wie folgt geschrieben: $M_1 = \{3, 4, 5, 6, 7, 8, 9\}$. Die Tatsache, daß z. B. 5 Element der Menge M_1 ist, beschreiben wir mit der Symbolik $5 \in M_1$, während $1 \notin M_1$ bedeutet, daß 1 kein Element von M_1 ist. Wir werden auch generell für Mengen große lateinische Buchstaben zur Bezeichnung benutzen. Eine andere Schreibweise für eine Menge M ist

$$M = \{x \mid E\}.$$

Wir lesen dieses Symbol folgendermaßen: „M ist die Menge aller Elemente x, die die Eigenschaft E besitzen". Die oben erklärte Menge A_1 ist in dieser Schreibweise formuliert $A_1 = \{p \mid p$ ist eine Aussage$\}$. Die Menge M_1 kann mit Hilfe dieser Symbolik als

$$M_1 = \{x \mid x \quad \text{natürliche Zahl und} \quad 2 < x < 10\}$$

geschrieben werden.

Schließlich sei bereits an dieser Stelle der Begriff der *Teilmenge* erklärt.

Die Menge A heißt Teilmenge der Menge B, wenn jedes Element der Menge A auch Element der Menge B ist. Wir schreiben in diesem Fall: $A \subseteq B$.

Zum Beispiel

$$\{3, 4, 5\} \subseteq M_1 = \{3, 4, \ldots, 9\},$$

aber

$$\{2, 9\} \quad \text{ist keine Teilmenge von } M_1.$$

Dieser Vorgriff auf Grundbegriffe der Mengenlehre gestattet es uns, nachfolgend gewisse Sachverhalte besser zu formulieren.

Bei unseren weiteren Betrachtungen wollen wir uns auf eine wichtige Teilmenge von A_1 beschränken.

D.3.1 Definition 3.1: *Die Aussage p heißt* **zweiwertige Aussage,** *wenn p entweder wahr oder falsch ist.*

Entsprechend A_1 bilden wir die Menge der zweiwertigen Aussagen A_2:
$A_2 = \{p \mid p$ ist eine zweiwertige Aussage$\}$
Durch diese Definition scheiden wir Aussagen wie s aus den weiteren Betrachtungen aus. Auch Aussagen über die Bewertungen einer Klausur, die man ja üblicherweise mit den Zensuren (Wahrheitswerten) 1 bis 5 vornimmt, sind in A_2 nicht enthalten.

Im Zusammenhang mit A_2 führen wir die *Wahrheitswerte*

„*wahr*", bezeichnet durch W, und

„*falsch*", bezeichnet durch F,

ein. Der Aussage p, $p \in A_2$, ist gemäß Definition 3.1 eindeutig ein Wahrheitswert aus $\{W, F\}$ zugeordnet. Wir bezeichnen diese eindeutige Zuordnung mit $w(p)$, $w(p) \in \{W, F\}$; $w(p)$ – Wahrheitswert der Aussage p.

Wir wollen noch auf einen wichtigen Tatbestand aufmerksam machen. Das Wissen, daß $p \in A_2$ gilt, heißt noch nicht, daß man auch $w(p)$ kennt. Dazu zwei Beispiele:

Beispiele 3.2:

$\quad\quad p = $ „$10^{10} + 1$ ist eine Primzahl";

$\quad\quad q = $ „Ist n eine natürliche Zahl, die größer oder gleich drei ist, so gibt es
$\quad\quad\quad$ keine ganzen, positiven Zahlen x, y, z so, daß $x^n + y^n = z^n$ gilt".

Es ist sofort klar, daß $p \in A_2$ und $q \in A_2$ ist, $w(p)$ ist nicht ohne weiteres angebbar. Es gibt aber einen Algorithmus zur Ermittlung dieses Wahrheitswertes. Dagegen ist der Wahrheitswert von q (großer Fermatscher Satz) bis heute unbekannt.

Die Ermittlung von Wahrheitswerten mathematischer Aussagen ist eine Aufgabe der Mathematik und keine spezielle Aufgabe der Logik.

3.2.   Variable und Aussageformen

Wir betrachten eine Menge X von beliebigen Elementen. Wir wollen x eine *Variable* nennen, wenn x die Elemente von X durchläuft. X heißt dann *Bereich* der Variablen x.
Die Sätze

$\quad\quad$ „x ist eine Primzahl",$\quad\quad$ „y ist eine Großstadt",

die wir mit $p(x)$ bzw. $q(y)$ abkürzen wollen, stellen zunächst keine Aussagen dar. Für jedes konkrete $x = x_1 \in X$ und $y = y_1 \in Y$ gehen $p(x)$ und $q(y)$ jedoch in Aussagen aus A_2 über.

Beispiel 3.3: $X = \{1, 2, \ldots, 10\}$, $Y = \{$Moskau, Leipzig, Weimar$\}$. Die Aussagen $p(2)$, $p(3)$, $p(5)$, $p(7)$ sind wahre Aussagen, dagegen sind $p(1)$, $p(4)$, $p(6)$, $p(8)$, $p(9)$ und $p(10)$ falsche Aussagen. Setzen wir im Satz $q(y)$ für die Variable y die Elemente ihres Bereiches ein, so entstehen die wahren Aussagen „Moskau ist eine Großstadt", „Leipzig ist eine Großstadt" und die falsche Aussage „Weimar ist eine Großstadt".

Für solche Sätze, die eine Variable enthalten, wollen wir einen Namen einführen. Wir definieren:

Definition 3.2: *Eine Formulierung $p(x)$ mit der Variablen $x \in X$ heißt eine* **Aussageform**, **D.3.2** *wenn $p(x)$ bei Einsetzen jedes konkreten Wertes $x = x_1 \in X$ in eine zweiwertige Aussage übergeht. Die Menge der so entstehenden Aussagen heißt Bereich der Aussageform.*

Eine Aussageform ist weder wahr noch falsch. Sie ist selbst keine Aussage, sondern stellt eine Vorschrift zur Gewinnung von Aussagen dar.

Die Sätze der Mathematik und anderer Wissenschaften sind Aussagen bzw. Aussageformen, die eventuell auch von mehr als einer Variablen abhängen. Diese Aussagen bzw. Aussageformen treten nun aber häufig verknüpft durch Bindewörter, verneint oder auf andere Weise modifiziert auf. Mit solchen *Aussagenverbindungen* wollen wir uns im nächsten Abschnitt beschäftigen.

3.3.   Aussagenverbindungen

3.3.1.   Elementare Aussagenverbindungen, n-stellige Aussagenverbindungen

Aus der Umgangssprache sind uns eine Reihe von Bindewörtern bekannt, mit deren Hilfe man mehreren Aussagen eine neue zweiwertige Aussage zuordnen kann.

Beispiel 3.4: Betrachten wir als Beispiele die beiden Aussagen

$$p = \text{„3 ist eine Primzahl“}$$

$$q = \text{„10 ist durch 3 teilbar“}$$

Dann können wir die folgenden neuen Sätze bilden:

(1) $p_1 = $ „3 ist keine Primzahl“

(2) $p_2 = $ „3 ist eine Primzahl und 10 ist durch 3 teilbar“

(3) $p_3 = $ „3 ist eine Primzahl oder 10 ist durch 3 teilbar“

(4) $p_4 = $ „Wenn 10 durch 3 teilbar ist, so ist 3 eine Primzahl“

(5) $p_5 = $ „3 ist genau dann eine Primzahl, wenn 10 durch 3 teilbar ist“

(6) $p_6 = $ „Entweder 3 ist eine Primzahl oder 10 ist durch 3 teilbar“

(7) $p_7 = $ „3 ist eine Primzahl, weil 10 durch 3 teilbar ist“

Zunächst einmal steht fest, daß die Sätze p_1 bis p_7 zweiwertige Aussagen darstellen. Ihr Wahrheitswert läßt sich in der von der Umgangssprache bekannten Weise einfach bestimmen. So gilt:

$$w(p) \;= \; W, \; w(q) = F,$$
$$w(p_1) = F, \; w(p_2) = F, \; w(p_3) = W, \; w(p_4) = W, \; w(p_5) = F,$$
$$w(p_6) = W, \; w(p_7) = F.$$

Wir wollen nun die Überlegungen aus Beispiel 3.4 verallgemeinern. Die Größen p und q bezeichnen zwei beliebige Aussagen, $p \in A_2$, $q \in A_2$. Dann gibt die folgende Tabelle die den Beispielen entsprechenden Aussagenverbindungen, deren Namen und Kurzschreibweisen an. Wir bemerken noch einmal, daß eine solche Aussagenverbindung je zwei Elementen von A_2 in eindeutiger Weise ein Element von A_2 zuordnet. Im Beispiel (1) wird einer Aussage aus A_2 eine andere Aussage, ebenfalls aus A_2, eindeutig zugeordnet. Aus diesem Grunde können wir auch das Wort Aussagenfunktion anstelle Aussagenverbindung benutzen.

Tabelle 3.1. Aussagenverbindungen

Nr.	Aussagenverbindung	Kurzzeichen	Name
1	nicht p	$\bar{p}$	Negation
2	p und q	$p \wedge q$	Konjunktion
3	p oder q	$p \vee q$	Alternative
4	wenn p, so q	$p \rightarrow q$	Implikation
5	p genau dann, wenn q	$p \leftrightarrow q$	Äquivalenz
6	entweder p oder q	–	Disjunktion
7	p weil q	–	–

Die Aussagenverbindungen (2) bis (7) in der Tabelle 3.1 sind zweistellige Aussagenverbindungen, da sie je zwei Aussagen aus A_2 eine neue Aussage aus A_2 eindeutig zuordnen. Die Negation kann als einstellige Aussagenverbindung aufgefaßt werden. Die Begriffe Alternative und Disjunktion werden in der Literatur unterschiedlich verwendet.

Mit diesen ein- und zweistelligen Aussagenverbindungen ist aber die Menge der Verknüpfungen von Aussagen noch keineswegs erschöpft. Oft ist es zur Beschreibung mathematischer Sachverhalte notwendig, Aussagenverbindungen zu betrachten, die aus mehr als zwei Teilaussagen zusammengesetzt werden.

Beispiel 3.5 (Wir benutzen die Kurzschreibweise, um die Struktur der Aussagenverbindung deutlicher hervorzuheben):

$$(p \wedge q) \rightarrow (r \vee s) \tag{3.1}$$

$$((p \vee q \vee r) \wedge (p \rightarrow s) \wedge (q \rightarrow s) \wedge (r \rightarrow s)) \rightarrow s \tag{3.2}$$

Mit Worten bedeutet (3.1): Wenn p und q gelten, so gilt auch r oder s. Dabei kann man sich für p, q, r, s beliebige Aussagen aus A_2 eingesetzt denken.

Allgemein gesprochen, können wir also mit Hilfe von Bindewörtern n Aussagen aus A_2 eine neue Aussage aus A_2 zuordnen, die wir dann *n-stellige Aussagenverbindung* nennen. Die konkrete Art der Verbindung nennen wir die *logische Struktur* der Aussage. Zu dieser logischen Struktur gehören insbesondere auch die Klammern.

Nun können wir die folgende entscheidende Fragestellung der Logik formulieren, auf der dann alle anderen Untersuchungen aufbauen: Wie beeinflußt die logische Struktur den Wahrheitswert der Aussagenverbindung? Dabei fordert man: Der Wahrheitswert der Aussagenverbindung soll nur abhängen

      1. von den Wahrheitswerten der eingehenden Teilaussagen

und

      2. von der logischen Struktur der Aussagenverbindung.

Er soll aber nicht vom konkreten Sinn der in der Aussagenverbindung verknüpften Teilaussagen abhängen. Aussagenverbindungen, die diese Forderung erfüllen, heißen *extensional* (Extension – Ausdehnung); alle anderen heißen *intensionale Aussagenverbindungen* (Intension – Sinn).

Die Aussagenverbindungen 1 bis 6 unserer Tabelle 3.1 werden als extensional aufgefaßt. Dagegen beschreibt zum Beispiel „weil" eine intensionale Aussagenverbindung, was man sich anhand eines Beispiels überlegen kann [14].

3.3.2. Wahrheitstabellen der elementaren Aussagenverbindungen

Im folgenden beschäftigen wir uns nur noch mit extensionalen Aussagenverbindungen und wollen zunächst für die Aussagenverbindungen 1) bis 6) aus Tabelle 3.1 den Wahrheitswert bestimmen. Da diese extensional sind, genügt es, für jede Kombination von Wahrheitswerten (aus $\{W, F\}$) der eingehenden Teilaussagen den Wahrheitswert der Aussagenverbindung anzugeben.

1. Wahrheitstabelle für die *Negation*

      Tabelle 3.2. Wahrheitstabelle der Negation

p	F	W
$\bar{p}$	W	F

In der ersten Zeile dieser Tabelle steht links das Symbol p für die Aussage, rechts daneben die beiden möglichen Wahrheitswerte für p: F, W. Die zweite Zeile enthält links das Symbol $\bar{p}$ für die Negation, daneben die Wahrheitswerte für $\bar{p}$, d. h., gilt $w(p) = F$, so ist $w(\bar{p}) = W$, und für $w(p) = W$ wird $w(\bar{p}) = F$. Diese Tabelle, die wir Wahrheitstabelle nennen, gibt also die Zuordnung spaltenweise an.

2. Wahrheitstabelle für die *Konjunktion*

Tabelle 3.3. Wahrheitstabelle der Konjunktion

p	F	W	F	W
q	F	F	W	W
$\wedge$	F	F	F	W

Da wir es hier mit einer zweistelligen Aussagenverbindung zu tun haben, gibt es $2^2 = 4$ Kombinationen (Paare) von Wahrheitswerten (s. Abschnitt 6.). Jedem solchen Paar entspricht wieder eine Spalte der Tabelle, wobei in der letzten Zeile der zugehörige Wahrheitswert von $p \wedge q$ aufgeschrieben ist. Wir sehen, daß die Konjunktion genau dann wahr ist, wenn beide durch *und* verbundenen Teilaussagen wahr sind.

Entsprechend definieren wir die Wahrheitstabellen der anderen Aussagenverbindungen.

Tabelle 3.4. Wahrheitstabelle der Alternative

p	F	W	F	W
q	F	F	W	W
$\vee$	F	W	W	W

Tabelle 3.5. Wahrheitstabelle der Implikation

p	F	W	F	W
q	F	F	W	W
$\rightarrow$	W	F	W	W

Tabelle 3.6. Wahrheitstabelle der Äquivalenz

p	F	W	F	W
q	F	F	W	W
$\leftrightarrow$	W	F	F	W

Tabelle 3.7. Wahrheitstabelle der Disjunktion

p	F	W	F	W
q	F	F	W	W
entweder p oder q	F	W	W	F

* *Aufgabe 3.1:* Man gebe die Wahrheitstabellen der Aussagenverbindungen $\overline{p \wedge q}$ (Sheffersche Funktion) bzw. $\overline{p \vee q}$ (Nicodsche Funktion) an!

Zu diesen Tabellen sollen noch einige Bemerkungen gemacht werden. Der *Implikation* wird nur dann der Wahrheitswert *F* zugeordnet, wenn die erste Teilaussage *p* (Voraussetzung) wahr, aber die zweite Teilaussage *q* (Behauptung) falsch ist.

Beispiel 3.6: Die Aussage „Wenn 3 eine Primzahl ist, so ist 10 durch 3 teilbar" ist offenbar falsch. Die Aussage „Wenn 4 eine Primzahl ist, so ist 10 durch 3 teilbar" wird dagegen als wahr angesehen.

Bemerkenswert ist auch der Unterschied zwischen *Alternative* und *Disjunktion*. Die Alternative stellt ein einschließendes, die Disjunktion ein ausschließendes *oder* dar.

Betrachten wir noch die folgenden zwei Aussagen

$p = $ „$2 \cdot 2 = 4$" oder „Berlin ist die Hauptstadt der UdSSR"

$q = $ Wenn „$2 \cdot 2 = 5$" ist, so „ist die Erde ein Planet"

Aussagenverbindungen dieser Art sind häufig insbesondere philosophischer Kritik ausgesetzt. Im Sinne der Logik handelt es sich jedoch bei *p* und *q* um wahre Aussagen, obwohl diese Aussagenverbindungen rein inhaltlich gesehen völlig sinnlos sind. Im Sinne einer völligen Allgemeinheit der zur Aussagenverbindung zugelassenen Aussagen aus A_2 ist es aber legitim, auch Verbindungen der obigen Art zu bilden.

Es ist zweckmäßig, die Tabellen 3.1 bis 3.7 gut im Gedächtnis zu behalten, da sie Bausteine für nachfolgende Überlegungen sind.

3.3.3.   Wahrheitstabellen *n*-stelliger ($n > 2$) Aussagenverbindungen

Die Wahrheitstabellen ordnen jeder Kombination (bisher jedem Paar) von Wahrheitswerten eindeutig einen Wahrheitswert zu. Diese Zuordnung ist spaltenweise in den Tabellen rechts vom vertikalen Strich dargestellt. Die Tabellen repräsentieren also *Funktionen* (siehe auch Abschnitt 8.), die man auch *Wahrheitsfunktionen* nennt.

Am Beispiel der 4-stelligen Aussagenverbindung

$$(p \wedge q) \to (r \vee s) \tag{3.3}$$

wollen wir jetzt noch zeigen, wie man mit Hilfe der in 3.3.2. angegebenen Wahrheitstabellen die Wahrheitstabelle einer mehr als zweistelligen Aussagenverbindung bestimmt.

Zunächst kann man sich überlegen, daß es $2^4 = 16$ verschiedene Kombinationen von Wahrheitswerten gibt. Diese werden in zweckmäßiger Reihenfolge im Kopf der Tabelle aufgeschrieben. Betrachten wir die Struktur von (3.3), so sehen wir, daß wir es mit einer Aussagenverbindung $t \to u$ mit $t = p \wedge q$, $u = r \vee s$ zu tun haben. Dies gibt uns die Möglichkeit, die Wahrheitstabelle schrittweise, wie nachfolgend dargestellt, aus den schon bekannten Bausteinen aufzubauen.

Tabelle 3.8. Wahrheitstabelle der Aussagenverbindung $(p \wedge q) \to (r \vee s)$

p	*F*	*W*	*F*	*W*	*F*	*W*	*F*	*W*	*F*	*W*	*F*	*W*	*F*	*W*	*F*	*W*
q	*F*	*F*	*W*	*W*	*F*	*F*	*W*	*W*	*F*	*F*	*W*	*W*	*F*	*F*	*W*	*W*
r	*F*	*F*	*F*	*F*	*W*	*W*	*W*	*W*	*F*	*F*	*F*	*F*	*W*	*W*	*W*	*W*
s	*F*	*F*	*F*	*F*	*F*	*F*	*F*	*F*	*W*	*W*	*W*	*W*	*W*	*W*	*W*	*W*
$t = p \wedge q$	*F*	*F*	*F*	*W*	*F*	*F*	*F*	*W*	*F*	*F*	*F*	*W*	*F*	*F*	*F*	*W*
$u = r \vee s$	*F*	*F*	*F*	*F*	*W*	*W*	*W*	*W*	*W*	*W*	*W*	*W*	*W*	*W*	*W*	*W*
$t \to u$	*W*	*W*	*W*	*F*	*W*	*W*	*W*	*W*	*W*	*W*	*W*	*W*	*W*	*W*	*W*	*W*

Wir sehen also, daß $t \to u$ nur bei genau einer der 16 möglichen Wahrheitswert-kombinationen falsch wird. Insbesondere ist also auch eine Aussage wie

„Wenn $2 \cdot 2 = 3$ und 4 eine Primzahl ist, so ist auch 5 eine Primzahl oder $8^2 = 60$"

eine wahre Aussage.

Mit Hilfe der Ergebnisse aus Abschnitt 6.3.2. kann man sich leicht überlegen, daß bei einer n-stelligen Aussagenverbindung die Wahrheitstabelle 2^n Spalten ent-hält. Um diese aufzuschreiben ist es zweckmäßig, folgendermaßen vorzugehen (siehe auch Tabelle 3.8, $n = 4$):

Man schreibe in die erste Zeile die Zweiergruppen $FW \ldots$, in die zweite die Vierer-gruppen $FFWW \ldots$, in die dritte die Achtergruppen $FFFFWWWW \ldots$ usw. Auf diese Weise erhält man, wie man sich leicht überlegen kann, alle 2^n Spalten, und man ist damit in der Lage, die gewünschte Wahrheitstabelle anzugeben.

* *Aufgabe 3.2:* Folgt aus dem Satz „Wenn Peter Mathematik studiert, so studiert er auch Operationsforschung oder Kybernetik" und „Peter studiert nicht Operations-forschung" und „Peter studiert Mathematik oder Operationsforschung oder Kyber-netik" der Satz: „Peter studiert Kybernetik"?

3.3.4.   Verbindungen von Aussageformen

Auch Aussageformen lassen sich durch Bindewörter neuen Aussageformen zu-ordnen. Dabei ist nur zu sichern, daß bei Einsetzung eines beliebigen konkreten Wertes x_1 der Variablen x mit dem Bereich X die *„Aussageformverbindung"* in eine Aussage aus A_2 übergeht.

Beispiel 3.7: $X = \{1; 2; 3; 4; 5; 5,1; 5,2; 6\}$

1. $p(x) = $ „x ist eine ganze Zahl, und x ist größer als 4".
   Es gilt: $w(p(5)) = w(p(6)) = W, w(p(x_1)) = F$ für $x_1 \in X, x_1 \neq 5; 6$.
2. $p(x) = $ „Wenn x eine ganze Zahl ist, so ist x größer als 4".
   Es gilt: $w(p(1)) = w(p(2)) = w(p(3)) = w(p(4)) = F$,
   $w(p(5)) = w(p(5,1)) = w(p(5,2)) = w(p(6)) = W$.

Allgemein können wir folgendes feststellen:

Man kann zum Beispiel durch

$$\overline{p(x)}, p(x) \wedge q(x), p(x) \vee q(x), p(x) \to q(x),$$

$$p(x) \leftrightarrow q(x), \quad entweder\ p(x)\ oder\ q(x)$$

Aussageformverbindungen bilden, die für jedes $x = x_1 \in X$ in Aussagenverbindungen übergehen. Es können darüberhinaus auch n-stellige Aussageformverbindungen gebildet werden.

* *Aufgabe 3.3:* Man gebe die Aussageformverbindung

„Falls n eine Primzahl ist, so teilt 3 eine der Zahlen $n - 1$ oder $n + 1$"

mittels logischer Zeichen an und stelle für ein beliebiges festes n die Wahrheits-tabelle auf!

3.4. Die wesentlichen logischen Zeichen und ihre technische Realisierung

3.4.1. Logische Zeichen

Wir haben bereits in 3.3.1. einige wesentliche Kurzzeichen, die in der Logik zur Beschreibung von Aussagenverbindungen benutzt werden, angegeben.
Wir wiederholen:

$\bar{p}$ – *nicht p*

$p \wedge q$ – *p und q*

$p \vee q$ – *p oder q*

$p \rightarrow q$ – *wenn p, so q*

$p \leftrightarrow q$ – *p genau dann, wenn q*

Die Zeichen $^-$, $\wedge$, $\vee$, $\rightarrow$, $\leftrightarrow$ sind die Kurzzeichen (*Funktoren*) der Aussagenlogik. Darüber hinaus gibt es jedoch einige Zeichen, die insbesondere für mathematische Aussagen von Bedeutung sind. Dazu betrachten wir noch einmal eine Aussageform $p(x)$ mit dem Bereich X der Variablen x.

Es gibt außer der schon behandelten Möglichkeit, von der Aussageform $p(x)$ zu Aussagen überzugehen (einsetzen konkreter $x = x_1 \in X$), noch eine andere Möglichkeit, Aussagen mit Hilfe von $p(x)$ zu bilden. Diese Möglichkeit ergibt sich aus der Tatsache, daß beim Einsetzen spezieller $x = x_1 \in X$ in die Aussageform die drei folgenden Fälle eintreten können:

1. Alle entstehenden Aussagen sind wahr,
2. mindestens eine der entstehenden Aussagen ist wahr und mindestens eine ist falsch,
3. alle entstehenden Aussagen sind falsch.

Entsprechend definieren wir:

Definition 3.3:   **D.3.3**

(a) *$q = (\forall x)\, p(x)$, gelesen: „Für jedes x gilt $p(x)$", ist eine zweiwertige Aussage, die genau dann den Wert W besitzt, wenn $p(x)$ für jedes konkrete $x = x_1 \in X$ eine wahre Aussage darstellt. Das Symbol $\forall$ heißt* **Allquantor.**

(b) *$r = (\exists x)\, p(x)$, gelesen: „Es existiert ein x so, daß $p(x)$ gilt", ist eine zweiwertige Aussage, die genau dann den Wert F besitzt, wenn $p(x)$ für jedes konkrete $x = x_1 \in X$ eine falsche Aussage darstellt. Das Symbol $\exists$ heißt* **Existenzquantor.**

(c) *$s = (\mathrm{N}x)\, p(x) = (\forall x)\, \overline{p(x)}$, gelesen: Für kein x gilt $p(x)$". N heißt* **Nullquantor** *und kann leicht auf den* **Allquantor** *zurückgeführt werden.*

Beispiele 3.8:

$p(x) = $ „x ist eine gerade Zahl",

$q(x) = $ „Das Quadrat von x ist nicht negativ",

$X = \{\ldots, -2, -1, 0, 1, 2, 3, 4, \ldots\} = G$ (Menge der ganzen Zahlen).

Dann gilt:

$w((\forall x)\, p(x)) = F$,   denn z. B. $x = 1$ ist eine ungerade Zahl;

$w((\exists x)\, p(x)) = W$,   denn z. B. $x = 2$ ist eine gerade Zahl;

$w((\forall x)\, q(x)) = W$,   denn das Quadrat einer ganzen Zahl ist nicht negativ;

$w((\exists x)\, q(x)) = W$ ist eine Folgerung von $w((\forall x)\, q(x)) = W$.

Die oben genannten Zeichen ⁻, ∨, ∧, →, ↔ bilden gemeinsam mit den beiden *Quantoren* ∀, ∃ eine *Zeichenmenge*, mit der man (unter Zuhilfenahme von Klammern) die Aussagen, die in der Mathematik, aber auch in anderen Wissenschaften vorkommen, formalisiert darstellen und auf ihren Wahrheitsgehalt untersuchen kann.

* *Aufgabe 3.4:* Es werden folgende Aussageformen betrachtet:

$q(x) = $ „x ist eine Primzahl"; $\qquad r(x) = $ „x ist durch 2 teilbar";

$s(x) = $ „x ist durch 3 teilbar"; $\qquad t(x) = $ „x ist durch 6 teilbar".

Dabei ist x eine natürliche Zahl, $x \geqq 1$.

Man formuliere die folgenden Aussagen verbal und untersuche, ob sie wahr sind:

1. $(\forall x)\, r(x) \to \bar{q}(x)$; $\qquad\qquad$ 2. $(\forall x)\, \bar{r}(x) \wedge \bar{s}(x) \to q(x)$;

3. $(\forall x)\, q(x) \to \bar{r}(x) \wedge \bar{s}(x)$; $\qquad$ 4. $(\forall x)\, r(x) \wedge s(x) \leftrightarrow t(x)$;

5. $(\exists x)\, \bar{r}(x) \wedge \bar{s}(x) \to q(x)$.

* *Aufgabe 3.5:* Man stelle die folgenden Aussagen mittels logischer Symbole dar:

a) Zu einer beliebigen natürlichen Zahl läßt sich immer eine größere Zahl finden, die Primzahl ist.

b) Das Quadrat jeder beliebigen reellen Zahl ist größer als null.

Man bilde die Verneinung der durch b) formulierten Aussage!

3.4.2.　Technische Realisierung der logischen Zeichen

Eine wichtige technische Anwendung der Logik ist die Beschreibung von *Schaltkreisen*. So machte Ehrenfest bereits 1910 darauf aufmerksam, daß man die mathematische Logik auf *Relaiskontaktschaltungen* anwenden könne. Die Anwendung begann jedoch erst in den dreißiger Jahren mit den Arbeiten von Shannon. Es entstand die *Schaltalgebra* als mathematische Grundlage für die logischen Schaltungen und speziell für die digitalen Rechenautomaten.

Betrachten wir einen Stromkreis, der durch Schalter geöffnet werden kann. Dann läßt sich leicht die folgende zweiwertige Aussage definieren

$p = $ „Der Stromkreis ist geschlossen" $= $ „Es fließt Strom"

Dabei ist $w(p) \in \{W, F\}$, wobei W dem geschlossenen, F dem geöffneten Stromkreis entspricht.

Wir wollen jetzt die Wahrheitstabellen (Wahrheitswertfunktionen) der grundlegenden Verknüpfungen (Aussagenverbindungen) durch Schaltungen technisch realisieren.

In Bild 3.1 und Bild 3.2 haben wir jeweils zwei Schalter, wobei

$p_1 = $ „Der Schalter 1 ist geschlossen",

$p_2 = $ „Der Schalter 2 ist geschlossen"

wie oben zweiwertige Aussagen sind. Eine Glühlampe G zeigt an, ob der Stromkreis geschlossen oder offen ist. Für die Schaltung aus Bild 3.1 gilt

$$w(p) = \begin{cases} W \text{ genau dann, wenn } w(p_1) = W \text{ oder } w(p_2) = W \\ F \text{ genau dann, wenn } w(p_1) = F \text{ und } w(p_2) = F. \end{cases}$$

Damit ist p also eine Aussagenverbindung von p_1, p_2, deren Wahrheitsverhalten mit dem der „*oder*" *Verbindung* (*Alternative*) übereinstimmt. Die *Parallelschaltung* aus Bild 3.1 realisiert die Wahrheitstabelle der Aussagenverbindung $p = p_1 \vee p_2$.

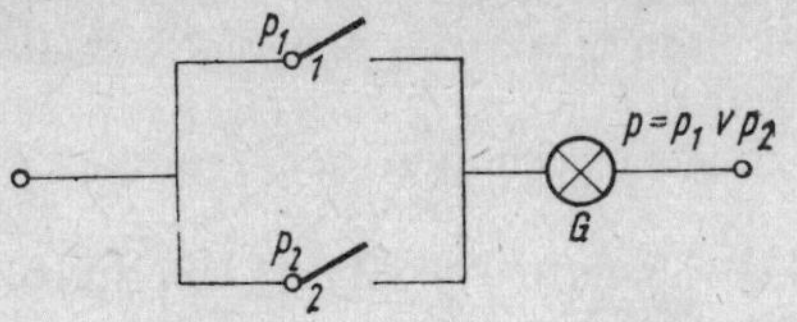

Bild 3.1.
$p = p_1 \vee p_2$ (Alternative)

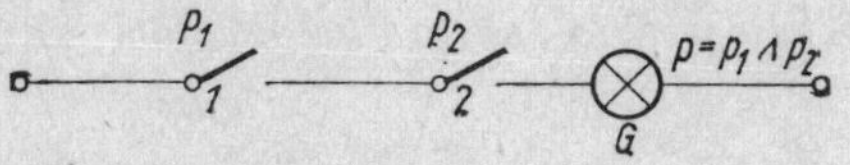

Bild 3.2.
$p = p_1 \wedge p_2$ (Konjunktion)

Für die *Reihenschaltung* der Schalter 1 und 2 aus Bild 3.2 können wir uns leicht überlegen, daß der Wahrheitswert der Aussage $p = $ „Der Stromkreis ist geschlossen"

$$w(p) = \begin{cases} W \text{ genau dann, wenn } w(p_1) = W \text{ und } w(p_2) = W \\ F \text{ sonst} \end{cases}$$

ist. Wir sehen also Übereinstimmung mit der Wahrheitstabelle der Konjunktion, und deshalb realisiert die Reihenschaltung aus Bild 3.2 die Wahrheitstabelle einer Konjunktion,

$$p = p_1 \wedge p_2.$$

Das Wahrheitsverhalten der *Negation*, also einer einstelligen Aussagenverbindung, läßt sich schaltungstechnisch durch einen *Ruhekontakt* (Bild 3.3) realisieren.

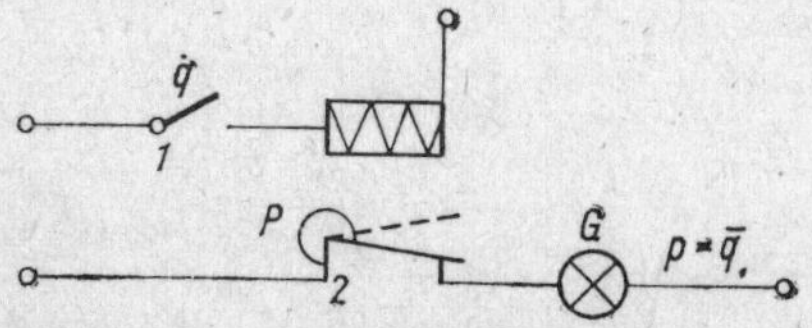

Bild 3.3. $p = \bar{q}$ (Negation)

Durch Betrachtung von Bild 3.3 sehen wir, der Stromkreis mit der Glühlampe G ist geschlossen, falls der Schalter 1 geöffnet ist und umgekehrt. Es ist also

$$w(p) = \begin{cases} W, & \text{falls } w(q) = F \\ F, & \text{falls } w(q) = W. \end{cases}$$

Deshalb gilt: $p = \bar{q}$.

Für die Konstruktion von komplizierten elektronischen Schaltungen ist es notwendig, die Wahrheitstabellen n-stelliger Aussagenverbindungen schaltungstechnisch zu realisieren, insbesondere auch die der anderen Aussagenverbindungen Implikation, Äquivalenz, Entweder-oder-Verbindung, Sheffersche und Nicodsche Funktion. Ohne auf die Theorie hier näher einzugehen, wollen wir ein grundlegendes und für die Technik äußerst wichtiges Ergebnis formulieren, welches sich im Rahmen der mathematischen Logik beweisen läßt.

Jede beliebige n-stellige Wahrheitswertfunktion (Wahrheitstabelle) läßt sich aus den Wahrheitswertfunktionen der Negation, Konjunktion und Alternative (Tabellen 3.2, 3.3, 3.4) durch gewisse Operationen gewinnen. Es ist darüber hinaus sogar möglich, allein mit Hilfe der Wahrheitswertfunktion der Shefferschen bzw. der Nicodschen

Funktion (Aufgabe 3.1) jede beliebige andere n-stellige Wahrheitswertfunktion darzustellen.

Da sich die Operationen, die für die Darstellungen notwendig sind, schaltungstechnisch gut realisieren lassen, bedeutet dies, daß wir allein mit den drei angegebenen Grundschaltungen (Bilder 3.1, 3.2, 3.3) als Bausteine jede beliebige n-stellige Wahrheitswertfunktion technisch realisieren können.

Bisher haben wir nur die technischen Realisierungen der grundlegenden Verknüpfungen angegeben.

Im allgemeinen steht aber die Frage, komplizierte Aussagenverbindungen auf der Basis dieser Grundverknüpfungen schaltungstechnisch zu realisieren und dabei möglichst geringen Aufwand zu treiben. Wir wollen das an zwei Beispielen illustrieren. Die Aussagenverbindungen

$$p \wedge (p \vee q) \quad \text{und} \quad p$$

bzw.

$$p \vee (q \wedge r) \quad \text{und} \quad (p \vee q) \wedge (p \vee r)$$

besitzen die gleichen Wahrheitstabellen, realisieren also logisch gleichwertige Aussagenverbindungen. Das hat zur Folge, daß die Wahrheitswerttabellen der Aussagenverbindungen

$$p \wedge (p \vee q) \leftrightarrow p \tag{3.4}$$

$$p \vee (q \wedge r) \leftrightarrow (p \vee q) \wedge (p \vee r) \tag{3.5}$$

in der letzten Zeile jeweils nur das Symbol W besitzen, also immer wahre Aussagen darstellen. (Wir werden in Abschnitt 4.1.1. auf diese wichtige Klasse der Aussagenverbindungen, die Tautologien, ausführlich zu sprechen kommen.)

Tabelle 3.9

p	F	W	F	W
q	F	F	W	W
$r = p \vee q$	F	W	W	W
$s = p \wedge r$	F	W	F	$W \leftarrow$
p	F	W	F	$W \leftarrow$
$(p \wedge r) \leftrightarrow p$	W	W	W	W

Tabelle 3.10

p	F	W	F	W	F	W	F	W
q	F	F	W	W	F	F	W	W
r	F	F	F	F	W	W	W	W
$s = q \wedge r$	F	F	F	F	F	F	W	W
$p \vee s$	F	W	F	W	W	W	W	$\leftarrow$
$t = p \vee r$	F	W	F	W	W	W	W	W
$u = p \vee q$	F	W	W	W	F	W	W	W
$t \wedge u$	F	W	F	W	F	W	W	$W \leftarrow$
$p \vee s \leftrightarrow t \wedge u$	W	W	W	W	W	W	W	W

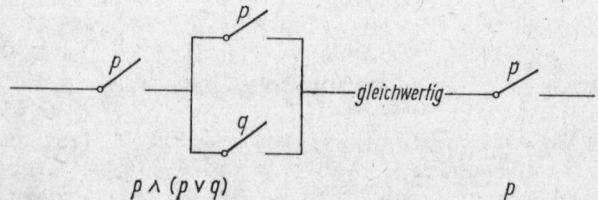

$$p \wedge (p \vee q) \qquad\qquad\qquad p$$

Bild 3.4. Logisch gleichwertige Aussagenverbindungen $p \wedge (p \vee q)$, p

Somit können wir die betrachteten Aussageverbindungen durch Schaltungen realisieren, die jeweils dasselbe leisten (siehe Bild 3.4 und 3.5). Man braucht sicherlich nicht gesondert zu erwähnen, welches die jeweils einfachere Schaltung ist.

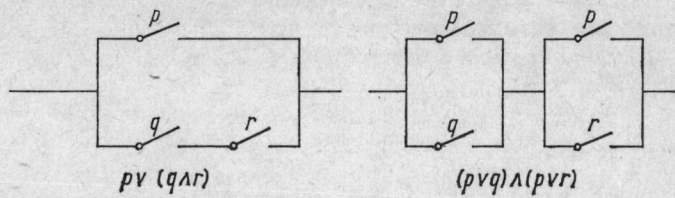

$$p \vee (q \wedge r) \qquad\qquad (p \vee q) \wedge (p \vee r)$$

Bild 3.5. Logisch gleichwertige Aussagenverbindungen $p \vee (q \wedge r)$, $(p \vee q) \wedge (p \vee r)$

Gelegentlich vereinfacht man die Schreibweise von Ausdrücken der Form wie z. B.

$$p \vee (q \wedge r) \tag{3.6}$$

indem man sogenannte Vorrang- oder Klammereinsparungsregeln vereinbart. So hat die Konjunktion $\wedge$ Vorrang vor $\vee$, d. h. man kann anstelle (3.5) auch

$$p \vee q \wedge r \tag{3.7}$$

schreiben.

Es sei noch bemerkt, daß Relaiskontaktschaltungen nicht die einzigen technischen Realisierungen der Wahrheitswertfunktion sind.

Die Anwendung der Logik beschränkt sich heute keineswegs mehr auf die Schaltalgebra, d. h. die mathematische Beschreibung, Analyse, Synthese und Optimierung von technischen Schaltungen. Es ist zweckmäßig, die Aussagenlogik auch zur Beschreibung anderer Sachverhalte aus verschiedenen Wissenschaften anzuwenden.

4. Einige Beweisprinzipien

Die nachfolgenden Ausführungen enthalten einige wichtige *logische Schlüsse* und die *Methode der vollständigen Induktion* als Beweisprinzipien. Die logischen Schlüsse, welche zuerst behandelt werden, knüpfen unmittelbar an die Grundbegriffe der Logik aus Abschnitt 3. an und sind selbst ein wesentlicher Bestandteil der Logik. Wir werden sie hier an Beispielen erläutern.

4.1. Logische Schlüsse

Beim Beweisen mathematischer Aussagen steht häufig das Problem, daß nicht sofort eine Beweisidee vorhanden ist oder ein direkter Beweis entweder nur schwer oder nicht möglich ist. Betrachten wir zur Erläuterung folgendes

Beispiel 4.1: Man beweise: Wenn α und β zwei gleiche Winkel über einer Strecke $\overline{P_1 P_2}$ sind, so geht der durch die Punkte P_1, P_2, P_3 bestimmte Kreis K auch durch den Punkt P_4. (In Bild 4.1 ist zu sehen, daß der Winkel bei P_3 mit α, der Winkel bei P_4 mit β bezeichnet wird.)

Mit den Hilfsmitteln, die in der Logik bereitgestellt werden, sind wir bereits in der Lage, die zu beweisende mathematische Aussage als Aussagenverbindung darzustellen. Bezeichnen nämlich

$$p = \text{„}\alpha \text{ und } \beta \text{ sind zwei gleiche Winkel über } \overline{P_1 P_2}\text{“}$$

$$q = \text{„}P_4 \text{ liegt auf dem Kreis } K\text{“}$$

zweiwertige Aussagen, so haben wir zu beweisen, daß

$$p \rightarrow q \quad \text{eine wahre Aussage ist.}$$

Ein direkter Beweis dieser Implikation gelingt nicht ohne weiteres, und deshalb wird der Beweis mit Hilfe einer Methode des indirekten Beweisens geführt. Man zeigt:

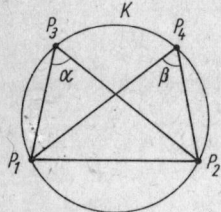 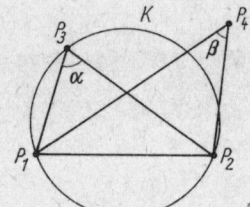 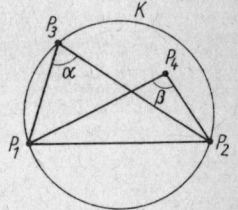

Bild 4.1   Bild 4.2

Wenn der Punkt P_4 nicht auf dem Kreis K liegt, so ist α ungleich β. Wie Bild 4.2 zeigt, zerfällt die Aussage $\bar{q} = \text{„}P_4 \text{ liegt nicht auf dem Kreis } K\text{“}$ in zwei Fälle:

$$\bar{q}_1 = \text{„}P_4 \text{ liegt außerhalb } K\text{“}$$

$$\bar{q}_2 = \text{„}P_4 \text{ liegt innerhalb } K\text{“},$$

d. h. es gilt

$$\bar{q} = \text{entweder } \bar{q}_1 \text{ oder } \bar{q}_2.$$

In jedem dieser beiden Fälle kann man beweisen (der Beweis wird unter Verwendung des Peripheriewinkelsatzes und eines Satzes über Außenwinkel am Dreieck geführt), daß α ungleich β ist, d. h.

$$\bar{q}_1 \rightarrow \bar{p} \quad \text{und} \quad \bar{q}_2 \rightarrow \bar{p}$$

sind wahre Aussagen.

Aufgabe 4.1: Man beweise, daß $\bar{q}_1 \rightarrow \bar{p}$ und $\bar{q}_2 \rightarrow \bar{p}$ wahre Aussagen sind. *

Die Frage ist nun, wieso wir auf Grund dessen, daß $\bar{q}_1 \rightarrow \bar{p}$ und $\bar{q}_2 \rightarrow \bar{p}$ wahre Aussagen sind, darauf schließen können, daß auch $p \rightarrow q$ eine wahre Aussage ist. Der wesentliche Schritt hierbei ist, daß wir begründen:

Es genügt zu wissen, daß $\bar{q} \rightarrow \bar{p}$, $\bar{q} \rightarrow \bar{p}$ = Wenn „P_4 nicht auf K" liegt, so gilt „Winkel α ist verschieden Winkel β", eine wahre Aussage ist, um folgern zu können, daß auch $p \rightarrow q$ wahr ist. Falls eine solche Begründung möglich ist, gilt sie natürlich für alle Beispiele, in denen man den Beweis von $p \rightarrow q$ durch den Beweis von $\bar{q} \rightarrow \bar{p}$ ersetzen möchte. Wir verlassen also zunächst das Beispiel und stellen uns unter p, q beliebige Aussagen vor.

Die oben genannte Begründung kann man wie folgt formulieren:

I. Es ist zu zeigen, daß $\bar{q} \rightarrow \bar{p}$ eine wahre Aussage ist.
II. Die Aussagenverbindung

$$(\bar{q} \rightarrow \bar{p}) \rightarrow (p \rightarrow q) \tag{4.1}$$

ist immer eine wahre Aussage, ganz gleich welche konkreten (wahren oder falschen) Aussagen p und q darstellen (Beweis s. Tabelle 4.1).
III. Demzufolge ist auch $(\bar{q} \rightarrow \bar{p}) \wedge ((\bar{q} \rightarrow \bar{p}) \rightarrow (p \rightarrow q))$ als Konjunktion zweier wahrer Aussagen, wiederum wahr (Tabelle 3.3).
IV. Weil die Aussage

$$(s \wedge (s \rightarrow t)) \rightarrow t \tag{4.2}$$

unabhängig davon, welche konkreten (wahren oder falschen) Aussagen s, t in diese Verbindung eingehen, immer wahr ist, können wir mit $s = \bar{q} \rightarrow \bar{p}$ und $t = p \rightarrow q$ auf die Wahrheit der Aussage $p \rightarrow q$ schließen (Beweis siehe Tabelle 4.2). (Auf Grund der Wahrheitstabelle der Implikation (Tabelle 3.5) muß bei Richtigkeit der Voraussetzung und der Implikation auch die Behauptung wahr sein.)

Sicherlich ist diese Begründung beim ersten Lesen schwer zu verstehen. Andererseits stellt sie aber das Muster für das Verständnis aller logischen Schlüsse dar und sollte deshalb gut durchdacht werden. In den Punkten II. und IV. sind zwei Behauptungen formuliert, die die entscheidende Rolle für die Stichhaltigkeit unserer Begründung spielen.

Wir behaupten, daß die Aussagenverbindungen (4.1) und (4.2) immer wahre Aussagen darstellen. Den Beweis dafür können wir leicht mit Hilfe der Wahrheitstabellen führen.

In der letzten Zeile dieser Wahrheitstabellen steht jeweils nur das Symbol W, d. h. die Aussagenverbindungen sind immer wahr, ganz gleich ob p, q, r, s wahr oder falsch sind.

Tabelle 4.1. Kontraposition

p	F	W	F	W
q	F	F	W	W
$\bar{p}$ ·	W	F	W	F
$\bar{q}$	W	W	F	F
$u = p \to q$	W	F	W	W
$v = \bar{q} \to \bar{p}$	W	F	W	W
$v \to u$	W	W	W	W

Tabelle 4.2. Abtrennungsregel

s	F	W	F	W
t	F	F	W	W
$s \to t$	W	F	W	W
$z = s \wedge (s \to t)$	F	F	F	W
$z \to t$	W	W	W	W

Die Begründung einer richtigen logischen Schlußweise liegt also offenbar in der Existenz von Aussagenverbindungen der oben betrachteten Art. Deshalb liegt es nahe, daß wir uns zunächst etwas genauer mit dieser Klasse der immer wahren Aussagenverbindungen beschäftigen.

4.1.1. Tautologien

D.4.1 Definition 4.1: *Eine Aussagenverbindung heißt Tautologie, wenn die Wahrheitswertfunktion nur den Wert W annimmt, d. h. wenn die letzte Zeile der Wahrheitstabelle nur den Wert W besitzt. (Anstelle von Tautologie ist auch der Begriff Identität gebräuchlich.)*

Wir haben damit eine sehr wesentliche Klasse von Aussagenverbindungen definiert, die allein auf Grund ihrer logischen Struktur stets nur wahre Aussagen enthält. Uns interessiert diese Klasse von Aussagenverbindungen im Hinblick auf weitere logische Schlußfiguren. Deshalb stellen wir nachfolgend einige besonders wichtige Tautologien zusammen und führen den Nachweis über die entsprechenden Wahrheitstabellen.

Tautologien sind beispielsweise:

1) Abtrennungsregel $\qquad\qquad s \wedge (s \to t) \to t$ $\qquad\qquad\qquad$ (4.2)

2) Indirekter Beweis $\qquad\qquad (q \wedge (\bar{p} \to \bar{q})) \to p$ $\qquad\qquad$ (4.3)

3) Fallunterscheidung $\qquad\quad ((p \vee q) \wedge (p \to r) \wedge (q \to r)) \to r$ $\qquad$ (4.4)

4) Kettenschluß $\qquad\qquad\quad ((p \to q) \wedge (q \to r)) \to (p \to r)$ $\qquad$ (4.5)

5) Schluß auf eine Äquivalenz $\quad ((p \to q) \wedge (q \to p)) \to (p \leftrightarrow q)$ $\quad$ (4.6)

6) Kontraposition $\qquad\qquad\quad (p \to q) \to (\bar{q} \to \bar{p})$ $\qquad\qquad\quad$ (4.7)

$\qquad\qquad\qquad\qquad\qquad\quad (\bar{q} \to \bar{p}) \to (p \to q)$ $\qquad\qquad\quad$ (4.8)

7) Doppelte Verneinung $\qquad\quad p \leftrightarrow \bar{\bar{p}}$ $\qquad\qquad\qquad\qquad$ (4.9)

8) de Morgansche Regeln $\qquad \overline{p \wedge q} \leftrightarrow (\bar{p} \vee \bar{q})$ $\qquad\qquad$ (4.10)

$\qquad\qquad\qquad\qquad\qquad\quad \overline{p \vee q} \leftrightarrow (\bar{p} \wedge \bar{q})$ $\qquad\qquad$ (4.11)

Mit den Tabellen 4.3, 4.4 und 4.5 zeigen wir für drei besonders wichtige dieser Aussagenverbindungen, daß es sich tatsächlich um Tautologien handelt.

* *Aufgabe 4.2:* Man weise nach, daß die Aussagenverbindungen (4.10), (4.11) Tautologien sind!

Tabelle 4.3. Kettenschluß

p	F	W	F	W	F	W	F	W
q	F	F	W	W	F	F	W	W
r	F	F	F	F	W	W	W	W
$u = p \to q$	W	F	W	W	W	F	W	W
$v = q \to r$	W	W	F	F	W	W	W	W
$w = p \to r$	W	F	W	F	W	W	W	W
$x = u \wedge v$	W	F	F	F	W	F	W	W
$x \to w$	W	W	W	W	W	W	W	W

Tabelle 4.4. Indirekter Beweis

p	F	W	F	W
q	F	F	W	W
$\bar{p}$	W	F	W	F
$\bar{q}$	W	W	F	F
$r = \bar{p} \to \bar{q}$	W	W	F	W
$s = q \wedge r$	F	F	F	W
$s \to p$	W	W	W	W

Tabelle 4.5. Schluß auf Äquivalenz

p	F	W	F	W
q	F	F	W	W
$r = p \to q$	W	F	W	W
$s = q \to p$	W	W	F	W
$t = r \wedge s$	W	F	F	W
$u = p \leftrightarrow q$	W	F	F	W
$t \to u$	W	W	W	W

4.1.2. Logische Schlußfiguren

Die oben angegebenen Tautologien haben spezielle Bezeichnungen erhalten, die in der Regel mit dem Namen des logischen Schlusses identisch sind, dessen Grundlage sie bilden. Eine Sonderrolle nimmt die Abtrennungsregel (4.2) ein. Streng genommen benötigt man jeweils die Abtrennungsregel, um aus den anderen Tautologien logische Schlüsse aufzubauen, wie wir das mit den Punkten I. bis IV. für ein Beispiel getan haben. Am Beispiel des indirekten Beweises wollen wir noch einmal das Zusammenwirken einer speziellen Tautologie mit der Abtrennungsregel demonstrieren.

I. Man betrachtet eine Aussage q, von der man weiß, daß sie wahr ist, und beweist, daß die Implikation $\bar{p} \to \bar{q}$ eine wahre Aussage darstellt.
II. Nach Tabelle 4.4 ist $(q \wedge (\bar{p} \to \bar{q})) \to p$ eine Tautologie, also eine stets wahre Aussage.
III. Demzufolge ist auch $(q \wedge (\bar{p} \to \bar{q})) \wedge ((q \wedge (\bar{p} \to \bar{q})) \to p)$ als Konjunktion wahrer Aussagen wiederum wahr.
IV. Auf Grund der Abtrennungsregel [Tautologie (4.2)] können wir mit $s = q \wedge (\bar{p} \to \bar{q})$ und $t = p$ auf die Wahrheit der Aussage p schließen.

Da dieses Vorgehen sehr aufwendig ist und darüber hinaus auch die Übersichtlichkeit bei komplizierteren Schlüssen nicht mehr gegeben ist, hat man ein Schema entwickelt, mit dem man die logischen Schlüsse übersichtlich darstellen kann. In der Darstellung dieses Schemas sprechen wir von logischen Schlußfiguren, die wie folgt aufgebaut werden (Tabelle 4.6):

Tabelle 4.6. Schema logischer Schlußfiguren und Beispiel – indirekter Beweis

Voraussetzung 1 $\qquad\qquad\qquad q$

$\vdots$

Voraussetzung k $\qquad\qquad\quad \bar{p} \to \bar{q}$

―――――――――――――

Behauptung 1 $\qquad\qquad\quad p$

$\vdots$

Behauptung l

Über einem horizontalen Strich werden im allgemeinen k Voraussetzungen angegeben, unter diesem Strich l Behauptungen, die jeweils durch „und" also konjunktiv verknüpft sind. Wenn man die Gültigkeit der Voraussetzungen nachgeprüft hat, kann man folgern, daß auch die Behauptungen wahre Aussagen sind. Die Begründung dafür liefert jeweils die entsprechende Tautologie gemeinsam mit der Abtrennungsregel. Ein solches Schema ist sehr zweckmäßig, weil es unmittelbar ein Rezept für das „Beweisen" liefert. Hat man zum Beispiel – wie in Tabelle 4.6 – die Wahrheit einer Aussage p zu beweisen, so kann man anstelle dessen versuchen, die Wahrheit der beiden Aussagen (Voraussetzungen) q und $\bar{p} \to \bar{q}$ zu überprüfen, was unter Umständen wesentlich leichter sein kann. Wir werden das in 4.3.3. an einem Beispiel demonstrieren.

Nachfolgend geben wir ausgehend von (4.1) bis (4.11) die entsprechenden logischen Schlußfiguren an.

Im Abschnitt 4.2. werden wir die Anwendung dieser logischen Schlußfiguren auf einige Beispiele aus der Elementarmathematik zeigen.

Wir sind jetzt in der Lage, auch die etwas kompliziertere Frage „Warum kann man auf Grund von $\bar{q}_1 \to \bar{p}$ und $\bar{q}_2 \to \bar{p}$ auf $\bar{q} \to \bar{p}$ schließen?" zu beantworten, die im Zusammenhang mit unserem einführenden Beispiel noch offen ist.

* *Aufgabe 4.3:* Man weise die Richtigkeit der logischen Schlußfigur nach, wobei

$$\bar{q}$$
$$\bar{q}_1 \to \bar{p}$$
$$\bar{q}_2 \to \bar{p}$$
―――――
$$\bar{q} \to \bar{p}$$

$\bar{q}$ = entweder $\bar{q}_1$ oder $\bar{q}_2$ ist (Disjunktion)!

Tabelle 4.7. Logische Schlußfiguren

		$p \vee q$		
s	q	$p \to r$	$p \to q$	$p \to q$
$s \to t$	$\bar{p} \to \bar{q}$	$q \to r$	$q \to r$	$q \to p$
t	p	r	$p \to r$	$p \leftrightarrow q$
Abtrennungs-regel	Indirekter Beweis	Fallunter-scheidung	Ketten-schluß	Schluß auf eine Äquivalenz

$p \to q$	$\bar{q} \to \bar{p}$	p	$p \wedge q$	$p \vee q$
$\bar{q} \to \bar{p}$	$p \to q$	$\bar{p}$	$\bar{p} \vee \bar{q}$	$\bar{p} \wedge \bar{q}$
Kontrapositionsschlüsse		Doppelte Verneinung	de Morgansche Regeln	

4.2. Beispiele zur Anwendung logischer Schlüsse beim Führen von Beweisen

Die *logischen Schlüsse* können beim Beweisen mathematischer Aussagen bei einer geschickten Umformulierung des Problems helfen, so daß die neuen Aussagen zumindest einfacher beweisbar sind. Für solche Anwendungen jedoch gibt es kaum Rezepte. Die nachfolgenden Beispiele sollen das Vorgehen zur Anwendung logischer Schlüsse bei der Beweisführung illustrieren.

4.2.1. Zur Anwendung der Abtrennungsregel

Die Abtrennungsregel zeigt, wie man aus einer Implikation auf eine Aussage q richtig schließt. Die Richtigkeit von q kann demnach gefolgert werden, wenn man eine Voraussetzung p kennt und die Gültigkeit von $p \to q$ zeigt.

Insbesondere heißt das: Im allgemeinen darf aus der Gültigkeit von $p \to q$ nicht auf die von q geschlossen werden, d. h. $(p \to q) \to q$ ist keine Tautologie (Beweis: Tabelle 4.8).

Tabelle 4.8. $(p \to q) \to q$

p		F	W	F	W
q		F	F	W	W
$r = p \to q$		W	F	W	W
$r \to q$		F	W	W	W

Man sieht aus dieser Tabelle 4.8 auch, wann dieser Schluß falsch ist: $(w(p) = w(q) = F)$. Insbesondere sehen wir auch folgendes: Die Folgerungen aus falschen Voraussetzungen können, müssen aber nicht falsch sein.

Beispiel 4.2:

1. Der Satz „Wenn $(-1) = (+1)$, so $1 = 1$" ist richtig und auch „$1 = 1$" ist eine wahre Aussage.
2. Der Satz „Wenn $(-1) < (-2)$, so $1 < 0$" ist wahr, aber „$1 < 0$" ist eine falsche Aussage.
   ($1 < 0$ kann aus $(-1) < (-2)$ durch Addition von 2 gefolgert werden.)
   Es wäre also falsch, aus der Richtigkeit von „Wenn $(-1) < (-2)$, so $1 < 0$" auf die von „$1 < 0$" zu schließen.

4.2.2. Direktes und indirektes Beweisen

Wir beginnen mit einem sehr einfachen Beispiel. Es ist uns bekannt, daß der Satz „Wenn $1 = 1$ ist, so ist $-1 = +1$" falsch ist. Nun gibt es aber auch andere, kompliziertere Aussagen, bei denen man nicht sofort sieht, ob es sich um eine wahre oder falsche Aussage handelt. Leider ist in solchen Fällen das folgende falsche Schließen recht häufig üblich. Man nimmt die Behauptung und rechnet so lange, bis man zur Voraussetzung kommt und meint, man habe damit den Satz bewiesen, d. h., man will $p \to q$ zeigen, indem man $q \to p$ zeigt. Der Leser kann sich aber leicht davon überzeugen, daß

$$(q \to p) \to (p \to q)$$

keine Tautologie ist, und aus diesem Grunde führt die genannte Vorgehensweise im allgemeinen zu falschen Ergebnissen.

Für unser Beispiel wäre dieses falsche Vorgehen folgendermaßen charakterisiert: Zu zeigen ist:

Wenn $1 = 1$ ist, so ist $-1 = +1$.

Beweis: Es sei $-1 = +1$. Dann folgt: $(-1)^2 = (+1)^2$, d. h. $1 = 1$. Das ist gerade die Voraussetzung und daraus folgt die Richtigkeit des Satzes.

Trotzdem kann das genannte Vorgehen, zunächst $q \to p$ nachzuweisen, nützlich sein, wenn man daraus nicht den falschen Schluß $p \to q$ zieht.

* *Aufgabe 4.4:* Man bestimme die Lösung der Gleichung

$$\sqrt{x + 2\sqrt{2x + 7}} = 4.$$

Nun betrachten wir dazu das folgende Beispiel:

Beispiel 4.3: Wir wollen beweisen:

$p \to q =$ Wenn $a \neq b$ ist, so gilt $\dfrac{a + b}{2} > \sqrt{a \cdot b}$, $a > 0$, $b > 0$, reelle Zahlen. Wir versuchen zunächst zu zeigen: $q \to p$, d. h., es sei $\dfrac{a + b}{2} > \sqrt{a \cdot b}$. Dann würde gelten:

$$(a + b)^2 > 4ab, \qquad a^2 + 2ab + b^2 > 4ab,$$
$$a^2 - 2ab + b^2 > 0, \qquad (a - b)^2 > 0.$$

Von der Aussage $(a - b)^2 > 0$ weiß man, daß sie für $a \neq b$ gilt. Wir haben also gezeigt: Wenn $\dfrac{a + b}{2} > \sqrt{a \cdot b}$, so ist $a \neq b$. Außerdem hat uns der obige Beweis aber auch einen Ansatzpunkt dafür geliefert, wie man „Wenn $a \neq b$, so $\dfrac{a + b}{2} > \sqrt{ab}$" zeigen kann. Man durchlaufe dazu die Schritte des Beweises rückwärts: Für $a \neq b$ gilt

$$(a - b)^2 > 0, \qquad a^2 - 2ab + b^2 > 0,$$
$$a^2 + 2ab + b^2 > 4ab, \qquad (a + b) > 2 \cdot \sqrt{ab}.$$

Damit haben wir auch durch diesen rückwärtigen Weg gezeigt: Wenn $a \neq b$, so $\dfrac{a + b}{2} > \sqrt{ab}$.

Wir fassen zusammen: Das Schließen von einer Behauptung q aus beweist die Implikation $p \to q$ nicht (auch wenn es zur Voraussetzung p führt), kann aber oft sehr nützlich sein, um einen Beweisansatz zu finden. Wir nennen dieses Vorgehen deshalb *Analyse*.

Die Analyse liefert aber nicht immer einen Ansatz wie zum Beispiel $(a - b)^2 > 0$. Dagegen ist die Anwendung der Kontrapositionsschlüsse (Tabelle 4.7) immer möglich, die uns auch sofort einen Ausgangspunkt für den Beweis in die Hand gibt:

Man nehme das Gegenteil der Behauptung q an und versuche $\bar{q} \to \bar{p}$ zu beweisen.

Beispiel 4.4: $p \to q =$ „Wenn $a \neq b$, so $\dfrac{a + b}{2} > \sqrt{ab}$".

Wir nehmen $\bar{q} =$ „$\dfrac{a + b}{2} \leq \sqrt{ab}$" an. Dies ist ein unmittelbarer Ansatz für den

Beweis von $\bar{q} \to \bar{p}$ ($\bar{p} = $ „$a = b$"). Wir können folgern:

$$(a + b)^2 \leqq 4ab, \qquad a^2 + 2ab + b^2 \leqq 4ab, \qquad a^2 - 2ab + b^2 \leqq 0,$$

$$(a - b)^2 \leqq 0, \quad \text{woraus sofort } a = b \text{ folgt.}$$

Damit ist $\bar{q} \to \bar{p}$ gezeigt, und der Kontrapositionsschluß $\dfrac{\bar{q} \to \bar{p}}{p \to q}$ liefert die Richtigkeit der Implikation $p \to q$.

Unter der Voraussetzung, daß $p \to q$ eine wahre Aussage ist, benutzt man häufig die folgende Sprechweise:

Die Aussage p ist eine *hinreichende Bedingung* für die Aussage q, oder auch, die Aussage q ist eine *notwendige Bedingung* für p.

Im Beispiel 4.5 ist also $a \neq b$ hinreichend dafür, daß

$$\frac{a + b}{2} > \sqrt{a \cdot b}$$

gilt. Wie wir gesehen haben, folgt aus der Gültigkeit von $p \to q$ noch nicht, daß auch $q \to p$ eine wahre Aussage ist. Das bedeutet in unserer soeben eingeführten Sprechweise ausgedrückt:

- Eine für die Gültigkeit der Aussage p notwendige Bedingung q muß nicht hinreichend für p sein und
- eine für die Gültigkeit der Aussage p hinreichende Bedingung q muß nicht notwendig für p sein.

So ist die Teilbarkeit einer natürlichen Zahl n durch 2 notwendig aber nicht hinreichend für die Teilbarkeit von n durch 4. Für drei natürliche Zahlen a, b, c ist die Teilbarkeit von a durch c und b durch c hinreichend, aber nicht notwendig für die Teilbarkeit von $a + b$ durch c.

Die Anwendung des *Kontrapositionsschlusses* ist eine Form des indirekten Beweisens. Man benutzt sie zum Beweis einer Implikation.

Die als *indirekter Beweis* bezeichnete Schlußfigur in Tabelle 4.6 benutzt man zum Beweis einer Aussage p. Das nachfolgende Beispiel soll auch diesen Schluß etwas näher erläutern.

Beispiel 4.5: Wir wollen zeigen, daß die Aussage

$$p = \text{„} \sqrt{2} \text{ ist keine rationale Zahl"}$$

eine wahre Aussage ist.

Wir benutzen Tabelle 4.6 und zeigen zunächst $\bar{p} \to \bar{q}$, wobei $\bar{q}$ eine Aussage ist, die das Gegenteil einer noch zu vereinbarenden Annahme q darstellt. Zunächst betrachten wir $\bar{p}$, $\bar{p} = $ „$\sqrt{2}$ ist eine rationale Zahl". Das heißt $\sqrt{2} = \dfrac{a}{b}$ mit ganzen Zahlen a, b; $b \neq 0$, deren größter gemeinsamer Teiler gleich eins ist (d. h. a, b – teilerfremd). Wenn $\bar{p}$ gilt, so gilt auch $\left(\sqrt{2}\right)^2 = \left(\dfrac{a}{b}\right)^2$, $2 = \dfrac{a^2}{b^2}$ oder, anders geschrieben, $a^2 = 2 \cdot b^2$. Demzufolge wäre a^2 eine gerade Zahl, was nur dann möglich ist, wenn $a = 2n$ eine gerade Zahl ist. Es würde also $a^2 = (2n)^2 = 4n^2 = 2b^2$, d. h. $b^2 = 2 \cdot n^2$ und damit auch b eine gerade Zahl sein.

Bezeichnen wir mit q die Aussage: $q = $ „a und b sind teilerfremd", so haben wir gezeigt: $q \wedge (\bar{p} \to \bar{q})$, denn a und b würden den gemeinsamen Teiler 2 besitzen. Unter Verwendung der Schlußfigur aus Tabelle 4.7 folgt die Gültigkeit von p.

Wie wir gesehen haben, wurde die Aussage q erst im Laufe des Beweises konstruiert, worin auch die Hauptschwierigkeit bei der Führung eines indirekten Beweises liegt. Man muß sich vorher zielbewußt überlegen, welche Annahme q bei Voraussetzung von $\bar{p}$ zur Folgerung $\bar{q}$ führen könnte.

4.2.3.   Schluß auf eine Äquivalenz

Die besondere Bedeutung von (4.6) liegt darin, daß es eine Möglichkeit gibt, eine *Äquivalenz* zu beweisen.

Betrachten wir zum Beispiel eine Eigenschaft, die wir oben schon benutzt haben.

Beispiel 4.6: Es sei a eine ganze Zahl. Dann gilt: a ist genau dann eine gerade Zahl, wenn a^2 eine gerade Zahl ist. (a gerade ist notwendig und hinreichend dafür, daß a^2 gerade ist). Formalisieren wir diesen mathematischen Satz mittels der Aussagen

$$p = \text{„}a \text{ ist eine gerade Zahl“}, \qquad q = \text{„}a^2 \text{ ist eine gerade Zahl“},$$

so können wir ihn in der Form $p \leftrightarrow q$ schreiben (a – beliebig, aber fest). Wir beweisen $p \leftrightarrow q$, indem wir den Schluß auf eine Äquivalenz anwenden. Demnach müssen wir zeigen: $(p \to q) \wedge (q \to p)$. Es bedeuten dabei:

1. $p \to q = $ „Wenn a gerade ist, ist auch a^2 gerade“ („a gerade“ ist hinreichende Bedingung für „a^2 gerade“);
2. $q \to p = $ „Wenn a^2 gerade ist, ist auch a gerade“ („a gerade“ ist notwendige Bedingung für „a^2 gerade“).

Wir beweisen die Implikationen nacheinander.

Zu 1: Es sei a gerade. Dann ist $a = 2m$, wobei m eine ganze Zahl ist. Dann gilt: $a^2 = a \cdot a = (2m)(2m) = 2(2m^2)$. Da $2m^2$ eine ganze Zahl ist, ist a^2 eine gerade Zahl, und demzufolge ist $p \to q$ bewiesen.

Zu 2: Wir wollen zeigen: $q \to p$. Nach dem Kontrapositionsschluß genügt es, statt dessen $\bar{p} \to \bar{q}$ zu beweisen, d. h.

„wenn a ungerade ist, ist auch a^2 ungerade“

müßte bewiesen werden. a ungerade ist gleichbedeutend mit $a = 2m + 1$ mit einer ganzen Zahl m. Nun bilden wir a^2: $a^2 = (2m + 1) \cdot (2m + 1) = 2 \cdot 2m^2 + 2m + 2m + 1 = 2 \cdot (2m^2 + 2m) + 1$. Da $2 \cdot (2m^2 + 2m)$ eine gerade Zahl ist, ist a^2 ungerade und somit $\bar{p} \to \bar{q}$ nachgewiesen.

Wir wollen hier noch einmal ausführlich aufschreiben, wie aus dem Gezeigten die eigentliche Behauptung geschlossen wird. Wir haben gezeigt:

$$1. \; p \to q \qquad 2. \; \bar{p} \to \bar{q}.$$

Nach dem Kontrapositionsschluß folgt $q \to p$. Deshalb wissen wir, daß $(p \to q) \wedge (q \to p)$ gilt. Nach dem Schluß auf eine Äquivalenz folgt $p \leftrightarrow q$.

Die Darstellung dieses Beispiels zeigt besonders deutlich, wie das Anwenden logischer Schlüsse kombiniert durchzuführen ist, um konkrete Beweise zu führen.

Bemerkung: Da wir keinerlei Bedingung an das feste a während des Beweises stellen mußten, können wir p und q auch als Aussageformen $p(a)$, $q(a)$ über dem Bereich der ganzen Zahlen interpretieren und behaupten:

$$(\forall a)(p(a) \leftrightarrow q(a)).$$

Bei Gültigkeit der Aussage $p \leftrightarrow q$ sagt man:

p ist eine *notwendige und hinreichende Bedingung* für q.

So ist dafür, daß ein Dreieck gleichseitig ist, notwendig und hinreichend, daß alle drei Innenwinkel des Dreiecks einander gleich sind.

4.3.   Die Methode der vollständigen Induktion

Die bekannte *Methode der vollständigen Induktion* gibt uns die Möglichkeit, die Gültigkeit von unendlich vielen Aussagen zu beweisen. Von diesen unendlich vielen Aussagen muß man einschränkend fordern, daß sie durch Einsetzen natürlicher Zahlen in eine Aussageform entstehen. Diese Aussageform kürzen wir wie üblich mit $p(n)$ ab. Dabei sei n die Variable, die eine Menge X natürlicher Zahlen durchläuft, wobei wir voraussetzen wollen, daß

$$X = \{n \mid n - \text{natürliche Zahl} \land n \geqq a\},$$

a sei eine natürliche Zahl, ist. Nachdem diese Bezeichnungen eingeführt sind, können wir präziser sagen: Mit der Methode der vollständigen Induktion kann man nachweisen, daß die unendlich vielen Aussagen

$$p(a), p(a + 1), p(a + 2), \ldots$$

wahre Aussagen sind.

Indem wir unsere Ergebnisse aus 3.4.1. verwenden, schreiben wir kürzer:

$$q = (\forall n)\, p(n), \quad X = \{n \mid n - \text{natürliche Zahl} \land n \geqq a\}.$$

Demnach ist die vollständige Induktion die Methode dafür, nachzuweisen, daß q eine wahre Aussage ist.

In diesem Abschnitt ist es nicht unser Ziel, möglichst viele Beispiele darzustellen, sondern wir wollen einige charakteristische Eigenschaften angeben. Weitere Beispiele finden Sie insbesondere in Abschnitt 6.

Um Aussagen $q = (\forall n)\, p(n)$, $n \in X$ – man schreibt dafür oft kurz: Es gilt $p(n)$ für $n \geqq a$, a ganz – zu illustrieren, betrachten wir zunächst Beispiele:

Beispiel 4.7:

(1) Alle Zahlen der Form $n^2 + n + 41$, wobei n eine beliebige natürliche Zahl ist ($X = \{0, 1, 2, \ldots\}$), sind Primzahlen.

(2) Es gilt: $S_n = \dfrac{1}{1 \cdot 2} + \dfrac{1}{2 \cdot 3} + \dfrac{1}{3 \cdot 4} + \ldots + \dfrac{1}{n(n + 1)} = \dfrac{n}{n + 1}$
   für jede natürliche Zahl n, die größer oder gleich eins ist ($X = \{1, 2, \ldots\}$).

(3) Jede natürliche Zahl n, ($X = \{0, 1, 2, \ldots\}$), ist der ihr folgenden natürlichen Zahl gleich.

(4) Für jede natürliche Zahl n, die größer oder gleich 3 ist, ($X = \{3, 4, 5, \ldots\}$), gilt die Ungleichung $2^n > 2n + 1$.

Es kommt nun darauf an, den Wahrheitswert solcher Aussagen zu bestimmen. Die Methode der vollständigen Induktion (siehe auch Induktionsaxiom in 5.1.) läßt sich folgendermaßen formulieren:

S.4.1 Satz 4.1 *(Methode der vollständigen Induktion): Eine Aussage* $q = (\forall n)\, p(n)$ *mit* $X = \{n \mid n$ *natürliche Zahl* $\land\, n \geqq a\}$ *ist genau dann eine wahre Aussage, wenn gilt:*
(1) *$p(a)$ ist eine wahre Aussage.*
(2) *Aus der Annahme, daß $p(k)$ für ein beliebiges festes $n = k \geqq a$ eine wahre Aussage ist, folgt, daß auch $p(k + 1)$ eine wahre Aussage ist.*

Wir formulieren diese Methode hier als Satz und wollen uns darauf beschränken, diesen Satz etwas plausibel zu machen.

Nach (1) wissen wir, daß $p(a)$ gilt. Setzen wir in (2) $k = a$, so gilt wegen (2) auch $p(a + 1)$. Setzen wir nun $k = a + 1$, so folgt wegen (2) die Gültigkeit von $p(a + 2)$. Fahren wir so fort, so durchlaufen wir offenbar die gesamte Menge der natürlichen Zahlen $\geqq a$.

Um bei konkreten Aufgaben Satz 4.1 anwenden zu können, formulieren wir noch ein Schema, nach dem man beim Beweis immer vorgehen kann.

I. Man zeige: Es gilt $p(a)$.   *(Induktionsbeginn)*

II. Man nehme an: $p(k)$ ist für ein beliebiges $n = k \geqq a$ eine wahre Aussage.   *(Induktionsannahme)*

III. Man zeige: Unter der Voraussetzung II. ist auch $p(k + 1)$ eine wahre Aussage.   *(Induktionsschritt)*

IV. Bei Gültigkeit von I., II., III. kann man folgern:
$q = (\forall n)\, p(n)$ mit $X = \{n \mid n$ natürliche Zahl $\land\, n \geqq a\}$ ist eine wahre Aussage.   *(Induktionsschluß)*

Beispiel 4.8: Wir betrachten die Aussage (1) aus Beispiel 4.7. Setzen wir $n = 0, 1, 2, \ldots, 10$ ein, so erhalten wir die Primzahlen 41, 43, 47, 53, 61, 71, 83, 97, 113, 131, 151, ... Man ist also geneigt, daraus zu folgern, daß die Aussage richtig ist. Wenn wir aber versuchen, für dieses Beispiel den Schritt III. durchzuführen, so merken wir, daß dies nicht gelingt. Das bedeutet, daß die Aussage „$n^2 + n + 41$ liefert nur Primzahlen" nicht nachgewiesen werden kann. Es ist deshalb zweckmäßig zu prüfen, ob diese Aussage falsch ist. In der Tat: Für $n = 0, \ldots, 39$ erhalten wir nur Primzahlen, für $n = 40$ jedoch ist $40^2 + 40 + 41$ keine Primzahl.

Das Beispiel zeigt: Es ist im allgemeinen falsch, aus der Gültigkeit von Aussagen $p(a), p(a + 1), \ldots, p(a + b)$ auf die Allgemeingültigkeit zu schließen.

Beispiel 4.9: Wir betrachten die Aussage (2) aus Beispiel 4.7:

I. $a = 1$. Es gilt: $S_1 = \dfrac{1}{1 \cdot 2} = \dfrac{1}{1 + 1}$.

II. Es sei $S_k = \dfrac{1}{1 \cdot 2} + \dfrac{1}{2 \cdot 3} + \ldots + \dfrac{1}{k \cdot (k + 1)} = \dfrac{k}{k + 1}$

für ein beliebiges $k \geqq 1$ gültig.

III. Unter der Annahme II. ist zu zeigen:

Es gilt: $S_{k+1} = \dfrac{1}{1 \cdot 2} + \dfrac{1}{2 \cdot 3} + \ldots + \dfrac{1}{(k + 1) \cdot ((k + 1) + 1)} = \dfrac{k + 1}{(k + 1) + 1}$.

Beweis: Es ist

$$S_{k+1} = S_k + \frac{1}{(k+1) \cdot ((k+1)+1)} = \frac{k}{k+1} + \frac{1}{(k+1)(k+2)}$$

$$\text{(nach II)}$$

$$= \frac{k(k+2)+1}{(k+1)(k+2)} = \frac{k^2+2k+1}{(k+1)(k+2)} = \frac{(k+1)^2}{(k+1)(k+2)} = \frac{k+1}{k+2}.$$

Demzufolge ist III. gezeigt, und wir können nach IV. schließen, daß die Summenformel

$$S_k = \frac{1}{1 \cdot 2} + \frac{1}{2 \cdot 3} + \dots + \frac{1}{n \cdot (n+1)} = \frac{n}{n+1}$$

für jede natürliche Zahl $n \geq 1$ gilt. ∎

Beispiel 4.10: Wir betrachten die Aussage (3) am Beispiel 4.7. Wir nehmen an: Es sei $k = k + 1$ für ein beliebiges $n = k \geq 0$. Dann ist nach III. zu zeigen: $k + 1 = k + 2$. Dies ist aber nicht schwer, denn aus $k = k + 1$ folgt durch Addition von 1 auf beiden Seiten sofort $k + 1 = k + 2$.

Hieraus den Schluß zu ziehen, daß die in Beispiel 4.7, (3), formulierte Aussage richtig ist, wäre jedoch falsch, denn wir haben vergessen, I. nachzuprüfen. Nach I. müßte gelten: $0 = 1$. Das ist aber offenbar falsch.

So einfach es im Beispiel 4.10 auch zu sehen ist, daß die Aussage $(\forall n) \ n = n + 1$ falsch ist, so zeigt es doch die Wichtigkeit des Schrittes I. Es kann ohne weiteres vorkommen, daß sich III. beweisen läßt, aber I. nicht gilt. In einem solchen Falle ist die zu untersuchende Aussage falsch. Den Beweis der Aussage (4) aus Beispiel 4.7 überlassen wir dem Leser.

Bemerkungen:

1. Die Schwierigkeit beim Induktionsbeweis liegt darin, da es zum Beweis von III. keine Rezepte gibt. Es kommt jeweils darauf an, die Annahme II. günstig auszunutzen, um III. zu zeigen.
2. In vielen Anwendungen sind sowohl a als auch die Aussageformen $p(n)$ nicht gegeben, und es kann sehr schwierig sein, diese zu finden.
3. Es gibt eine Modifikation der Annahme II., die folgendermaßen lautet:
   II'.: Die Aussagen $p(n)$ mögen für alle Zahlen $a \leq n \leq k$ gelten. Man kann nun II. durch II'. ersetzen und in manchen Beispielen nutzbringend anwenden.

Aufgabe 4.5: Man zeige mittels vollständiger Induktion $q = (\forall n) \ 2^n > 2n + 1$, ∗ $X = \{3, 4, 5, \dots\}$, ist eine wahre Aussage!

Aufgabe 4.6: Man zeige mittels vollständiger Induktion   ∗

$$q = (\forall n) \sum_{m=1}^{n} m \cdot x^{m-1} = \frac{1 - (n+1) \cdot x^n + n \cdot x^{n+1}}{(1-x)^2}; \quad X = \{0, 1, 2, \dots\}$$

ist für jede beliebige reelle Zahl x, $x \neq 1$, x fest gewählt, eine wahre Aussage.

5. Aufbau der Zahlenbereiche

5.1. Der Bereich der reellen Zahlen

Am Anfang mathematischer Betrachtungen steht auch der Zahlbegriff. Die Zahlen gehören zu den grundlegenden mathematischen Objekten, mit deren Hilfe die realen Dinge oder Ereignisse quantifiziert oder geordnet werden können. In diesem Abschnitt wollen wir ihre wesentlichen Eigenschaften und die Gesetze, denen sie genügen, zusammenstellen.

5.1.1. Natürliche Zahlen

Von der Anzahl oder Ordnung einer Menge von Dingen kommen wir zu den *natürlichen* Zahlen 1, 2, 3, ..., zu denen wir hier auch die Null rechnen wollen.

Die natürlichen Zahlen können auch axiomatisch erklärt werden. Dazu nutzt man die Kenntnis ihrer Eigenschaften. Wählt man unter diesen eine minimale Zahl von Grundeigenschaften derart aus, daß sich alle weiteren von diesen ableiten lassen, so bilden diese ein Axiomensystem. Für die natürlichen Zahlen stammt das bekannteste von Peano (1891):

1. *0 ist eine natürliche Zahl.*
2. *Zu jeder natürlichen Zahl n gibt es genau einen Nachfolger n'.*
3. *Es gibt keine natürliche Zahl, deren Nachfolger 0 ist.*
4. *Die Nachfolger zweier verschiedener Zahlen sind voneinander verschieden.*
5. *Enthält eine Menge natürlicher Zahlen die Zahl 0 und mit jeder natürlichen Zahl n auch deren Nachfolger n', so enthält sie alle natürlichen Zahlen.*

Die ersten vier Axiome sind ohne weiteres verständlich. Den Nachfolger von 0 nennt man 0' oder 1, den von 1 entsprechend 0'' oder 1' oder 2 usf. Das fünfte Axiom verwendet den Begriff einer Menge, der in 7. näher erklärt wird. Wir verstehen dabei die natürlichen Zahlen als eine Gesamtheit, eben als Menge der natürlichen Zahlen. Dieses letzte Axiom wird auch als *Induktionsaxiom* bezeichnet, es rechtfertigt den Schluß der vollständigen Induktion (siehe auch 4.3.). Mit Hilfe dieser fünf Grundgesetze können die Addition, die Multiplikation und eine Ordnungsrelation erklärt und ferner alle bekannten Rechenregeln für die natürlichen Zahlen abgeleitet werden.

Im Bereich dieser natürlichen Zahlen sind die arithmetischen Grundoperationen Addition und Multiplikation unbeschränkt durchführbar. Summe und Produkt zweier natürlicher Zahlen ist wieder eine natürliche Zahl.

Die Umkehrung dieser Rechenoperationen, die Subtraktion und die Division, lassen sich dagegen im Bereich der natürlichen Zahlen nicht unbeschränkt ausführen. So gibt es beispielsweise für die Gleichungen $5 + x = 2$ oder $3 \cdot y = 7$ unter den natürlichen Zahlen keine Lösungen x oder y.

5.1.2. Rationale Zahlen, Grundgesetze der Arithmetik

Rationale Zahlen

Diese Fragestellungen führen bekanntlich zur Einführung negativer ganzer Zahlen und der positiven und negativen Brüche. Die ganzen und die gebrochenen Zahlen bilden den Bereich der *rationalen* Zahlen. Mit ihnen kann man unbeschränkt die vier Grundrechenarten Addition, Subtraktion, Multiplikation und Division ausführen. Summe, Differenz, Produkt und Quotient zweier rationaler Zahlen ist wieder eine solche.

Beachten muß man lediglich, daß die Division durch 0 nicht möglich ist!

Dabei kann jede rationale Zahl als Quotient zweier ganzer rationaler Zahlen dargestellt werden. Die ganzen Zahlen werden als ein Bruch mit dem Nenner 1 aufgefaßt.

Wir wollen den Bereich der rationalen Zahlen als etwas Gegebenes ansehen und gehen nicht weiter auf seine Entwicklung aus dem Bereich der natürlichen Zahlen ein. Das formale Rechnen mit derartigen Zahlen einschließlich der Vorzeichen- und Klammerregeln setzen wir ebenfalls als bekannt voraus.

Grundgesetze der Arithmetik

Im folgenden sollen einige Eigenschaften und Gesetze der rationalen Zahlen angegeben werden. Dabei bedienen wir uns eines „axiomatischen" Vorgehens, indem wir die grundlegenden Eigenschaften als Grundgesetze formulieren, aus denen sich dann alle weiteren – uns bekannten – Rechenregeln ableiten lassen. Wenn wir jetzt allgemein von Zahlen sprechen, so sind die rationalen Zahlen gemeint. Bezeichnet werden sie mit kleinen lateinischen Buchstaben $a, b, c, \ldots$

Die Grundgesetze der rationalen Zahlen werden für die Gleichheit und Ordnung, Addition und Subtraktion, Multiplikation und Division formuliert und falls erforderlich jeweils erläutert:

I. *Grundgesetze der Gleichheit:*

1. Es ist $a = a$ *(Reflexivität der Gleichheit)*

2. Aus $a = b$ folgt $b = a$ *(Symmetrie der Gleichheit)*

3. Aus $a = b$ und $b = c$ folgt $a = c$ *(Transitivität der Gleichheit)*

II. *Grundgesetze der Ordnung:*

1. Die Zahlen bilden eine geordnete Menge, d. h. für jedes Paar von Zahlen a und b gilt genau eine der drei Beziehungen: $a < b, a = b, a > b$.

2. Aus $a < b$ und $b < c$ folgt $a < c$ (Transitivität der Beziehung „kleiner").
Eine andere kürzere Schreibweise hierfür ist

$$(a < b \wedge b < c) \to a < c.$$

Soll nur die Ungleichheit von a und b ausgedrückt werden, so schreiben wir $a \neq b$, d. h., a ist nicht gleich b.

III. *Grundgesetze der Addition:*

1. Zu jedem Paar von Zahlen a und b gibt es genau eine dritte Zahl, die die *Summe* von a und b genannt und mit $a + b$ bezeichnet wird; a, b heißen *Summanden*. Die Addition genügt folgenden Gesetzen:

2. $a + b = b + a$ *(Kommutativität der Addition)*

3. $(a + b) + c = a + (b + c)$ *(Assoziativität der Addition)*

4. Aus $a < b$ folgt $a + c < b + c$ *(Monotonie der Addition)*

    oder kürzer

$$a < b \to a + c < b + c.$$

Beispiel 5.1: Aus $\dfrac{4}{5} < \dfrac{5}{4}$ folgt $\dfrac{4}{5} + 3 < \dfrac{5}{4} + 3$,   also $\dfrac{19}{5} < \dfrac{17}{4}$

oder $\dfrac{4}{5} + (-3) < \dfrac{5}{4} + (-3)$,   also $-\dfrac{11}{5} < -\dfrac{7}{4}$.

IV. *Grundgesetz der Subtraktion* (Umkehrung der Addition):

Zu jedem Paar von Zahlen a und b gibt es genau eine Lösung x der Gleichung $a + x = b$. Man nennt x die *Differenz* von b und a und schreibt $x = b - a$; b wird als *Minuend,* a als *Subtrahend* bezeichnet.

Auf die Eindeutigkeit der Lösung – „es gibt genau eine Lösung" – soll besonders hingewiesen werden.

An dieser Stelle wird der Satz von der Existenz der Null eingefügt, der aus den angeführten Grundgesetzen abgeleitet werden kann.

S.5.1 **Satz 5.1:** *Es gibt genau eine Zahl* 0, *die, bei der Addition als Summand verwendet, keine Änderung bewirkt, d. h., es gilt* $(\forall a)\, a + 0 = a$.

D.5.1 **Definition 5.1:** *Eine Zahl a heißt positiv, wenn $a > 0$, und negativ, wenn $a < 0$ ist.*

Die Gleichung $a + x = 0$ wird durch $x = 0 - a$ gelöst, wofür wir $x = -a$ schreiben. Man nennt $-a$ die zu a entgegengesetzte Zahl, und es gilt $a + (-a) = 0$. Daraus folgt sofort: Ist $a > 0$, so ist $-a < 0$, und ist $a < 0$, so ist $-a > 0$. Denn ist beispielsweise $a > 0$, so ist wegen III.4. $a + (-a) > (-a)$, also auch $0 > -a$. Überlegen Sie sich ebenso den Nachweis des zweiten Teils der Folgerung!

V. *Grundgesetze der Multiplikation*

1. Zu jedem Paar von Zahlen a und b gibt es genau eine dritte Zahl, die das *Produkt* von a und b genannt und mit $a \cdot b$ (oder ab) bezeichnet wird; a, b heißen *Faktoren,* a *Multiplikand,* b *Multiplikator.* Die Multiplikation genügt folgenden Gesetzen:

2. $a \cdot b = b \cdot a$ *(Kommutativität der Multiplikation)*

3. $(a \cdot b) \cdot c = a \cdot (b \cdot c)$ *(Assoziativität der Multiplikation)*

4. $(a + b) \cdot c = a \cdot c + b \cdot c$ *(Distributivität)*

5. Aus $a < b$ und $c > 0$ folgt $a \cdot c < b \cdot c$ *(Monotonie der Multiplikation)* oder kürzer

$$(a < b \wedge c > 0) \rightarrow a \cdot c < b \cdot c.$$

Zu beachten ist, daß das 4. Gesetz Addition und Multiplikation unsymmetrisch miteinander verknüpft. Die Vertauschung beider Operationen in diesem Gesetz führt zu einer falschen Aussage, denn es ist im allgemeinen $a \cdot b + c \neq (a + c) \cdot (b + c)$.

Wegen des 5. Gesetzes spielt die 0 für die Multiplikation von Ungleichungen eine besondere Rolle, wie das folgende Beispiel zeigt.

Beispiel 5.2: Wir gehen von der Beziehung $4 < 6$ aus, die wir nacheinander mit $2, \frac{1}{2}, 0$ und -1 multiplizieren:

$4 \cdot 2 < 6 \cdot 2$	$4 \cdot \frac{1}{2} < 6 \cdot \frac{1}{2}$	$4 \cdot 0 = 6 \cdot 0$	$4 \cdot (-1) > 6 \cdot (-1)$
$8 < 12$	$2 < 3$	$0 = 0$	$-4 > -6.$

Man darf also Ungleichungen nur mit positiven Zahlen multiplizieren, ohne daß sich das Ungleichheitszeichen ändert.

VI. *Grundgesetz der Division* (Umkehrung der Multiplikation):

Zu jedem Paar von Zahlen a und b mit $a \neq 0$ gibt es genau eine Lösung x der Gleichung $a \cdot x = b$. Man nennt x den *Quotienten* (oder *Bruch*) von b und a und schreibt

$x = \dfrac{b}{a}$ oder $x = b : a$; b wird als *Dividend* (oder *Zähler*), a als *Divisor* (oder *Nenner*) bezeichnet.

Auch sei hier besonders auf die Eindeutigkeit der Lösung x hingewiesen! Die Division durch 0 wird ausgeschlossen!

Beweisbar ist jetzt der Satz von der Existenz der Eins:

Satz 5.2: *Es gibt genau eine Zahl* 1, *die, bei der Multiplikation als Faktor verwendet, keine Änderung bewirkt, d. h., es gilt* $(\forall a)\, a \cdot 1 = a$. **S.5.2**

Als letztes soll eine weitere grundlegende Eigenschaft der rationalen Zahlen angegeben werden, die man als Archimedisches Grundgesetz bezeichnet.

VII. *Archimedisches Grundgesetz:*

Ist a eine positive Zahl, so gibt es stets eine natürliche Zahl n mit $n > a$.

Die folgende Formulierung läßt eine geometrische Interpretation zu. Sind a und b zwei positive Zahlen, so gibt es stets eine natürliche Zahl n mit

$$\underbrace{a + a + \ldots + a}_{n\text{-mal}} = n \cdot a > b.$$

Die Strecke der Länge a kann so oft addiert werden, daß die Summe größer als die Strecke b wird.

Abgeleitete Rechenregeln

Aus den vorstehend genannten Grundgesetzen lassen sich alle bekannten Regeln – so etwa die Vorzeichen- und Klammerregeln – für das Rechnen mit rationalen Zahlen herleiten. Die getroffene Auswahl der Grundgesetze erweist sich insofern als zweckmäßig, da alle Rechenregeln der Arithmetik aus ihnen ableitbar sind und ihre Anwendung nicht zu Widersprüchen führt. Auf die interessanten Fragen, ob die angegebenen Grundgesetze selbst bewiesen oder inwieweit sie durch andere ersetzt werden können oder ob sie für den Bereich der rationalen Zahlen charakteristisch sind, kann hier nicht eingegangen werden.

Anschließend werden einige Rechenregeln aus den Grundgesetzen hergeleitet. Die hierfür erforderlichen Schlußweisen sind nicht sehr schwierig, müssen aber *sorgfältig* durchgeführt werden.

Beispiele 5.3:

1. Es gilt $-(-a) = a$.

    Da wegen III.2. aus $a + (-a) = 0$ auch $(-a) + a = 0$ folgt, ergibt sich nach IV. $a = 0 - (-a)$ oder $a = -(-a)$.

2. Es gilt $b + (-a) = b - a$.

    Die Zahl $x = b - a$ löst nach IV. die Gleichung $a + x = b$. Setzen wir andererseits für $x = b + (-a)$, so ergibt sich nach III.2. und III.3.:

    $$a + [b + (-a)] = a + [(-a) + b] = [a + (-a)] + b = 0 + b = b.$$

    Wegen der Eindeutigkeit der Lösung muß demnach $b + (-a) = b - a$ sein.

3. Aus $a < b$ folgt $-a > -b$.

Denn addieren wir nach III.4. auf beiden Seiten von $a < b$ die Summe $(-a) + (-b)$, so folgt

$$a + [(-a) + (-b)] < b + [(-a) + (-b)].$$

Nach Umformungen gemäß III.2., III.3. und Regel 2 erhalten wir

$$[a + (-a)] + (-b) < b + [(-b) + (-a)],$$
$$0 - b \quad\ < [b + (-(b)] + (-a),$$
$$-b \quad\ < 0 - a,$$
$$-b \quad\ < -a.$$

4. Für alle a gilt $a \cdot 0 = 0 \cdot a = 0$.

Denn es ist $b + 0 = b$. Beide Seiten der Gleichung können mit a multipliziert werden: $(b + 0) \cdot a$ $= b \cdot a$. Wegen V.4. folgt daraus $b \cdot a + 0 \cdot a = b \cdot a$. Aus Satz 5.1 folgt $0 \cdot a = 0$.

5. Wenn $b \cdot a = 0$ ist und $b \neq 0$, so muß $a = 0$ sein.

Denn es ist $a = \dfrac{0}{b}$ und auch $0 = \dfrac{0}{b}$ wegen $b \cdot 0 = 0$ (Regel 4). Aus der Eindeutigkeit für a nach VI. folgt somit $a = 0$.

6. Es gilt $a \cdot (b - c) = a \cdot b - a \cdot c$.

Diese Beziehung folgt nach Anwendung von V.2., V.4., Regel 2, III.3. und IV. aus:

$$a \cdot (b - c) + a \cdot c = (b - c) \cdot a + c \cdot a = [(b - c) + c] \cdot a$$
$$= [(b + (-c)) + c] \cdot a = [b + ((-c) + c)] \cdot a = [b + 0] \cdot a = b \cdot a = a \cdot b.$$

7. Aus $a < b$ und $a, b > 0$ folgt $\dfrac{1}{b} < \dfrac{1}{a}$.

Zum Beweis multiplizieren wir beide Seiten der Ungleichung $a < b$ mit der positiven Zahl $\dfrac{1}{a} \cdot \dfrac{1}{b}$. Wegen V.2. und V.3. und $a \cdot \dfrac{1}{a} = 1$ bzw. $b \cdot \dfrac{1}{b} = 1$ folgt dann die Behauptung.

In den Beispielen sind einige wichtige, wenn auch sehr einfache Rechenregeln unter Verwendung der Grundgesetze abgeleitet worden. Selbstverständlich lassen sich auch weiterführende arithmetische Regeln gewinnen, wie etwa bei der Klammerrechnung, der Faktorenzerlegung, der Bruchrechnung oder der Potenzrechnung mit ganzen Exponenten.

* *Aufgabe 5.1:* Leiten Sie durch exakte Schlußweise aus den Grundgesetzen der Arithmetik die Regel

$$-(a + b) = (-a) + (-b) = -a - b$$

ab.

Veranschaulichung der rationalen Zahlen auf der Zahlengeraden

Die rationalen Zahlen lassen sich auf Punkte einer orientierten Geraden abbilden. Diese geometrische Veranschaulichung ist nicht aus dem Axiomensystem der Grundgesetze herleitbar, sondern eine an und für sich unnötige, aber in vielerlei Hinsicht zweckmäßige Anleihe bei der Geometrie.

Wir legen zunächst zwei Punkte O und E auf der Geraden fest, O links von E, und haben damit eine Orientierung gewonnen, wenn wir die Richtung von O nach E als positive festlegen. Ferner wird die Strecke $\overline{OE}$ als Längeneinheit angesehen und nach beiden Seiten von O wiederholt abgetragen (Bild 5.1).

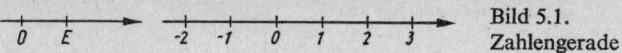

Bild 5.1.
Zahlengerade

Die ganzen Zahlen ordnen wir nun wie bei einer Thermometerskala den so gewonnenen Punkten zu. Dabei entspricht der Zahl Null der Punkt O und der Zahl 1 der Punkt E usf. Diese Zuordnung kann auf jede rationale Zahl $r = \dfrac{a}{b}$ (a, b ganz und $b > 0$) erweitert werden, wie wir der Konstruktion aus Bild 5.2 entnehmen.

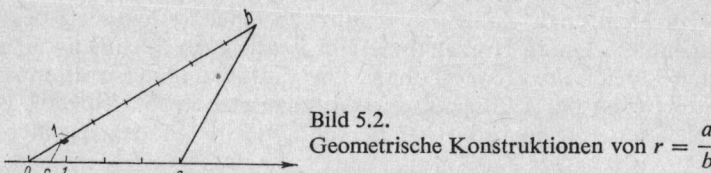

Bild 5.2.
Geometrische Konstruktionen von $r = \dfrac{a}{b}$

Bei Anwendung des Strahlensatzes verhält sich $a : r = b : 1$, also $r = \dfrac{a}{b}$. In der Abbildung ist $r = \dfrac{4}{7}$. Jede rationale Zahl wird damit auf einen Punkt der Zahlengeraden abgebildet, den wir als einen rationalen Punkt bezeichnen.

Wir wollen jetzt eine Eigenschaft über die Verteilung dieser Zahlen·auf der Geraden angeben:

Satz 5.3: *Die rationalen Zahlen liegen dicht geordnet auf der Zahlengeraden, das heißt zwischen irgend zwei rationalen Punkten gibt es stets einen weiteren.* S.5.3

Für zwei Zahlen a und b mit $a < b$ gibt es stets eine dritte Zahl c mit $a < c < b$. Beispielsweise ist $m = \dfrac{a + b}{2}$ eine solche Zahl. Denn aus $a < b$ folgt $\dfrac{a}{2} < \dfrac{b}{2}$, und wenn auf beiden Seiten $\dfrac{a}{2}$ oder $\dfrac{b}{2}$ addiert wird, so folgt $a < m < b$. Mit diesem Verfahren können wir sogar unendlich viele rationale Zahlen zwischen a und b unterbringen.

5.1.3. Reelle Zahlen

Irrationale Zahlen

Obwohl die rationalen Zahlen beliebig dicht geordnet auf der Zahlengeraden liegen, können wir nicht sagen, daß jeder Punkt dieser Geraden auch ein rationaler ist, das heißt, es läßt sich umgekehrt nicht jedem Punkt der Zahlengeraden eine rationale Zahl zuordnen. An dieser Stelle wird die Veranschaulichung sicher problematisch, denn diese „Lücken" lassen sich auch nicht mit einem Elektronenmikroskop finden.

Es gibt beispielsweise keine rationale Zahl, deren Quadrat gleich 2 ist oder geometrisch ausgedrückt: Der Länge der Diagonalen eines Quadrates mit der Seitenlänge 1 entspricht auf der Zahlengeraden kein rationaler Punkt (Bild 5.3). Der Beweis dafür ist im Abschnitt 4.2.2. geführt worden.

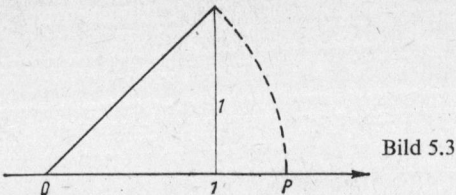

Bild 5.3

Der Umfang eines Kreises mit dem Radius r berechnet sich nach der Formel $U = 2\pi r$. Auch π ist keine rationale Zahl, so daß wir für $r = \frac{1}{2}$ einen Kreisumfang erhalten, dessen Länge ebenfalls nicht mit einer rationalen Zahl meßbar ist.

Es gibt also nichtrationale Zahlen. Das führt zu einer Erweiterung des Bereiches der rationalen Zahlen. Durch Hinzunahme von *irrationalen* (nichtrationalen) Zahlen erhalten wir den Bereich der *reellen* Zahlen. Die Einführung der irrationalen Zahlen und die Rechtfertigung der Gültigkeit der Grundgesetze der Arithmetik und damit auch der abgeleiteten Regeln bedarf genauerer Untersuchungen, die hier nicht geführt werden.

So kann man nach Weierstraß (1815–1897) die reellen Zahlen durch Intervallschachtelungen mit rationalen Intervallgrenzen oder nach Dedekind (1831–1916) durch Schnitte im rationalen Zahlenbereich erklären. Die rationalen Zahlen lassen sich in diese Definitionen einordnen und gehören damit zum Bereich der reellen Zahlen.

Letzterer bildet also eine Erweiterung des Bereichs der rationalen Zahlen derart, daß alle im Bereich der rationalen Zahlen gültigen Regeln bestehen bleiben und formal unverändert auf die irrationalen Zahlen übertragen werden. Weiterhin läßt sich zwischen den Punkten der Zahlengeraden und den reellen Zahlen eine umkehrbar eindeutige Zuordnung herstellen. Jedem Punkt P der Zahlengeraden entspricht dann genau eine reelle Zahl a und umgekehrt jeder reellen Zahl a genau ein Punkt P der Geraden.

* *Aufgabe 5.2:* Welches der Zeichen $<, =, >$ gehört jeweils zwischen die folgenden Zahlen:

$$\sqrt{2^\pi} \text{ und } 1{,}41^{3{,}14}; \quad \sqrt{2^\pi} \text{ und } 1{,}42^{3{,}15}; \quad \sqrt{2}^{-\frac{1}{\sqrt{\pi}}} \text{ und } 1{,}42^{-\frac{1}{\sqrt{3{,}14}}}?$$

Eine Erweiterung des Bereichs der reellen Zahlen ist bei Beibehaltung der Grundgesetze aus 5.1.2. nicht mehr möglich. Das geht nur bei Verzicht auf gewisse Axiome. So wird bei der Erweiterung zum Bereich der komplexen Zahlen in 5.3. auf die Grundgesetze der Ordnung und der Monotonie verzichtet.

Übersicht zum Bereich der reellen Zahlen

Wir geben eine endgültige Übersicht über den Aufbau des Bereichs der reellen Zahlen an:

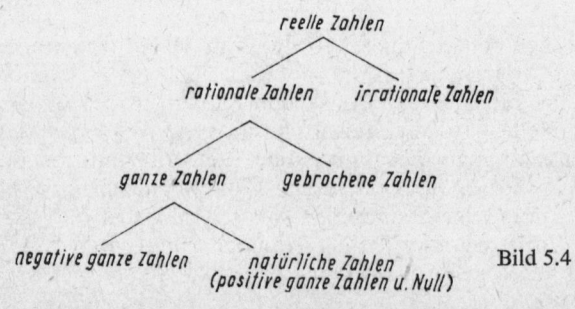

Bild 5.4

5.1.4. Zahlendarstellung

Zur numerischen Rechnung werden die positiven reellen Zahlen in *Zahlensystemen* durch Aneinanderreihung von Ziffern dargestellt. Bei Brüchen kommt noch ein Komma oder Punkt hinzu. Die Ziffern sind bei Potenzsystemen von einer Basis B abgeleitet.

Im *Dezimalsystem* ($B = 10$) wird eine Zahl a durch die Folge der 10 Ziffern 0, 1, 2, ..., 9 dargestellt:

$$a = z_N z_{N-1} \ldots z_1 z_0, z_{-1} z_{-2} \ldots z_{-M}; \quad 0 \leqq z_i \leqq 9; \quad N + M \geqq 0; \quad z_N \neq 0.$$

Dies bedeutet weiter nichts als die Darstellung der Zahl a in der Form

$$a = z_N \cdot 10^N + z_{N-1} \cdot 10^{N-1} + \ldots + z_1 \cdot 10^1 + z_0 \cdot 10^0 + z_{-1} \cdot 10^{-1}$$
$$+ z_{-2} \cdot 10^{-2} + \ldots + z_{-M} \cdot 10^{-M}. \tag{5.1}$$

Für $M = 0$ haben wir eine ganze Zahl, dann wird das Komma oder der Punkt weggelassen. Für $N < 0$ wird in der Darstellung der Zahl als Ziffernfolge $z_0 = \ldots = z_{N+1} = 0$ gesetzt. So ist

$$27.03 = 2 \cdot 10^1 + 7 \cdot 10^0 + 0 \cdot 10^{-1} + 3 \cdot 10^{-2}$$

und

$$0.0047 = 4 \cdot 10^{-3} + 7 \cdot 10^{-4}.$$

Natürlich kann nicht jede reelle Zahl in dieser Art dargestellt werden, zum Beispiel $\frac{1}{3}$ oder $\sqrt{2}$, sondern nur die Vielfachen von 10^{-M}. Jede gebrochene rationale Zahl läßt sich durch eine abbrechende oder durch eine nichtabbrechende, jedoch periodische Dezimalzahl, deren Ziffern sich periodisch wiederholen, darstellen. Dagegen können die irrationalen Zahlen nur annäherungsweise durch Dezimalzahlen erfaßt werden.

Beispielsweise ist $\frac{5}{4} = 1.25$ oder $\frac{1}{7} = 0.142857142857 \ldots$ Die Ziffernfolge 142857 wiederholt sich laufend, wir schreiben dafür auch $\frac{1}{7} = 0.\overline{142857}$. Andererseits sind für $\sqrt{2}$ die Zahlen 1.4, 1.41, 1.414 oder für π die Zahlen 3.14 oder 3.1415 lediglich rationale Näherungen, auch wenn beliebig viele weitere Stellen hinzugenommen werden.

Für die Belange der elektronischen Datenverarbeitung erweist sich die Verwendung des Dual- ($B = 2$) bzw. des Oktalsystems ($B = 8$) als zweckmäßig. Im *Dual-* oder *Binärsystem* gibt es nur die Ziffern 0 und L[1]). Es gilt für die ziffernmäßige Darstellung der Zahlen

$$a = b_N \cdot 2^N + b_{N-1} \cdot 2^{N-1} + \ldots + b_1 \cdot 2^1 + b_0 \cdot 2^0 + b_{-1} \cdot 2^{-1}$$
$$+ \ldots + b_{-M} \cdot 2^{-M} \tag{5.2}$$

mit

$$b_i = 0, L; \quad N + M \geqq 0; \quad b_N \neq 0.$$

Für $M = 0$ und $N < 0$ gelten entsprechende Bemerkungen wie beim Dezimalsystem.

Die Zahl 13 schreibt sich demnach im Dualsystem

$$LL0L = L \cdot 2^3 + L \cdot 2^2 + 0 \cdot 2^1 + L \cdot 2^0.$$

---

[1]) Die Dualziffer 1 wird mit L bezeichnet (zum Unterschied zur Dezimalziffer 1).

Das Rechnen im Dualsystem ist äußerst einfach. So besteht das „kleine Einmaleins" lediglich aus vier Multiplikationen:

$$0 \cdot 0 = 0, \quad 0 \cdot L = 0, \quad L \cdot 0 = 0 \quad \text{und} \quad L \cdot L = L.$$

Jedoch entsprechen den Zahlen in diesem System sehr lange unübersichtliche Ausdrücke. Einer 12-stelligen Dezimalzahl entspricht eine 40-stellige Dualzahl, die im übrigen nur „Nullen" und „Einsen" enthält. Dies ermöglicht eine Verwendung des Dualsystems im täglichen Umgang praktisch nicht.

* *Aufgabe 5.3:* Schreiben Sie bei Verwendung von L (Eins) und 0 (Null) als Ziffern des Dualsystems

a) 27 und 53.625 als Dualzahlen und

b) LL0L0.0L0 und L0LL0LLL0LL.LLLLLL als Dezimalzahlen.

5.2.   Rechnen mit Ungleichungen und absoluten Beträgen

5.2.1.   Ungleichungen

Das Rechnen mit Ungleichungen beruht auf den Grundgesetzen der Arithmetik (siehe 5.1.2., insbesondere II.2, III.4. und V.5.). In diesem Abschnitt sollen einige weitere Regeln für das Rechnen mit Beziehungen, in denen die Zeichen $<$, $>$, $\leq$, $\geq$ vorkommen, abgeleitet werden. Die zahlreichen Beispiele berücksichtigen die zu beachtenden Besonderheiten beim Umgang mit Ungleichungen. Die verwendeten Zahlen a, b, c, ... sind reell.

Es gelten folgende Regeln

1. Aus $a \leq b$ und $a \geq b$ folgt $a = b$.
   Die Zeichen $\leq$ und $\geq$ sind im Sinne vom ausschließenden „oder" zu verstehen. Entweder ist $a < b$, oder es ist $a = b$, beides ist nach II.1. gleichzeitig nicht möglich. Wenn also beide Voraussetzungen gelten sollen, so kann nur $a = b$ sein.
2. Aus $a + c < b + c$ folgt $a < b$.
   Zum Nachweis addieren wir auf beiden Seiten der Ausgangsungleichung nach III.4. den Wert $(-c)$.
3. Aus $a \cdot c < b \cdot c$ und $c > 0$ folgt $a < b$.
   Denn wir können beide Seiten der Ausgangsungleichung nach V.5. mit $\frac{1}{c}$ multiplizieren.
4. Aus $a < b$ und $c < d$ folgt $a + c < b + d$,
   kurz: $(a < b \wedge c < d) \rightarrow a + c < b + d$,
   d. h., gleichgerichtete Ungleichungen können addiert werden.

   Beweis: Aus $a < b$ folgt wegen III.4. $a + c < b + c$,

   aus $c < d$ folgt ebenso $b + c < b + d$

   und somit wegen II.2. die Behauptung. ∎

Zu beachten ist, daß man gleichgerichtete Ungleichungen nicht ohne weiteres subtrahieren darf, wie folgendes Beispiel zeigt (dabei wird die in der zweiten Zeile stehende Ungleichheit jeweils von der ersten abgezogen):

$$\begin{array}{ccc} 3 < 5 & 3 < 5 & 3 < 5 \\ \underline{1 < 2} & \underline{1 < 3} & \underline{1 < 4} \\ 2 < 3 & 2 = 2 & 2 > 1 \end{array}$$

5. Ist $a < b$ und $c < d$ und sind b und c positiv, dann gilt $a \cdot c < b \cdot d$.

Beweis: Aus $a < b$ folgt wegen V.5. $a \cdot c < b \cdot c$,

aus $c < d$ folgt ebenso $\qquad b \cdot c < b \cdot d$

und somit wiederum wegen II.2. die Behauptung. ∎

Wir können aber gleichgerichtete Ungleichungen im allgemeinen nicht miteinander multiplizieren, z. B. ist $-3 < -1$ und $2 < 10$, aber $-6 > -10$!

6. Aus $a < b$ folgt $-a > -b$ und falls $a > 0$ – und somit auch $b > 0$ – ist, folgt $\dfrac{1}{b} < \dfrac{1}{a}$.

Die Beweise hierfür sind bereits in den Beispielen 5.3 (3 und 7) angegeben. Bei der Multiplikation mit (-1) kehrt sich der Sinn der Ungleichung um!

Beispiele 5.4:

1. Es sollen diejenigen reellen Zahlen ermittelt werden, die der Ungleichung

$$\frac{9x + 2}{2 - 3x} \geq -5$$

genügen. Zur Lösung wird die Ungleichung mit $2 - 3x$ multipliziert. Dabei sind zwei Fälle zu unterscheiden:

Fall 1: $2 - 3x > 0 \left(\leftrightarrow x < \dfrac{2}{3} \right)$;

dann wird $9x + 2 \geq -5(2 - 3x)$ oder $12 \geq 6x$ oder $x \leq 2$; d. h., die Ungleichung gilt für $x < \dfrac{2}{3}$.

Fall 2: $2 - 3x < 0 \left(\leftrightarrow x > \dfrac{2}{3} \right)$;

hierfür gilt $9x + 2 \leq -5(2 - 3x)$ oder $12 \leq 6x$ oder $x \geq 2$; d. h., die Ungleichung gilt für $x \geq 2$. Insgesamt gilt die Ungleichung somit für

$$x < \frac{2}{3} \quad \text{und} \quad 2 \leq x.$$

2. Wenn $\dfrac{p}{q} < \dfrac{r}{s}$ und $q, s > 0$, so gilt

$$\frac{p}{q} < \frac{p + r}{q + s} < \frac{r}{s}.$$

Wir beweisen die linke Ungleichung. Bei der Durchführung des Beweises beachten wir, daß wir von der Voraussetzung ausgehen und durch schrittweise Folgerungen die Behauptung entwickeln!

Aus $\dfrac{p}{q} < \dfrac{r}{s}$ und $q, s > 0$ folgt nach Multiplikation beider Seiten mit $q \cdot s$:

$$p \cdot s < q \cdot r$$

und daraus durch Addition von $p \cdot q$ auf beiden Seiten

$$p \cdot s + p \cdot q < q \cdot r + p \cdot q$$

oder

$$p \cdot (q + s) < q \cdot (p + r).$$

Wir multiplizieren beide Seiten mit $\dfrac{1}{(q + s) \cdot q}$ und erhalten die Behauptung

$$\frac{p}{q} < \frac{p + r}{q + s}.$$

Man entwickle hierzu den Beweis für die rechte Ungleichung!

3. Es gilt die *Bernoullische Ungleichung*:

$$(1 + a)^n > 1 + n \cdot a \quad \text{für} \quad a > -1, \quad a \neq 0, \quad n \geq 2, \quad \text{ganz.} \tag{5.3}$$

Der Beweis erfolgt durch vollständige Induktion (siehe 4.3.):

   I. Induktionsbeginn für $n = 2$:

$$(1 + a)^2 = 1 + 2 \cdot a + a^2 > 1 + 2 \cdot a, \quad \text{da } a^2 > 0.$$

  II. Mit der Induktionsannahme ist für $n = k$:

$$(1 + a)^k > 1 + k \cdot a.$$

III. Beide Seiten werden mit $1 + a > 0$ multipliziert, das ergibt

$$(1 + a)^{k+1} > (1 + k \cdot a) \cdot (1 + a)$$

oder

$$(1 + a)^{k+1} > 1 + (k + 1) \cdot a + k \cdot a^2 > 1 + (k + 1) \cdot a,$$

da $k \cdot a^2 > 0$ ist.

IV. Die Ungleichung gilt auch für $n = k + 1$ und somit für alle natürlichen $n \geq 2$. ∎

* *Aufgabe 5.4:* Beweisen Sie die *Cauchy-Schwarzsche Ungleichung*

$$(a \cdot b + c \cdot d)^2 \leq (a^2 + c^2) \cdot (b^2 + d^2).$$

* *Aufgabe 5.5:* Gegeben sind zwei Zahlen a und b mit $0 < a \leq b$.

Es ist $\quad A = \dfrac{1}{2} \cdot (a + b) \quad$ das arithmetische Mittel von a und b,

$$G = \sqrt{ab} \qquad \text{das geometrische Mittel von } a \text{ und } b \text{ und}$$

$$H = \frac{2\,ab}{a + b} \qquad \text{das harmonische Mittel von } a \text{ und } b.$$

Beweisen Sie die Ungleichungskette: $a \leq H \leq G \leq A \leq b$.

* *Aufgabe 5.6:* Beweisen Sie durch vollständige Induktion

$$(1 + a)^n < \frac{1}{1 - na} \quad \text{für} \quad n \geq 1, \text{ ganz,} \quad -1 < a < \frac{1}{n}, \quad a \neq 0.$$

* *Aufgabe 5.7:* Für welche x gilt

a) $\dfrac{1}{x - 3} < 1;$ b) $\dfrac{x - 4}{2x^2 - 7x + 5} > 0$?

c) Man bestimme die Punkte der x,y-Ebene, für die gilt:

$$y + x \leq 4 \wedge x \geq 0 \wedge y \geq 0.$$

5.2.2. Absoluter Betrag

Definition 5.2: *Der absolute Betrag einer reellen Zahl a wird durch* **D.5.2**

$$|a| = \begin{cases} a & \text{für} \quad a \geq 0 \\ -a & \text{für} \quad a < 0 \end{cases}$$

erklärt.

Da $-a$ für negatives a positiv ist, gilt stets $|a| \geq 0$. Der absolute Betrag wird deshalb auch als Abstand der reellen Zahl a vom Nullpunkt auf der Zahlengeraden gedeutet.

Beispiel 5.5: $|2| = 2$, da $2 > 0$, und $|-2| = -(-2) = 2$, da $-2 < 0$.

Für das Rechnen mit absoluten Beträgen von reellen Zahlen a und b lassen sich folgende Regeln herleiten:

1. $|-a| = |a|$ (5.4)

    Hieraus folgt sofort $|a - b| = |b - a|$.

2. $\pm a \leq |a|$

3. $|a \cdot b| = |a| \cdot |b|$ (5.5)

4. $\left| \dfrac{a}{b} \right| = \dfrac{|a|}{|b|}, \quad b \neq 0$ (5.6)

5. $||a| - |b|| \leq |a + b| \leq |a| + |b|$ (5.7)

Die unter 5. stehenden Beziehungen werden als *Dreiecksungleichungen* bezeichnet und besagen, daß der Betrag einer Summe nicht größer als die Summe der Beträge der Summanden und nicht kleiner als der Betrag der Differenz dieser Beträge ist.

Beispiele 5.6:

1. Die Ungleichung $|a| \leq b$ mit $b > 0$ bedeutet dasselbe wie $-b \leq a \leq b$ (Bild 5.5).

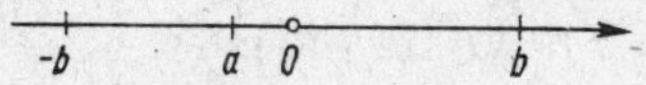

Bild 5.5
$|a| \leq b$

2. Der Abstand der beiden den Zahlen a und b entsprechenden Punkte auf der Zahlengeraden beträgt $|b - a|$.

3. Für welche x gilt $|x - a| < b$ mit $b > 0$?
   Nach der Definition 5.2 ist:

$$|x - a| = \begin{cases} x - a & \text{für} \quad x \geq a \\ a - x & \text{für} \quad x < a \end{cases}$$

Für $x \geq a$ entspricht obiger Ungleichung $x - a < b$ oder umgestellt $a \leq x < a + b$. Für $x < a$ entspricht der Ungleichung $a - x < b$ oder $a - b < x < a$. Somit gilt obige Ungleichung für alle x mit $a - b < x < a + b$ (Bild 5.6).

Bild 5.6.
$|x - a| < b, b > 0$

4. Es ist $\dfrac{a + |a|}{2} = \begin{cases} a & \text{für} \quad a \geq 0 \\ 0 & \text{für} \quad a < 0 \end{cases}$ und $\dfrac{a - |a|}{2} = \begin{cases} 0 & \text{für} \quad a \geq 0 \\ a & \text{für} \quad a < 0 \end{cases}$.

5. Gesucht sind alle reellen Zahlen x, die die Ungleichung

$$|x - 1| \leqq |2x + 5|$$

erfüllen. Unter Benutzung von Definition 5.2 für $a = x - 1$ bzw. $a = 2x + 5$ werden drei Fälle unterschieden:

Fall 1: $x \geqq 1$. Hierfür lautet die Ungleichung

$$x - 1 \leqq 2x + 5,$$

was mit $x \geqq -6$ gleichbedeutend ist. Also ist die Ungleichung für alle $x \geqq 1$ erfüllt.

Fall 2: $-\dfrac{5}{2} \leqq x < 1$. Hierfür lautet die Ungleichung

$$-(x - 1) \leqq 2x + 5,$$

woraus sich $x \geqq -\dfrac{4}{3}$ ergibt. Also ist sie auch für $-\dfrac{4}{3} \leqq x < 1$ erfüllt.

Fall 3: $x < -\dfrac{5}{2}$. Hierfür lautet die Ungleichung

$$-(x - 1) \leqq -(2x + 5)$$

und dies ist wiederum gleichbedeutend mit $x \leqq -6$. Also gilt sie auch für $x \leqq -6$. Insgesamt: Die Ungleichung gilt für $x \leqq -6$ und für $-\dfrac{4}{3} \leqq x$.

* *Aufgabe 5.8:* Für welche x gilt

    a) $|2x + 3| < x + 3$;   b) $\left|\dfrac{3}{2}x + \dfrac{3}{4}\right| = |x - 2)|$;

    c) $\dfrac{3x}{x + 1} \leqq |x - 4|$;   d) $|x| + |x - 1| + |x - 2| > 6$?

* *Aufgabe 5.9:* Man bestimme die Punkte der x,y-Ebene, für die gilt:

    a) $|x + y| < 1$;   b) $|y| - |x| \leqq 1$.

* *Aufgabe 5.10:* Zeigen Sie

$$\frac{a + b + |b - a|}{2} = \text{Max}\,(a, b); \qquad \frac{a + b - |b - a|}{2} = \text{Min}\,(a, b).$$

5.3.   Komplexe Zahlen

Der Tatbestand, daß die Gleichung $x^2 = 2$ durch keine rationale Zahl gelöst werden konnte, brachte uns die Einführung des Bereichs der reellen Zahlen (Abschnitt 5.1.3.). Die Gleichung $x^2 + 1 = 0$ ist nun andererseits auch für keine reelle Zahl lösbar. Dieser Sachverhalt ist bei der Untersuchung quadratischer Gleichungen schon sehr früh entdeckt worden. Mitte des 16. Jahrhunderts kam Cardano auf den Gedanken, daß man mit Wurzeln aus negativen Radikanden, z. B. $\sqrt{-15}$, nach den üblichen Regeln rechnen sollte. Descartes verwendet etwa ein Jahrhundert später bei der Behandlung derartiger Größen den Namen „imaginäre" Zahlen, was soviel wie „eingebildete" oder „unwirkliche" Zahlen – im Gegensatz zu den „wirklichen" reellen Zahlen – bedeutet. Diese Bezeichnung hat sich bis heute erhalten. Das Symbol i, dessen Quadrat $= -1$ ist, hat Euler 1777 eingeführt. Eine strengere Theorie zur Begründung der komplexen Zahlen geht auf Gauß zurück, der auch ihre Veranschaulichung in der Ebene vornahm. Die komplexen Zahlen haben seitdem die gleiche Bedeutung erlangt wie die reellen; sie treten bei zahlreichen Anwendungen in Physik und Technik auf.

Die komplexen Zahlen können axiomatisch als Zahlenpaare (a, b) eingeführt werden, wobei a und b reelle Zahlen sind. Für diese Paare werden dann die Gleichheit und die vier Grundrechenarten definiert. Auf die Gesetze der Ordnung und Monotonie wird verzichtet. Die reellen Zahlen sind als Paare der Form $(a, 0)$ im Bereich der komplexen Zahlen enthalten. Wir werden die komplexen Zahlen in einer anderen Weise gewinnen. Zur besseren Unterscheidung werden wir für die Bezeichnung der Zahlen auch indizierte Buchstaben verwenden: $a_1, a_2, a_3, \ldots$ oder $b_1, b_2, b_3, \ldots$

5.3.1. Rein imaginäre Zahlen

Zunächst werden die *rein imaginären* Zahlen eingeführt. Dazu wird festgelegt, daß die Gleichung $x^2 + 1 = 0$ von der imaginären Einheit i[1]) gelöst wird. Es gilt also

$$i^2 = -1.$$

Definition 5.3: *Das Produkt* bi *mit reellem* $b \neq 0$ *heißt* **rein imaginäre** Zahl.   **D.5.3**

Für die rein imaginären Zahlen können ohne weiteres die Grundgesetze der Gleichheit, Ordnung, Addition und Subtraktion von den reellen Zahlen übernommen werden. Es ist also insbesondere

$$b_1 i + b_2 i = (b_1 + b_2) i, \quad b_1 i - b_2 i = (b_1 - b_2) i$$

und

$$b_1 i < b_2 i \quad \text{für} \quad b_1 < b_2.$$

Dabei wird $0i = 0$ gesetzt.

Mithin lassen sich die rein imaginären Zahlen auch anschaulich auf einer Zahlengeraden, der imaginären Achse, darstellen. Die Einheit ist i.

Überträgt man die Regeln der Multiplikation, so ist bei Beachtung von $i^2 = -1$:

$$b_1 i \cdot b_2 i = (b_1 \cdot b_2) \cdot i^2 = -b_1 b_2.$$

Das Produkt zweier rein imaginärer Zahlen ist demnach nicht wieder eine rein imaginäre, sondern eine reelle Zahl!

Für die Potenzen von i gilt:

$$i^1 = i, \quad i^2 = -1, \quad i^3 = -i, \quad i^4 = 1 \qquad \text{oder allgemein}$$

$$i^{4n+1} = i, \quad i^{4n+2} = -1, \quad i^{4n+3} = -i, \quad i^{4n} = 1 \quad \text{für alle } n \geq 0, \text{ ganz.}$$

Eine Lösung der Gleichung $ix = 1$ für rein imaginäres x ist $x = -i$, deshalb setzen wir $\dfrac{1}{i} = i^{-1} = -i.$

---

[1]) In der Elektrotechnik wird dafür der Buchstabe j verwendet, da mit i bereits die Stromstärke bezeichnet wird.

Beispiele 5.7: 1. $3i + 7i - 8i = 2i$,

2. $5i \cdot 6i \qquad = -30$,

3. $\dfrac{7}{i} \qquad\quad = -7i$.

5.3.2. Komplexe Zahlen

D.5.4 **Definition 5.4:** *Die Summe einer reellen und einer rein imaginären Zahl heißt* **komplexe** *Zahl z, z = a + bi, a, b reell. Dabei nennt man a den* **Realteil** *und b den* **Imaginärteil** *von z und schreibt auch a =* Re *(z), b =* Im *(z).*

Für $b = 0$ erhalten wir eine reelle, für $a = 0$ und $b \neq 0$ eine rein imaginäre Zahl. Die Zahl $\bar{z} = a - bi$ heißt die zu z *konjugiert komplexe* Zahl.

Wir erklären die Gleichheit zweier komplexer Zahlen folgendermaßen:

D.5.5 **Definition 5.5:** *Zwei komplexe Zahlen sind gleich, wenn sowohl die Real- als auch die Imaginärteile übereinstimmen, d. h.* $a_1 + b_1 i = a_2 + b_2 i \leftrightarrow (a_1 = a_2 \wedge b_1 = b_2)$.

Ferner gelten die Grundgesetze der

Reflexivität; $\quad z = z$,

Symmetrie: $\quad$ Aus $z_1 = z_2$ folgt $z_2 = z_1$ und

Transitivität: $\quad$ Aus $z_1 = z_2$ und $z_2 = z_3$ folgt $z_1 = z_3$.

Insbesondere bedeutet $z = 0$, daß $a = b = 0$ ist.

Die Grundgesetze der Arithmetik werden mit Ausnahme der Gesetze für Ungleichungen, also der Ordnung und Monotonie, von den reellen Zahlen übernommen. Bei Berücksichtigung von $i^2 = -1$ ergibt sich mit $z_1 = a_1 + b_1 i$ und $z_2 = a_2 + b_2 i$ für

die Summe $\quad z_1 + z_2 = (a_1 + b_1 i) + (a_2 + b_2 i) = (a_1 + a_2) + (b_1 + b_2)\,i$,

die Differenz $\quad z_1 - z_2 = (a_1 + b_1 i) - (a_2 + b_2 i) = (a_1 - a_2) + (b_1 - b_2)\,i$,

das Produkt $\quad z_1 \cdot z_2 = (a_1 + b_1 i) \cdot (a_2 + b_2 i) = (a_1 a_2 - b_1 b_2) + (a_1 b_2 + a_2 b_1)i$

und den Quotienten $\hfill (5.7)$

$$\frac{z_1}{z_2} = \frac{a_1 + b_1 i}{a_2 + b_2 i} = \frac{(a_1 + b_1 i)\,(a_2 - b_2 i)}{(a_2 + b_2 i)\,(a_2 - b_2 i)}$$

$$= \frac{a_1 a_2 + b_1 b_2}{a_2^2 + b_2^2} + \frac{a_2 b_1 - a_1 b_2}{a_2^2 + b_2^2}\,i, \quad z_2 \neq 0.$$

Summe, Differenz, Produkt und Quotient zweier komplexer Zahlen sind demnach wieder komplex.

Ferner gelten die Gesetze:

$z_1 + z_2 \qquad\quad = z_2 + z_1 \qquad\qquad$ *(Kommutativität der Addition)*;

$(z_1 + z_2) + z_3 = z_1 + (z_2 + z_3) \qquad$ *(Assoziativität der Addition)*;

$z_1 \cdot z_2 \qquad\quad = z_2 \cdot z_1 \qquad\qquad$ *(Kommutativität der Multiplikation)*;

$(z_1 \cdot z_2) \cdot z_3 \quad = z_1 \cdot (z_2 \cdot z_3) \qquad$ *(Assoziativität der Multiplikation)*;

$(z_1 + z_2) \cdot z_3 = z_1 \cdot z_3 + z_2 \cdot z_3 \quad$ *(Distributivität)*.

Entsprechend lassen sich die Grundgesetze für die Subtraktion und Division bei Beachtung der obigen Festlegungen für Differenz und Quotient zweier komplexer Zahlen übernehmen.

Wir sehen den Bereich der komplexen Zahlen als eine Erweiterung des Bereichs der reellen Zahlen an. Bei den komplexen Zahlen wird mit Ausnahme der Ungleichheitsbeziehung auf der Grundlage derselben arithmetischen Axiome gerechnet wie bei den reellen Zahlen. Andererseits lassen sich mit Hilfe der komplexen Zahlen Aufgaben bewältigen, wie die Lösung der Gleichung $x^2 + 1 = 0$, die im reellen Zahlenbereich nicht lösbar sind.

Beispiele 5.8:

1. $\quad z_1 \quad = 3 + 4i, \ z_2 = 1 - 2i;$

$z_1 + z_2 = 4 + 2i = 2 \cdot (2 + i); \qquad z_1 - z_2 = 2 + 6i = 2 \cdot (1 + 3i);$

$z_1 \cdot z_2 = (3 + 4i) \cdot (1 - 2i) = (3 + 8) + (4 - 6) \ i = 11 - 2i;$

$z_1 : z_2 = \dfrac{3 + 4i}{1 - 2i} \cdot \dfrac{1 + 2i}{1 + 2i} = \dfrac{3 - 8}{5} + \dfrac{6 + 4}{5} i = -1 + 2i.$

Wir beachten: Zähler und Nenner des Quotienten werden mit der konjugiert komplexen Zahl des Nenners multipliziert! Diese Regel kann bei jeder derartigen Division verwendet werden.

$z_2^2 = (1 - 2i)^2 = 1 - 4i - 4 = -3 - 4i.$

2. Es seien $z = a + bi$ und $\bar{z} = a - bi$ zueinander konjugiert komplex.
   Dann gilt

$z + \bar{z} = 2a,$

$z - \bar{z} = 2bi,$

$z \cdot \bar{z} = a^2 + b^2$

$\dfrac{z}{\bar{z}} = \dfrac{a + bi}{a - bi} \cdot \dfrac{a + bi}{a + bi} = \dfrac{a^2 - b^2}{a^2 + b^2} + \dfrac{2ab}{a^2 + b^2} i.$

Insbesondere folgt für $z = 1 + i$, $\bar{z} = 1 - i$ sofort $z + \bar{z} = 2$, $z - \bar{z} = 2i$, $z \cdot \bar{z} = 2$ und $\dfrac{z}{\bar{z}} = i.$

Aufgabe 5.11: Berechnen Sie ∗

a) $(2 - 3i) \cdot (-1 + 5i);$ b) $\dfrac{5}{1 - 2i}$;   c) $\dfrac{5 + 12i}{3 + 2i}$;

d) $(1 + i)^8;$ e) $(1 - i)^2 (1 + i)^3;$ f) $\sqrt{i};$ g) $\sqrt{-5 + 12i}.$

5.3.3. Veranschaulichung der komplexen Zahlen in der Gaußschen Zahlenebene. Trigonometrische und exponentielle Darstellung der komplexen Zahlen

In einem kartesischen Koordinatensystem werden auf der x-Achse die reellen und auf der y-Achse die rein imaginären Zahlen abgetragen. Diese beiden Geraden werden dann reelle bzw. imaginäre Achse genannt. Somit läßt sich jeder komplexen Zahl $z = a + bi$ ein Punkt P mit den kartesischen Koordinaten (a, b) in der x, y-Ebene umkehrbar eindeutig zuordnen (Bild 5.7).

Häufig wird der Zahl z auch die gerichtete Strecke $\overrightarrow{OP}$ als Pfeil oder Vektor zugeordnet und umgekehrt. Die Lage von $-z$, $\bar{z}$ und $-\bar{z}$ wird durch Bild 5.8 verdeutlicht. Die geometrischen Größen in Bild 5.7

r, Länge der Strecke $\overrightarrow{OP}$ oder Abstand des Punktes P vom Ursprung und

φ, Winkel zwischen der positiven x-Achse und der Strecke $\overrightarrow{OP}$,

legen den Punkt P in der Ebene ebenfalls eindeutig fest. Dabei wird der Winkel φ im mathematisch positiven Drehsinn entgegen dem Uhrzeigensinn gemessen, und man wählt in der Regel $-\pi < \varphi \leq \pi$. Man nennt r und φ die *Polarkoordinaten* von P. Sie werden zu einer weiteren Darstellung der komplexen Zahlen verwendet.

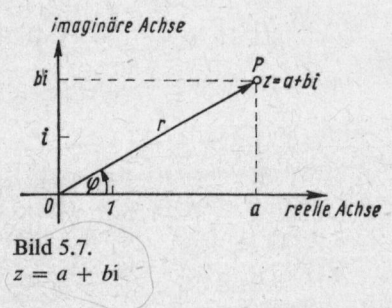

Bild 5.7.
$z = a + bi$

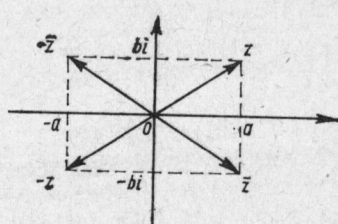

Bild 5.8.
Lage von z, $\bar{z}$, $-z$, $-\bar{z}$

Mit
$$a = r \cdot \cos\varphi \quad \text{und} \quad b = r \cdot \sin\varphi$$
folgt

$$z = a + bi = r(\cos\varphi + i\sin\varphi). \tag{5.8}$$

Dies ist die *trigonometrische Darstellung* von z. Dabei wird

$|z| = r = \sqrt{a^2 + b^2}$ der *absolute Betrag* von z und der Winkel φ das *Argument* von z genannt. Man schreibt auch $\varphi = \arg z$.

Den Winkel φ mit $-\pi < \varphi \leq +\pi$ ermittelt man für $r \neq 0$, d. h. für alle von 0 verschiedenen komplexen Zahlen, eindeutig aus

$$\cos\varphi = \frac{a}{\sqrt{a^2 + b^2}} = \frac{a}{r}, \quad \sin\varphi = \frac{b}{\sqrt{a^2 + b^2}} = \frac{b}{r}.$$

Durch Division der beiden Formeln erhält man

$$\tan\varphi = \frac{b}{a}.$$

Diese Formel ist zwar einfacher, aber sie hat auch gewisse Nachteile. Sie versagt für $a = 0$, also für die Punkte der imaginären Achse der Gaußschen Zahlenebene. Weiterhin ist durch sie allein der Winkel φ mit $-\pi < \varphi \leq +\pi$ nicht eindeutig festgelegt. Der Quadrant für z muß zusätzlich aus den Vorzeichen von a und b bestimmt werden.

Es soll noch eine weitere Darstellung komplexer Zahlen behandelt werden. Mit Hilfe der *Eulerschen Formel*

$$e^{i\varphi} = \cos\varphi + i\sin\varphi, \tag{5.9}$$

die hier nur ohne Beweis angegeben werden kann, erhalten wir aus (5.8) die *exponentielle Darstellung*

▌ $\qquad z = r\,e^{i\varphi}$ (5.10)

für die komplexe Zahl z. Diese Darstellung ist z. B. für die Ausführung von Multiplikation und Division von komplexen Zahlen von Vorteil, weil – wie ohne Beweis mitgeteilt sei – die bekannten Gesetze für das Rechnen mit Potenzen auch für $e^{i\varphi}$ gelten. So wird

$$z_1 \cdot z_2 = r_1\,e^{i\varphi_1} \cdot r_2\,e^{i\varphi_2} = r_1 r_2\,e^{i(\varphi_1 + \varphi_2)},$$

$$\frac{z_1}{z_2} = \frac{r_1\,e^{i\varphi_1}}{r_2\,e^{i\varphi_2}} = \frac{r_1}{r_2}\,e^{i(\varphi_1 - \varphi_2)}.$$

Wegen der Periodizität von $\cos\varphi$ und $\sin\varphi$ gilt

▌ $\qquad e^{i(\varphi + k \cdot 2\pi)} = e^{i\varphi}$ $\quad$ (k ganz). (5.10′)

Beispiel 5.9: Die komplexen Zahlen $z_1 = -2\sqrt{3} - 2i$ und $z_2 = -1 + \sqrt{3}i$ sollen in der exponentiellen Darstellung angegeben und damit die Zahlen

$$z_3 = z_1 \cdot z_2 \quad \text{und} \quad z_4 = \frac{z_1}{2z_2}$$

berechnet und schließlich in der Form $\text{Re}\,(z) + i \cdot \text{Im}\,(z)$ angegeben werden. Man erhält:

$$r_1 = \sqrt{12 + 4} = 4\,, \quad \tan\varphi_1 = \frac{1}{\sqrt{3}}\,, \quad \varphi_1 = -\frac{5\pi}{6}\,, \qquad \text{3. Quadrant;}$$

$$r_2 = \sqrt{1 + 3} = 2\,, \quad \tan\varphi_2 = -\sqrt{3}\,, \quad \varphi_2 = \frac{2\pi}{3}\,, \qquad \text{2. Quadrant;}$$

$$z_1 = 4 \cdot e^{-\frac{5\pi}{6}i}\,; \quad z_2 = 2 \cdot e^{\frac{2\pi}{3}i}\,;$$

$$z_3 = z_1 \cdot z_2 = 8\,e^{-\frac{\pi}{6}i} = 8\left(\cos\frac{\pi}{6} - i\sin\frac{\pi}{6}\right) = 4\sqrt{3} - 4i\,;$$

$$z_4 = \frac{z_1}{2z_2} = e^{-\frac{3\pi}{2}i} = e^{\frac{\pi}{2}} = \cos\frac{\pi}{2} + i\sin\frac{\pi}{2} = i\,.$$

Aufgabe 5.12: Schreiben Sie folgende komplexen Zahlen in der Form $a + ib$: $\qquad$ *

$\qquad$ a) $e^{i3\pi}$; $\qquad$ b) $e^{-i\frac{\pi}{3}}$; $\qquad$ c) $e^{i\frac{11}{6}\pi}$; $\qquad$ d) $e^{i\left(\frac{3}{2}\pi + 2n\pi\right)}$, n ganz.

Aufgabe 5.13: Stellen Sie folgende komplexen Zahlen in der geometrischen und der *
exponentiellen Form (5.8) und (5.10) dar:

$\qquad$ a) $2i$; $\qquad$ b) $-1 - i$; $\qquad$ c) $3 - i\sqrt{3}$.

Aufgabe 5.14: Wie lautet die Darstellung $z = a + bi$ der komplexen Zahlen mit *

$\qquad$ a) $r = 2$, $\quad \varphi = 60°$; $\quad$ b) $r = 2\sqrt{3}$, $\quad \varphi = 300°$?

Zur Veranschaulichung der Addition zweier komplexer Zahlen $z_1 = a_1 + b_1 i$ und $z_2 = a_2 + b_2 i$ betrachten wir Bild 5.9.

Die geometrische Addition zweier komplexer Zahlen wird entsprechend der geometrischen Addition zweier Vektoren nach dem Parallelogrammsatz vollzogen.

Setzt man $-z = +(-z)$, so läßt sich die Subtraktion geometrisch sofort auf die Addition zurückführen (Bild 5.10), $z_2 - z_1 = z_2 + (-z_1)$.

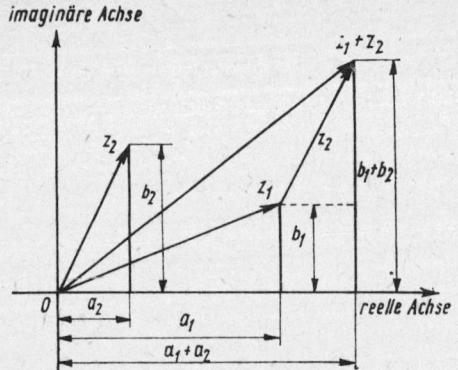

Bild 5.9.
Addition zweier komplexer Zahlen

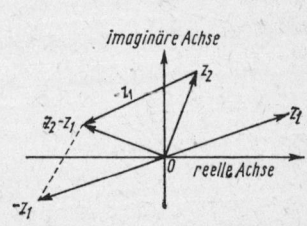

Bild 5.10.
Subtraktion zweier
komplexer Zahlen

Für die anschauliche Deutung der Multiplikation zweier komplexer Zahlen verwenden wir zweckmäßiger die exponentielle Darstellung der Faktoren

$$z_1 = r_1\,e^{i\varphi_1} \quad \text{und} \quad z_2 = r_2\,e^{i\varphi_2}.$$

Dann wird

$$z_1 \cdot z_2 = r_1 r_2\,e^{i(\varphi_1 + \varphi_2)} = r\,e^{i\varphi} = r(\cos\varphi + i\sin\varphi)$$

mit

$$r = r_1 \cdot r_2 \text{ und } \varphi = \varphi_1 + \varphi_2.$$

Wir erhalten folgendes Resultat: Das Produkt zweier komplexer Zahlen ist eine komplexe Zahl, deren absoluter Betrag gleich dem Produkt der absoluten Beträge und deren Argument gleich der Summe der Argumente der Faktoren ist.

Die Konstruktion von $z_1 \cdot z_2$ ergibt sich einmal aus der Tatsache, daß das Produkt auf dem Ursprungsstrahl mit dem Winkel $(\varphi_1 + \varphi_2)$ zur positiven reellen Achse liegt und zum anderen aus der offensichtlichen Ähnlichkeit der beiden Dreiecke in Bild 5.11 und der daraus folgenden Beziehung $r_1 : 1 = r : r_2$, also $r = r_1 r_2$.

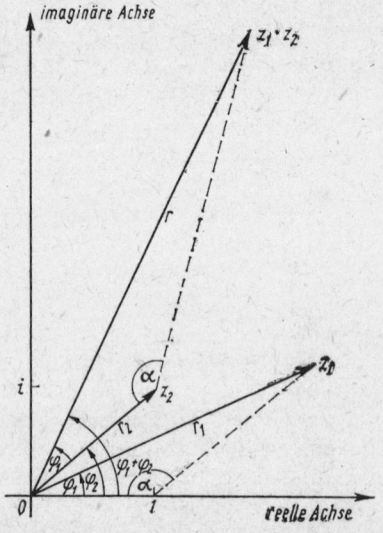

Bild 5.11.
Multiplikation zweier komplexer Zahlen

Bei der Division von z_1 durch z_2 bekommen wir

$$\frac{z_1}{z_2} = \frac{r_1\,e^{i\varphi_1}}{r_2\,e^{i\varphi_2}} = \frac{r_1}{r_2}\,e^{i(\varphi_1-\varphi_2)} = R \cdot e^{i\psi} = R\,(\cos\psi + i\sin\psi)$$

mit

$$R = \frac{r_1}{r_2} \quad \text{und} \quad \psi = \varphi_1 - \varphi_2.$$

Das Resultat ist jetzt: Man erhält den Quotienten zweier komplexer Zahlen, indem man ihre Beträge dividiert und die Argumente subtrahiert.

Beispiel 5.10: Wir berechnen noch einmal $\dfrac{1+i}{1-i}$ (Bild 5.12.). Die Beträge von Zähler und Nenner sind $\sqrt{2}$, ihr Quotient mithin 1. Das Argument des Zählers ist $+\dfrac{\pi}{4}$, das des Nenners $-\dfrac{\pi}{4}$ und somit die Differenz $+\dfrac{\pi}{2}$. Die komplexe Zahl mit dem Betrag 1 und dem Argument $+\dfrac{\pi}{2}$ ist i, und somit ist $\dfrac{1+i}{1-i} = i$.

Abschließend sei bemerkt, daß für das Rechnen mit den Beträgen folgende Regeln gelten:

1. $||z_1| - |z_2|| \leqq |z_1 + z_2| \leqq |z_1| + |z_2|$ *(Dreiecksungleichungen)*,   (5.11)
2. $|z_1 \cdot z_2| = |z_1| \cdot |z_2|$,
3. $\left|\dfrac{z_1}{z_2}\right| = \dfrac{|z_1|}{|z_2|}$, $z_2 \neq 0$.

5.3.4. Potenzieren, Radizieren und Logarithmieren von komplexen Zahlen

Potenzieren

Wir multiplizieren zunächst n komplexe Zahlen

$$z_k = r_k\,e^{i\varphi_k}, \quad k = 1, 2, \ldots, n,$$

miteinander und erhalten das Produkt:

$$z_1 \cdot z_2 \ldots z_n = r_1 r_2 \ldots r_n\,e^{i(\varphi_1 + \varphi_2 + \ldots + \varphi_n)}.$$

Setzen wir darin

$$z_1 = z_2 = \ldots = z_n = z, \quad \text{also} \quad r_1 = r_2 = \ldots = r_n = r \quad \text{und}$$

$$\varphi_1 = \varphi_2 = \ldots = \varphi_n = \varphi, \quad \text{so folgt}$$

$$z^n = [r\,(\cos\varphi + i\sin\varphi)]^n = [r\,e^{i\varphi}]^n = r^n\,e^{in\varphi}$$

$$= r^n\,(\cos n\varphi + i\sin n\varphi) \quad \text{mit} \quad n > 0, \text{ganz.}$$

Hieraus entnehmen wir die wichtige Beziehung

$$(\cos\varphi + i\sin\varphi)^n = \cos n\varphi + i\sin n\varphi, \quad n > 0, \text{ganz.} \tag{5.12}$$

Dieser Ausdruck wird *Moivresche Formel* genannt.

Diese Formel gilt auch für beliebige rationale Exponenten (ohne Beweis):

$$(\cos\varphi + i\sin\varphi)^{\frac{p}{q}} = \cos\left(\frac{p}{q} \cdot \varphi\right) + i\sin\left(\frac{p}{q} \cdot \varphi\right), \quad p, q \text{ ganz, } q > 0,\ -\pi < \varphi \leqq \pi.$$

$$\tag{5.13}$$

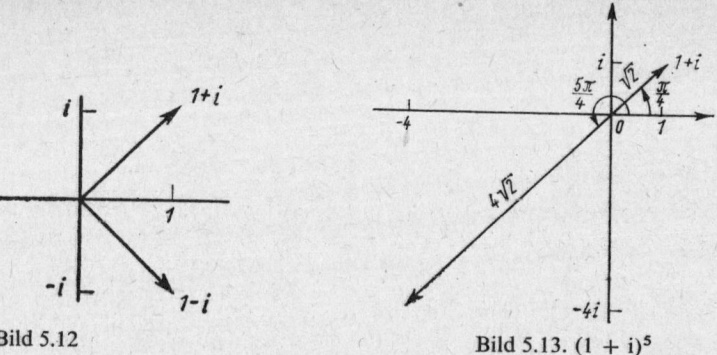

Bild 5.12   Bild 5.13. $(1 + i)^5$

Beispiel 5.11:

$$(1 + i)^5 = \left[\sqrt{2} \cdot \left(\cos \frac{\pi}{4} + i \sin \frac{\pi}{4}\right)\right]^5 = \left[\sqrt{2}\, e^{i\frac{\pi}{4}}\right]^5 = (\sqrt{2})^5 e^{i\frac{5\pi}{4}}$$

$$= (\sqrt{2})^5 \cdot \left(\cos 5 \cdot \frac{\pi}{4} + i \sin 5 \cdot \frac{\pi}{4}\right) = 4\sqrt{2} \cdot \left(-\cos \frac{\pi}{4} - i \sin \frac{\pi}{4}\right)$$

$$= -4\left[\sqrt{2} \cdot \left(\cos \frac{\pi}{4} + i \sin \frac{\pi}{4}\right)\right] = -4 \cdot (1 + i). \qquad \text{(Bild 5.13)}.$$

Radizieren

Eine n-te Wurzel der komplexen Zahl z wird als Lösung der Gleichung $w^n = z$ erklärt. Setzt man $z = r\, e^{i\varphi}$ und $w = R\, e^{i\omega}$ in die Gleichung ein, so wird

$$R^n\, e^{in\omega} = r\, e^{i\varphi},$$

woraus sofort $R = \sqrt[n]{r}$ folgt. Bei Berücksichtigung der Periodizität der e-Funktion (5.10′) folgt

$$n\omega_k = \varphi + k \cdot 2\pi \quad \text{oder} \quad \omega_k = \frac{\varphi}{n} + k \cdot \frac{2\pi}{n}, \, k \text{ ganz}.$$

Wegen der Periodizität der Funktion $e^{i\omega}$ – bzw. der Funktionen Kosinus und Sinus – gibt es dann aber nur n verschiedene w-Werte, die man zum Beispiel für $k = 0, 1, 2, \ldots,$ $n - 1$ erhält. Somit hat $w^n = z$ die n verschiedenen Lösungen:

$$w_k^{(n)} = \sqrt[n]{r} \cdot e^{i\left(\frac{\varphi}{n} + k \cdot \frac{2\pi}{n}\right)} = \sqrt[n]{r} \cdot \left[\cos \left(\frac{\varphi}{n} + k \cdot \frac{2\pi}{n}\right) + i \sin \left(\frac{\varphi}{n} + k \cdot \frac{2\pi}{n}\right)\right],$$

$$k = 0, 1, 2, \ldots, n - 1. \qquad (5.14)$$

Im Bereich der komplexen Zahlen erhalten wir demnach für $\sqrt[n]{z}$ [1]) n verschiedene Werte. Sie liegen alle auf einem Kreis um den Nullpunkt mit dem Radius $\sqrt[n]{r}$ und bilden die Eckpunkte eines diesem Kreise eingeschriebenen regelmäßigen n-Ecks. Die Wurzel mit $k = 0$, also $w_0^{(n)} = \sqrt[n]{r} \cdot \left(\cos \frac{\varphi}{n} + i \sin \frac{\varphi}{n}\right)$ wird als *Hauptwert* bezeichnet.

---

[1]) Hierbei ist zu beachten, daß bei reellem nichtnegativem a das Zeichen $\sqrt[n]{a}$ eine etwas andere Bedeutung hat. Für einen reellen nichtnegativen Radikanden entspricht ihm nur *ein* Wert. Im Falle eines nicht reellen Radikanden bedeutet es dagegen n Werte (siehe auch Band 9).

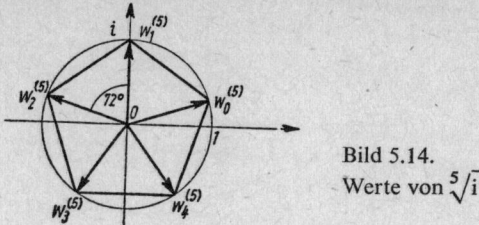

Bild 5.14.
Werte von $\sqrt[5]{i}$

Beispiel 5.12: $w = \sqrt[5]{i}$. Für die Zahl i ist $r = 1$ und $\varphi = \dfrac{\pi}{2}$, somit wird auch $R = 1$ und $\omega_k = \dfrac{1}{5} \cdot \dfrac{\pi}{2} + k \cdot \dfrac{2\pi}{5}$ für $k = 0, 1, 2, 3, 4$. Wir erhalten für

Hauptwert $k = 0$: $\quad \omega_0 = \dfrac{\pi}{10}$, $\qquad$ im Gradmaß $\quad 18°$,

$\qquad k = 1$: $\quad \omega_1 = \dfrac{\pi}{10} + 1 \cdot \dfrac{4\pi}{10} = \dfrac{\pi}{2}$ oder $\quad 90°$,

$\qquad k = 2$: $\quad \omega_2 = \dfrac{9}{10}\pi \qquad\qquad$ oder $\quad 162°$,

$\qquad k = 3$: $\quad \omega_3 = \dfrac{13}{10}\pi \qquad\qquad$ oder $\quad 234°$,

$\qquad k = 4$: $\quad \omega_4 = \dfrac{17}{10}\pi \qquad\qquad$ oder $\quad 306°$.

Für $k = 5$ wäre $\omega_5 = \dfrac{21}{10}\pi = 2\pi + \dfrac{\pi}{10}$, die zugehörige Zahl deckt sich mit dem Hauptwert; wir erhalten keine weiteren Lösungen. Die Lage der fünf Wurzeln entnimmt man Bild 5.14.

Wir wollen noch die Lage der n Lösungen von $w_e^n = 1$, der *n-ten Einheitswurzeln*, untersuchen. Nach der allgemeinen Formel (5.14) erhalten wir

$$w_{e,k}^{(n)} = e^{ik \cdot \frac{2\pi}{n}} = \cos\left(k \cdot \frac{2\pi}{n}\right) + i \sin\left(k \cdot \frac{2\pi}{n}\right), \quad k = 0, 1, 2, \ldots, n-1. \quad (5.15)$$

Wenn n gerade ist, so sind für $k = 0$ und $k = \dfrac{n}{2}$ die reellen Zahlen $+1$ bzw. -1 unter den Lösungen. Ist n ungerade, so ist nur für $k = 0$ die reelle Wurzel $+1$ enthalten.

Wir bilden ferner

$$w_{e,n-k}^{(n)} = e^{i(n-k)\frac{2\pi}{n}} = e^{i\left(2\pi - k \cdot \frac{2\pi}{n}\right)} = e^{i\left(-k\frac{2\pi}{n}\right)} = \overline{e^{i\left(k\frac{2\pi}{n}\right)}} = \overline{w_{e,k}^{(n)}},$$

d. h., je zwei Einheitswurzeln $w_{e,k}^{(n)}$, deren Indizes sich zu n ergänzen, sind konjugiert komplex. Damit kann gesagt werden, daß sämtliche n-te Einheitswurzeln auf einem regelmäßigen n-Eck mit den Eckpunkten auf dem Einheitskreis symmetrisch zur reellen Achse liegen.

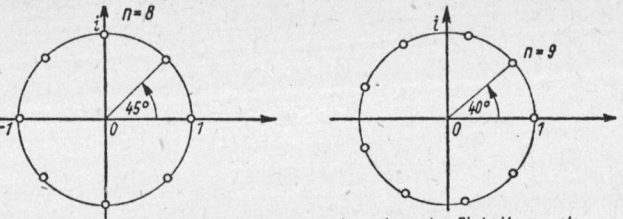

Lage der n-ten Einheitswurzeln   Lage der n-ten Einheitswurzeln

Bild 5.15. Lage der n-ten Einheitswurzeln

Schließlich ist

$$w_{e,k}^{(n)} = e^{ik\frac{2\pi}{n}} = \left(e^{i\frac{2\pi}{n}}\right)^k, \quad k = 0, 1, 2, \ldots, n-1,$$

oder

$$w_{e,k}^{(n)} = \cos k \cdot \frac{2\pi}{n} + i \sin k \cdot \frac{2\pi}{n} = \left(\cos \frac{2\pi}{n} + i \sin \frac{2\pi}{n}\right)^k,$$

$$k = 0, 1, 2, \ldots, n-1. \tag{5.16}$$

Das bedeutet: Sämtliche n-te Einheitswurzeln $w_{e,k}^{(n)}$ lassen sich durch Potenzieren einer geeignet ausgewählten erzeugen.

Die Zerlegung

$$w_k^{(n)} = \sqrt[n]{r}\, e^{i\left(\frac{\varphi}{n} + k \cdot \frac{2\pi}{n}\right)} = \sqrt[n]{r}\, e^{i\frac{\varphi}{n}} \cdot e^{ik \cdot \frac{2\pi}{n}}, \quad k = 0, 1, 2, \ldots, n-1, \tag{5.17}$$

besagt, daß man alle n Wurzeln von z bekommt, wenn man den Hauptwert nacheinander mit sämtlichen n-ten Einheitswurzeln multipliziert.

Logarithmieren

Der Logarithmus einer komplexen Zahl z wird als Lösung der Gleichung $e^w = z$ nach w erklärt. Setzt man $z = r e^{i\varphi}$ und $w = a + ib$, so wird

$$e^a e^{ib} = r e^{i\varphi}.$$

Es ist also $a = \ln r$ und wiederum $b = \varphi + k2\pi$ (k ganz). Mithin erhält man mit dem Symbol $\log z$

$$w = \log z = \ln r + i\, (\varphi + k \cdot 2\pi), \quad k = 0; \pm 1, \pm 2, \ldots, z \neq 0. \tag{5.18}$$

Bei reellem positivem a ist $\log a$ der Wert, für den $e^{\log a} = a$ wird. Häufig wird dafür auch $\ln a$ geschrieben. Im Falle eines nicht positiv reellen und von null verschiedenen z werden durch $\log z$ unendlich viele Funktionswerte zu einem Symbol zusammengefaßt. Der Logarithmus nimmt für komplexe z unendlich viele Funktionswerte an.

Der Hauptwert des Logarithmus ergibt sich für $k = 0$ zu

$$(\log z)_H = \ln r + i\varphi, \quad -\pi < \varphi \leqq +\pi.$$

So ist beispielsweise $(\log i)_H = i\frac{\pi}{2}$ oder $[\log(-1)]_H = i\pi$.

* *Aufgabe 5.15:* Ermitteln Sie sämtliche Lösungen der Gleichungen:

a) $z^3 = 3 - i\sqrt{3}$ und b) $z^4 = 81$.

* *Aufgabe 5.16:* In welchen Bereichen der Gaußschen Zahlenebene liegen die komplexen Zahlen z, für die die folgenden Beziehungen erfüllt sind:

a) $|z| < 1$ und zugleich $|z - 1| < 1$; b) $z \cdot \bar{z} = 1$; c) $|\arg z| < \frac{\pi}{2}$;

d) $|\operatorname{Re}(z)| + |\operatorname{Im}(z)| = 1$; e) $|\operatorname{Re}(z)| \cdot |\operatorname{Im}(z)| = 1$?

6. Kombinatorik

6.1. Einführung

6.1.1. Auswahl- und Anordnungsprobleme

Die Aufgaben der Kombinatorik lassen sich von Auswahl- oder Anordnungsproblemen herleiten. Bei vielen praktischen und mathematischen Problemen ist die Kenntnis der Anzahl verschiedener Zusammenstellungen von ausgewählten Elementen einer endlichen Menge wichtig. Diese Elemente können Zahlen, Buchstaben, Personen, Gegenstände, Versuche, Ereignisse u. a. sein. Wir werden sie in der Regel mit $a_1, a_2, \ldots, a_n$ bezeichnen.

Dabei wird zu beachten sein, daß verschiedene Elemente auch durch verschiedene Bezeichnungen und gleiche Elemente immer durch ein und dieselbe Bezeichnung dargestellt werden. Zwei Zusammenstellungen sind grundsätzlich verschieden, wenn sie nicht die gleiche Anzahl von Elementen enthalten oder wenn in ihnen nicht genau die gleichen Elemente auftreten. Zum Beispiel sind die Zusammenstellungen $a_1 a_2 a_3$ und $a_1 a_3$ bzw. $a_1 a_2 a_3$ und $a_1 a_2 a_4$ jeweils voneinander verschieden.

Im folgenden sollen die sechs Grundaufgaben erläutert werden, auf die sich alle Probleme der Kombinatorik im wesentlichen zurückführen lassen.

Bei einer ersten einfachen Aufgabe betrachten wir eine bestimmte Zusammenstellung sämtlicher n Elemente der Ausgangsmenge. Darin soll jedes Element nur einmal auftreten. Eine solche Zusammenstellung wird eine *Permutation* genannt.

In wieviel verschiedenen Reihenfolgen lassen sich nun diese Elemente anordnen? So können beispielsweise 6 Personen in einer Warteschlange stehen. Auf wie viele Arten ist das möglich?

Wir kommen zu einer weiteren Aufgabe, wenn in einer solchen Zusammenstellung nicht alle Elemente voneinander verschieden sind. In der erwähnten Warteschlange befinden sich 2 Männer und 4 Frauen. Unterscheidet man die Warteschlange nur nach dem Standort der Männer und Frauen, so gibt es sicher weniger unterschiedliche Reihenfolgen. Wir sprechen von *Permutationen mit Wiederholung*.

So bilden $a_1 a_2 a_3 a_4 a_5 a_6$ und $a_4 a_3 a_2 a_1 a_5 a_6$ zwei verschiedene Reihenfolgen der 6 Personen a_i, $i = 1, 2, \ldots, 6$. Sind a_1 und a_4 Männer und die anderen Frauen, so unterscheiden sich die beiden Zusammenstellungen bei der ausschließlichen Beachtung dieses Merkmals nicht mehr. In beiden Fällen entsteht $a_m a_f a_f a_m a_f a_f$.

Eine andere kombinatorische Aufgabe erhalten wir, wenn wir aus den n Elementen für k verschiedene Positionen je eines auswählen und dabei nach der Anzahl der entstehenden möglichen Zusammenstellungen fragen. Anders ausgedrückt, es wird nach der Anzahl der möglichen Zusammenstellungen zu je k von n Elementen gefragt.

Dabei kann die Berücksichtigung der Anordnung der Elemente von Bedeutung sein. Es soll z. B. unter fünf Fußballspielern der „Fußballer des Jahres" ausgewählt werden. Wie viele Möglichkeiten gibt es für die richtige Reihenfolge der drei Erstplazierten? Derartige Zusammenstellungen heißen *Variationen*.

Andererseits gibt es auch Zusammenstellungen, wo die Anordnung der ausgewählten Elemente nicht berücksichtigt zu werden braucht. Diese Zusammenstellungen heißen *Kombinationen*. Für einen Skatspieler ist die Anordnung seiner 10 Karten ohne Bedeutung für das Spiel.

In beiden Fällen können in den Zusammenstellungen die Elemente auch mehrfach vorkommen. Ein Tipschein des Fußballtotos mit 12 möglichen Tips muß wenigstens eines der Elemente:

(1) ↔ Sieg der Heimmannschaft,   (0) ↔ Unentschieden,

(2) ↔ Niederlage der Heimmannschaft.

mehrfach enthalten. Natürlich ist in diesem Fall die Anordnung von Bedeutung!

Insgesamt werden nach der jeweiligen kombinatorischen Fragestellung die folgenden Grundaufgaben unterschieden: ·

1. Anzahl der Permutationen von n verschiedenen Elementen.

2. Anzahl der Permutationen von n verschiedenen Elementen mit Wiederholung.

3. Anzahl der Variationen (Zusammenstellungen mit Berücksichtigung der Anordnung) von n Elementen zu je k.

4. Anzahl der Variationen mit Wiederholung.

5. Anzahl der Kombinationen (Zusammenstellungen ohne Berücksichtigung der Anordnung) zu je k von n Elementen.

6. Anzahl der Kombinationen mit Wiederholung.

6.1.2.   Gebrauch des Summen- und Produktzeichens

Zur abgekürzten Darstellung von Summen mit einfach gebauten Summanden wird das Summenzeichen $\sum$ (großes griechisches Sigma) verwendet. So kann man die Summe der natürlichen Zahlen von 1 bis 10 schreiben:

$$1 + 2 + 3 + 4 + 5 + 6 + 7 + 8 + 9 + 10 = \sum_{k=1}^{10} k.$$

Dabei werden für den Summationsbuchstaben k nacheinander alle ganzzahligen Werte von 1 bis 10 eingesetzt und die entstehenden Ausdrücke – hier die natürlichen Zahlen selbst – addiert. Die unter dem Summensymbol stehende Beziehung $k = 1$ gibt die untere Summationsgrenze 1, die oberhalb von $\sum$ stehende Zahl 10 die obere Summationsgrenze an.

Beispiele 6.1: Man achte auf die unterschiedlichen Bezeichnungen!

1. $\displaystyle\sum_{n=1}^{N} n^2 \quad = 1^2 + 2^2 + 3^2 + \ldots + N^2 = 1 + 4 + 9 + \ldots + N^2;$

2. $\displaystyle\sum_{n=0}^{5} \frac{(-1)^n}{n+1} \quad = 1 - \frac{1}{2} + \frac{1}{3} - \frac{1}{4} + \frac{1}{5} - \frac{1}{6};$

3. $\displaystyle\sum_{p=2}^{n} \frac{1}{(p-1)\cdot p} = \frac{1}{1\cdot 2} + \frac{1}{2\cdot 3} + \ldots + \frac{1}{(n-1)\cdot n};$

4. $\displaystyle\sum_{v=0}^{n} q^v \quad = 1 + q + q^2 + \ldots + q^n;$

5. $\displaystyle\sum_{i=0}^{n-1} a_i \quad = a_0 + a_1 + a_2 + \ldots + a_{n-1};$

6. $\displaystyle\sum_{i=1}^{n} a \quad = \underbrace{a + a + \ldots + a}_{n\text{-mal}} = n\cdot a.$

Es gelten die leicht zu beweisenden Regeln:

$$1. \quad \sum_{i=1}^{n} c \cdot a_i \quad = c \cdot \sum_{i=1}^{n} a_i, \quad c \text{ reell}; \tag{6.1}$$

$$2. \quad \sum_{i=1}^{n} (a_i + b_i) = \sum_{i=1}^{n} a_i + \sum_{i=1}^{n} b_i; \tag{6.2}$$

$$3. \quad \sum_{i=1}^{n} (a_i - b_i) = \sum_{i=1}^{n} a_i - \sum_{i=1}^{n} b_i. \tag{6.3}$$

Ganz entsprechend verwendet man zur abgekürzten Darstellung von Produkten mit einfach darstellbaren Faktoren das Produktzeichen $\prod$ (großes griechisches Pi):

$$\prod_{i=1}^{n} a_i = a_1 \cdot a_2 \cdot a_3 \cdot \ldots \cdot a_n.$$

Zum Beispiel ist

$$\prod_{i=1}^{5} \left(1 + \frac{1}{i}\right) = (1 + 1)\left(1 + \frac{1}{2}\right)\left(1 + \frac{1}{3}\right)\left(1 + \frac{1}{4}\right)\left(1 + \frac{1}{5}\right).$$

Es gelten die Regeln

$$4. \quad \prod_{i=1}^{n} c \cdot a_i = c \cdot \prod_{i=1}^{n} a_i, \quad c \text{ reell}; \tag{6.4}$$

$$5. \quad \prod_{i=1}^{n} a_i b_i = \prod_{i=1}^{n} a_i \cdot \prod_{i=1}^{n} b_i; \tag{6.5}$$

$$6. \quad \prod_{i=1}^{n} \frac{a_i}{b_i} = \frac{\prod_{i=1}^{n} a_i}{\prod_{i=1}^{n} b_i}, \quad b_i \neq 0, \quad i = 1, 2, \ldots, n. \tag{6.6}$$

6.2. Permutationen

6.2.1. Permutationen ohne Wiederholung

Anzahl der Permutationen

Wir betrachten n verschiedene Elemente. Eine bestimmte Zusammenstellung, in der die n Elemente sämtlich angeordnet sind, heißt eine Permutation der n Elemente. Zwei Permutationen der gleichen Elemente unterscheiden sich durch die Reihenfolge oder Anordnung der Elemente. Stimmt diese überein, so sind die beiden Permutationen gleich.

Für zwei Elemente a_1 und a_2 kann man die zwei Permutationen $a_1 a_2$ und $a_2 a_1$ bilden. Tritt ein drittes Element a_3 hinzu, so kann dieses bei jeder der beiden Permutationen $a_1 a_2$ und $a_2 a_1$ an die dritte, zweite oder erste Stelle treten. Für drei Elemente a_1, a_2, a_3 gibt es also 6 Permutationen:

$$a_1 a_2 a_3, \, a_1 a_3 a_2, \, a_3 a_1 a_2, \, a_2 a_1 a_3, \, a_2 a_3 a_1, \, a_3 a_2 a_1. \tag{6.7}$$

Man vermutet daher den

S.6.1 Satz 6.1: *Bezeichnet man mit P_n die Anzahl der Permutationen von n verschiedenen Elementen, so ist*

$$P_n = 1 \cdot 2 \cdot 3 \cdot \ldots \cdot n. \tag{6.8}$$

Der *Beweis* wird durch vollständige Induktion geführt (siehe 4.3.):

I. Induktionsbeginn: Die Behauptung ist für $n = 1$ richtig.

II. Induktionsannahme: Der Satz gilt für $n = k$, es ist also $P_k = 1 \cdot 2 \cdot 3 \cdot \ldots \cdot k$.

III. Nehmen wir ein weiteres $(k + 1)$-tes Element hinzu, so kann dieses in eine bestimmte vorhandene Zusammenstellung der k Elemente an die erste, zweite, ..., $(k + 1)$-te Stelle gesetzt werden. Wir erhalten somit $(k + 1)$ Permutationen für diese eine Zusammenstellung. Wird dieser Vorgang für jede der P_k Permutationen durchgeführt, so erhalten wir für die Anzahl der Permutationen von $(k + 1)$ Elementen:

$$P_{k+1} = P_k \cdot (k + 1) = 1 \cdot 2 \cdot 3 \cdot \ldots \cdot (k + 1).$$

IV. Die Formel gilt also für $n = k + 1$ und somit für alle natürlichen Zahlen $n \geqq 1$. ∎

Fakultät

Für das Produkt der natürlichen Zahlen von 1 bis n wird das Symbol $n!$ – gelesen: „n-Fakultät" – verwendet:

$$n! = 1 \cdot 2 \cdot 3 \cdot \ldots \cdot n. \tag{6.9}$$

Es gilt

$$(n + 1)! = n! \cdot (n + 1). \tag{6.10}$$

Zudem wird $0! = 1! = 1$ gesetzt. Wir erhalten $2! = 2$, $3! = 6$, $4! = 24$, $5! = 120$, $6! = 720$, $7! = 5040$, $8! = 40320$ usf. Damit kann die Anzahl der Permutationen ohne Wiederholung geschrieben werden:

$$P_n = n!. \tag{6.8'}$$

Beispiele 6.2:

1. 6 Personen können in $6! = 720$ verschiedenen Reihenfolgen in einer Warteschlange stehen.

2. 5 Bücher können auf $5! = 120$ verschiedene Weisen auf einem Bücherbrett angeordnet werden.

3. Wenn auf einer Maschine n verschiedene Artikel nacheinander bearbeitet werden sollen, so gibt es für die Reihenfolge $n!$ Möglichkeiten.

Lexikographische Anordnung

Bei vielen Elementen gibt es eine sogenannte natürliche Zusammenstellung, so bei den indizierten Größen die Anordnung $a_1 a_2 a_3 \ldots a_n$, bei den Buchstaben das Alphabet. Permutationen werden als *lexikographisch* geordnet bezeichnet, wenn die einzelnen Permutationen wie die Wörter in einem Wörterbuch aufeinander folgen. Von zwei Permutationen geht dabei diejenige voran, deren erstes Element in der natürlichen Anordnung an niedrigerer Stelle steht. Falls jedoch die ersten Elemente gleich sind, geht diejenige voraus, deren zweites Element in der natürlichen Anordnung niedriger ist. Sind die ersten zwei Elemente gleich, so folgt die Unterscheidung nach dem dritten usf.

Beispielsweise sind die Permutationen der drei Elemente a_1, a_2, a_3 in (6.7) nicht lexikographisch geordnet. Für *abc, acb, bac, bca, cab, cba* liegt dagegen eine lexikographische Anordnung vor, wenn man das Alphabet als natürliche Zusammenstellung ansieht.

Inversionen

Wenn zwei Elemente in einer Permutation umgekehrt zu ihrer natürlichen Anordnung stehen, so bilden sie eine *Inversion* dieser Permutation. Die Inversionen sind demnach die Fehlstände in einer Permutation. Ist 1 2 3 4 5 die natürliche Anordnung von 5 Elementen, so haben die Permutationen

2 5 1 3 4 vier Inversionen durch Fehlstände der Elemente 2 und 1, 5 und 4, 5 und 3, 5 und 1;

3 2 4 5 1 fünf Inversionen durch Fehlstände der Elemente 3 und 2, 3 und 1, 2 und 1, 4 und 1, 5 und 1.

Satz 6.2: *Die Anzahl der Inversionen ändert sich um eine ungerade Zahl, wenn aus einer Permutation* S.6.2 *eine andere durch Vertauschung zweier Elemente gebildet wird.*

Dieser Satz wird bei der Erklärung von Determinanten (Band 13) verwendet.

Beispiele 6.3:

1. In 3 2 4 5 1 mit fünf Inversionen wird 2 mit 5 vertauscht. Man erhält die neue Permutation 3 5 4 2 1 mit acht Inversionen. Vertauscht man in dieser 1 mit 2, so ergibt sich 3 5 4 1 2 mit 7 Inversionen. Die Änderungen der Inversionen betragen also 3 bzw. 1.

2. Die Permutation $a_n a_{n-1} \ldots a_3 a_2 a_1$ hat gegenüber der natürlichen Anordnung $a_1 a_2 a_3 \ldots a_{n-1} a_n$ insgesamt

$$(n-1) + (n-2) + \ldots + 2 + 1 = \frac{n(n-1)}{2}$$

Fehlstände.

Gerade und ungerade Permutationen

Ist die Anzahl der Inversionen gerade, so heißt die Permutation gerade, sonst ungerade.

Satz 6.3: *Die Anzahl der geraden Permutationen von n verschiedenen Elementen (n > 1) ist gleich* S.6.3 *der Anzahl der ungeraden Permutationen und somit gleich $\frac{1}{2}n!$.*

6.2.2. Permutationen mit Wiederholung

Wenn die n Elemente nicht alle voneinander verschieden sind, so treten Permutationen mit Wiederholungen auf, bei denen einzelne Elemente mehrfach vorkommen, z. B. $a_1 a_1 a_1 a_2 a_2$. Die Anzahl der Permutationen verringert sich bei gleicher Stellenzahl n gegenüber der Anzahl der Permutationen von durchweg verschiedenen Elementen. Hat man 3 Elemente, so ist $P_3 = 6$. Werden davon zwei gleichgesetzt, etwa $a_1 = a_2$, so reduzieren sich die voneinander verschiedenen Permutationen auf drei: $a_1 a_1 a_3$, $a_1 a_3 a_1$, $a_3 a_1 a_1$.

Hat man n verschiedene Elemente, so gibt es $n!$ Permutationen. Sind nun n_1 Elemente einander gleich, so sind alle ursprünglichen Permutationen nicht mehr zu unterscheiden, bei denen nur diese n_1 Elemente die Plätze untereinander vertauschen. Dafür gibt es aber jeweils $n_1!$ Möglichkeiten. Daher hat man nur noch insgesamt $\dfrac{n!}{n_1!}$ Permutationen. Entsprechendes gilt, wenn weitere Gruppen von einander gleichen Elementen auftreten.

Allgemein ergibt sich die Anzahl der Permutationen mit Wiederholungen aus dem

Satz 6.4: *Teilt man die n Elemente derart in k Gruppen von je n_i (i = 1, 2, ..., k)* S.6.4 *gleichen Elementen auf, daß die Elemente verschiedener Gruppen verschieden sind, so ist die Anzahl der verschiedenen Permutationen.*

$$P_{w_n}^{(n_1, \ldots, n_k)} = \frac{n!}{n_1! \, n_2! \ldots n_k!} \quad mit \quad n_1 + n_2 + \ldots + n_k = n. \tag{6.11}$$

Der Satz wird hier nicht bewiesen.

Beispiele 6.4:

1. Wie groß ist die Anzahl aller verschiedenen Reihenfolgen von 2 grünen, 3 roten und 5 schwarzen Kugeln?

$$P_{w_{10}}^{(2,3,5)} = \frac{10!}{2!\,3!\,5!} = 2\,520.$$

2. Stehen in einer Warteschlange von 6 Personen 2 Männer und 4 Frauen, so lassen sich diese in

$$P_{w_6}^{(2,4)} = \frac{6!}{2!\,4!} = 15$$

verschiedene Reihenfolgen bringen, wenn bei dem einzelnen Standort nur zwischen Mann und Frau unterschieden wird.

6.3.   Variationen

Jede Auswahl oder Zusammenstellung von k aus n verschiedenen Elementen, die ihre Anordnung berücksichtigt, heißt eine Variation von n Elementen zu je k (oder zur *k-ten Ordnung* bzw. zur *k-ten Klasse*).

Bei der Bildung von Wörtern aus drei Buchstaben wird die Anordnung berücksichtigt. Die unterschiedliche Bedeutung der Wörter „rot", „ort" und „tor" gehen von der Berücksichtigung der Anordnung der drei Buchstaben o, r, t aus.

6.3.1.   Variationen ohne Wiederholung

Treten in den Zusammenstellungen nur verschiedene Elemente auf, so spricht man von Variationen ohne Wiederholung von n Elementen zu je k. Naturgemäß ist $1 \leqq k \leqq n$.

S.6.5 **Satz 6.5:** *Die Anzahl V_n^k der Variationen ohne Wiederholung von n Elementen zu je k ist*

$$V_n^k = n(n-1)\,(n-2)\ldots(n-k+1), \quad 1 \leqq k \leqq n. \tag{6.12}$$

Diese Anzahl V_n^k ergibt sich aus dem Produkt von n und den $(k-1)$ nächst kleineren Zahlen.

Beweis: Die n Elemente seien durch $a_1, a_2, \ldots, a_n$ beschrieben. Wir werden den Satz durch vollständige Induktion nach der Ordnung k beweisen.

I. Induktionsbeginn: Für $k = 1$ gilt $V_n^1 = n$, denn es lassen sich die Zusammenstellungen zu je einem Element durch genau die Elemente selbst realisieren. Wir wollen uns noch für $k = 2$ eine Übersicht über die möglichen Variationen ohne Wiederholung verschaffen:

$$
\begin{array}{cccc}
a_1a_2 & a_1a_3 & \ldots & a_1a_n \\
a_2a_1 & a_2a_3 & \ldots & a_2a_n \\
a_3a_1 & a_3a_2 & \ldots & a_3a_n \\
\cdots & \cdots & \cdots & \cdots \\
a_na_1 & a_na_2 & \ldots & a_na_{n-1}
\end{array}
$$

Die Variationen sind in n waagerechten und $(n-1)$ senkrechten Reihen angeordnet, insgesamt ergibt sich also

$$V_n^2 = n \cdot (n-1).$$

II. Die Induktionsannahme lautet:

Für $k = l < n$ gilt $V_n^l = n(n - 1) \ldots (n - l + 1)$.

III. Wir betrachten nun eine Variation l-ter Ordnung. Es gibt dann noch $(n - l)$ weitere Elemente, die in dieser Variation nicht auftreten. Fügen wir je eines dieser Elemente an diese Variation ohne Einschränkung der Allgemeinheit am Ende hinzu, so erhalten wir $(n - l)$ Variationen $(l + 1)$-ter Ordnung. Tun wir dies nacheinander für alle V_n^l Variationen, so bekommen wir sämtliche Variationen $(l + 1)$-ter Ordnung, und zwar jede genau einmal. Also ist

$$V_n^{l+1} = V_n^l \cdot (n - l) = n(n - 1) \ldots (n - l + 1)(n - l).$$

IV. Die Formel ist für $k = l + 1$ abgeleitet und somit der Satz bewiesen. ∎

Wir können auch schreiben:

$$V_n^k = \frac{n(n - 1) \ldots (n - k + 1)(n - k) \ldots \cdot 3 \cdot 2 \cdot 1}{(n - k) \cdot \ldots \cdot 3 \cdot 2 \cdot 1} = \frac{n!}{(n - k)!}. \tag{6.13}$$

Beispiele 6.5:

1. Aus 5 Personen sollen 3 für bestimmte Positionen ausgewählt werden. Es gibt $V_5^3 = 5 \cdot 4 \cdot 3 = 60$ Möglichkeiten.
   Hierzu gehört auch die Antwort auf die Fragestellung aus 6.1.1.: Unter 5 Spielern soll der „Fußballer des Jahres" ausgewählt werden. Wie viele Möglichkeiten gibt es für die richtige Reihenfolge der 3 Erstplazierten?

2. Das internationale Signalbuch hat $n = 26$ verschiedene Flaggen. Aus $k = 2, 3, 4$ ausgewählten Flaggen kann man entsprechend $V_{26}^2 = 650$, $V_{26}^3 = 15600$, $V_{26}^4 = 358800$ Signale bilden, wobei Wiederholungen derselben Flaggen in einer Signalanordnung nicht zugelassen sind.

6.3.2. Variationen mit Wiederholung

Sind in den Zusammenstellungen auch Wiederholungen zugelassen, so spricht man von Variationen mit Wiederholung von n Elementen zu je k.

Satz 6.6: *Die Anzahl $V_{w_n}^k$ der Variationen mit Wiederholung von n Elementen zu je k ist* **S.6.6**

$$V_{w_n}^k = n^k. \tag{6.14}$$

Beweis:

I. Induktionsbeginn: Für $k = 1$ gilt offensichtlich $V_{w_n}^1 = n$. Für $k = 2$ erhalten wir jetzt folgende möglichen Variationen:

$$
\begin{array}{cccc}
a_1 a_1 & a_1 a_2 & \ldots & a_1 a_n \\
a_2 a_1 & a_2 a_2 & \ldots & a_2 a_n \\
\vdots & \vdots & \ddots & \vdots \\
a_n a_1 & a_n a_2 & \ldots & a_n a_n
\end{array}
$$

Sie stehen in je n waagerechten und senkrechten Reihen, so daß ihre Anzahl $V_{w_n}^2 = n^2$ ist.

II. Induktionsannahme: Die Formel gilt für $k = l$, $V_{w_n}^l = n^l$.

III. Dann fügen wir an jede der n^l Variationen l-ter Ordnung der Reihe nach ein weiteres Element der n gegebenen ohne Einschränkung der Allgemeinheit am Ende hinzu und erhalten somit insgesamt $n^l \cdot n = n^{l+1}$ Variationen $(l + 1)$-ter Ordnung und jede nur einmal.

IV. Damit ist $V_{w_n}^{l+1} = n^{l+1}$ und der Satz bewiesen. ∎

Beispiele 6.6:

1. Aus den 2 Ziffern (0, 1) des Dualsystems lassen sich 2^k Nachrichten – k-stellige positive ganze Zahlen – bilden. Der Fünfkanalcode für den Lochstreifen eines

Fernschreibers besitzt $2^5 = 32$ Zeichen. Dabei wird in eine Zeile jeweils eine Zusammenstellung von je 5 der Zustände „Loch" oder „Nicht-Loch" gestanzt. Natürlich muß dabei die Anordnung berücksichtigt werden. Bei der Blindenschrift werden Variationen von je 6 „eingedrückten" oder „nichteingedrückten" Punkten verwendet. Damit erhält man $2^6 = 64$ Möglichkeiten zur Darstellung der Zeichen (Alphabet, Ziffern und Satzzeichen).

2. Aus den 26 Buchstaben des Alphabets lassen sich formal $V_{w_{26}}^k = 26^k$ Wörter zu je k Buchstaben bilden.

Beispielsweise gibt es	Wörter aus	Dazu gehören auch
$26^2 = \quad 676$	2 Buchstaben	xi, ab, du, oo
$26^3 = \quad 17576$	3 Buchstaben	ubu, ich, rim
$26^4 = 456976$	4 Buchstaben	rata, esel, biir u. a.

3. Für den Ausgang eines regulär verlaufenden Fußballspiels gibt es drei Möglichkeiten: Sieg der Heimmannschaft (1), Unentschieden (0), Niederlage der Heimmannschaft (2). Sind im Fußballtoto 12 Spiele vorgesehen, so kann man die drei Elemente (0), (1), (2) auf einem Tipzettel zu je 12 zusammenstellen. Wiederholungen der Elemente sind selbstverständlich, und die Anordnung ist durchaus von erheblicher Bedeutung. Das ergibt

$$V_{w_3}^{12} = 3^{12} = 531\,441 \text{ Tipmöglichkeiten}.$$

6.4.   Kombinationen

Jede Auswahl oder Zusammenstellung von k aus n verschiedenen Elementen, die ihre Anordnung nicht berücksichtigt, heißt eine Kombination von n Elementen zu je k (oder zur *k-ten Ordnung* bzw. zur *k-ten Klasse*).

Für die Auswahl von 5 Zahlen zu einem Tip beim Zahlenlotto ist ihre Anordnung ohne Bedeutung.

6.4.1.   Kombinationen ohne Wiederholung

Treten in den Zusammenstellungen nur verschiedene Elemente auf, so spricht man von Kombinationen ohne Wiederholung von n Elementen zu je k. Naturgemäß ist $1 \leqq k \leqq n$.

S.6.7 **Satz 6.7:** *Die Anzahl C_n^k der Kombinationen ohne Wiederholung von n Elementen zu je k ist*

$$C_n^k = \frac{n!}{(n-k)!\,k!}, \quad 1 \leqq k \leqq n. \tag{6.15}$$

Beweis: Wir gehen von den entsprechenden Variationen ohne Wiederholung von n Elementen zu k aus. Ihre Anzahl war nach (6.10): $V_n^k = \dfrac{n!}{(n-k)!}$. Bei den Kombinationen fallen alle diejenigen Zusammenstellungen in eine zusammen, die die gleichen Elemente in verschiedener Anordnung enthalten. Da andererseits k Elemente auf $k!$ verschiedene Weisen angeordnet werden können, muß $C_n^k \cdot k! = V_n^k$ sein, womit der Satz bewiesen ist. ■

Wir können auch schreiben

$$C_n^k = \frac{n(n-1)\,(n-2)\,\ldots\cdot(n-k+1)}{1\cdot 2\cdot 3\cdot\ldots\cdot k}. \tag{6.16}$$

Für die Anzahl dieser Kombinationen erhalten wir demnach einen Quotienten, dessen Nenner das Produkt der natürlichen Zahlen von 1 bis k ist und dessen Zähler ebenfalls k Faktoren enthält, die mit n beginnen und jeweils um eine Einheit abnehmen.

Beispiele 6.7:

1. Wenn bei einer Feier sich 7 Personen zunächst mit Handschlag gegenseitig begrüßen und dann paarweise miteinander die Gläser anstoßen, so gibt es
$C_7^2 = \dfrac{7 \cdot 6}{1 \cdot 2} = 21$ Handschläge und ebensoviel Gläserklingen.

2. Ein Skatspieler kann $C_{32}^{10} = 64\,512\,240$ verschiedene Spiele zu je 10 Karten erhalten.

3. Beim Zahlenlotto stellt jeder Tip eine Auswahl von $k = 5$ aus $n = 90$ Zahlen dar. Er bildet eine Kombination zu je 5 von 90 Elementen. Die Anzahl der möglichen Tips beträgt
$$C_{90}^5 = \frac{90 \cdot 89 \cdot 88 \cdot 87 \cdot 86}{1 \cdot 2 \cdot 3 \cdot 4 \cdot 5} = 43\,949\,268.$$

4. Bei einer Stichprobe zur Qualitätskontrolle greift man aus n Produkten k heraus. Die Anzahl der Auswahlmöglichkeiten ist C_n^k. Dabei wird ein kontrolliertes Produkt nicht zurückgelegt.

5. Zwischen Halle und Leipzig befinden sich 7 weitere Eisenbahnstationen. Wieviel verschiedene Normalfahrkarten 2. Klasse werden innerhalb dieser Strecke ausgegeben, wobei nur jeweils eine Richtung berücksichtigt werden soll? Dann gibt es
$$C_2^9 = \frac{9 \cdot 8}{1 \cdot 2} = 36 \text{ solcher Fahrkarten.}$$

6.4.2. Binomialkoeffizient und binomischer Lehrsatz

Da der in C_n^k auftretende Quotient auch in vielen anderen mathematischen Formeln vorkommt, verwendet man für ihn ein abkürzendes Symbol $\binom{n}{k}$, lies: „n über k". Es geht auf Euler zurück. Wir schreiben also

$$C_n^k = \binom{n}{k}. \qquad (6.17)$$

Wir wollen uns jetzt mit einigen einfachen Eigenschaften derartiger Quotienten beschäftigen. Dazu betrachten wir die

Definition 6.1: *Es sei a eine reelle Zahl und $k \geqq 1$, ganz, dann wird gesetzt:*   **D.6.1**

$$\frac{a(a-1)(a-2)\ldots(a-k+1)}{1 \cdot 2 \cdot 3 \cdot \ldots \cdot k} = \binom{a}{k}^{1)} \qquad (6.18)$$

und $\binom{a}{0} = 1.$

Der Ausdruck $\binom{a}{k}$ wird *Binomialkoeffizient* genannt. Wir beachten, daß a im allgemeinen beliebig reell ist. Deshalb soll noch einmal betont werden, daß $\binom{a}{k}$ ein

---

[1]) In $\binom{a}{k}$ kann a auch eine komplexe Zahl sein.

Quotient ist, bei dem im Nenner das Produkt von 1 bis k und im Zähler ebenfalls ein Produkt aus k Faktoren steht, das mit a beginnt und jeder weitere Faktor jeweils um eine Einheit abnimmt.

Beispiele 6.8.:

$$1. \binom{5}{3} = \frac{5 \cdot 4 \cdot 3}{1 \cdot 2 \cdot 3} = 10, \qquad 2. \binom{7}{4} = \frac{7 \cdot 6 \cdot 5 \cdot 4}{1 \cdot 2 \cdot 3 \cdot 4} = 35,$$

$$3. \binom{-2}{3} = \frac{(-2)(-3)(-4)}{1 \cdot 2 \cdot 3} = -4, \qquad 4. \binom{\frac{1}{2}}{2} = \frac{\left(\frac{1}{2}\right) \cdot \left(-\frac{1}{2}\right)}{1 \cdot 2} = -\frac{1}{8}.$$

Weiter ist stets $\binom{a}{1} = a$ und $\binom{p}{p} = 1$ für natürliches p.

Wir kommen zu den wichtigsten Eigenschaften von $\binom{a}{k}$:

1. Ist $a = n \geq 0$, ganz, und $k > n$, so ist $\binom{n}{k} = 0$. Denn aus $n - k < 0$ folgt $n - k + 1 \leq 0$. Somit tritt im Zähler von (6.15) der Faktor 0 auf. Zum Beispiel ist

$$\binom{2}{4} = \frac{2 \cdot 1 \cdot 0 \cdot (-1)}{1 \cdot 2 \cdot 3 \cdot 4} = 0.$$

2. Es seien n und k positiv ganz und $n \geq k$, dann gilt

$$\binom{n}{k} = \frac{n!}{(n - k)! \cdot k!} = \binom{n}{n - k}. \qquad (6.19)$$

Der Beweis folgt unmittelbar aus der Überlegung, im mittleren Quotienten k durch $n - k$ zu ersetzen.

3. Es gilt für reelles a und $k \geq 0$:

$$\binom{a}{k} + \binom{a}{k + 1} = \binom{a + 1}{k + 1}. \qquad (6.20)$$

Diese Formel wird zum Aufbau des *Pascalschen Dreiecks* verwendet.

Beweis:

$$\binom{a}{k} + \binom{a}{k + 1} = \frac{a(a - 1) \dots (a - k + 1)}{k!} + \frac{a(a - 1) \dots (a - k + 1)(a - k)}{k!(k + 1)}$$

$$= \binom{a}{k} \cdot \left[1 + \frac{a - k}{k + 1}\right] = \binom{a}{k} \cdot \frac{a + 1}{k + 1} = \binom{a + 1}{k + 1}. \quad \blacksquare$$

4. Für a reell und $n \geq 0$ gilt:

$$\binom{a}{0} + \binom{a + 1}{1} + \binom{a + 2}{2} + \dots + \binom{a + n}{n} = \binom{a + 1 + n}{n}$$

oder mit dem Summenzeichen aus 6.1.2.:

$$\sum_{v=0}^{n} \binom{a + v}{v} = \binom{a + 1 + n}{n}. \qquad (6.21)$$

Setzen wir $a = p \geq 0$, ganz, so wird aus der Formel (6.21):

$$\sum_{\nu=0}^{n} \binom{p + \nu}{\nu} = \binom{p + 1 + n}{n}.$$

Nach Eigenschaft 2. ist andererseits $\binom{p + \nu}{\nu} = \binom{p + \nu}{p + \nu - \nu} = \binom{p + \nu}{p}$,
also wird

$$\sum_{\nu=0}^{n} \binom{p + \nu}{p} = \binom{p + 1 + n}{p + 1}.$$

Setzen wir noch $p + n = m$, so erhalten wir die Beziehung

$$\binom{p}{p} + \binom{p + 1}{p} + \ldots + \binom{m}{p} = \binom{m + 1}{p + 1}. \tag{6.22}$$

Für $p = 1$ ergibt sich die bekannte Summe

$$1 + 2 + 3 + \ldots + m = \binom{m + 1}{2} = \frac{m(m + 1)}{2}.$$

Satz 6.8 *(binomischer Lehrsatz): Es seien a, b reelle Zahlen und $n \geq 1$, ganz. Dann* **S.6.8**
gilt

$$(a + b)^n = \binom{n}{0} a^n + \binom{n}{1} a^{n-1}b + \binom{n}{2} a^{n-2}b^2 + \ldots + \binom{n}{n-1} ab^{n-1} + \binom{n}{n} b^n.$$
$$\tag{6.23}$$

Mit dem Summensymbol wird diese Formel einfacher geschrieben:

$$(a + b)^n = \sum_{\nu=0}^{n} \binom{n}{\nu} a^{n-\nu}b^\nu = \sum_{\nu=0}^{n} C_n^\nu a^{n-\nu}b^\nu. \tag{6.24}$$

Beispiele 6.9:

1. Setzen wir in Formel (6.23) $a = b = 1$, so wird

$$2^n = \sum_{\nu=0}^{n} \binom{n}{\nu} = \binom{n}{0} + \binom{n}{1} + \ldots + \binom{n}{n}.$$

Setzen wir in (6.23) $a = 1$ und $b = -1$, so ergibt sich

$$0 = \sum_{\nu=0}^{n} \binom{n}{\nu} (-1)^\nu = \binom{n}{0} - \binom{n}{1} + \binom{n}{2} \pm \ldots + (-1)^n \binom{n}{n}.$$

2. Die *Moivresche Formel* (5.12) lautet:

$$(\cos \varphi + i \sin \varphi)^n = \cos n\varphi + i \sin n\varphi, \quad n > 0, \text{ ganz.}$$

Entwickeln wir die linke Seite der Gleichung nach dem binomischen Lehrsatz (6.23)
und setzen ferner die Real- bzw. Imaginärteile beider Seiten gleich, so erhalten wir

$$\cos n\varphi = \cos^n \varphi - \binom{n}{2} \cos^{n-2} \varphi \sin^2 \varphi + \binom{n}{4} \cos^{n-4} \varphi \sin^4 \varphi \pm \ldots$$

$$\sin n\varphi = \binom{n}{1} \cos^{n-1} \varphi \sin \varphi - \binom{n}{3} \cos^{n-3} \varphi \sin^3 \varphi + \binom{n}{5} \cos^{n-5} \varphi \sin^5 \varphi \pm \ldots$$

6.4.3.   Kombinationen mit Wiederholung

Treten in den Kombinationen Elemente mehrfach auf, so spricht man von Kombinationen mit Wiederholung von n Elementen zu je k.

S.6.9 **Satz 6.9**: *Die Anzahl der Kombinationen mit Wiederholung von n Elementen zu je k ist*

$$C_{w_n}^k = \binom{n + k - 1}{k}. \tag{6.25}$$

Der Beweis kann durch vollständige Induktion nach k geführt werden, wobei Formel (6.22) angewendet wird.

Beispiele 6.10:

1. Bei einem Wurf mit 2 bzw. 3 Würfeln sind $C_{w_6}^2 = \binom{7}{2} = 21$ bzw. $C_{w_6}^3 = \binom{8}{3} = 56$ Zahlenkombinationen möglich.

2. Wird bei einer Stichprobe von k aus n Produkten das geprüfte Produkt wieder zurückgelegt, so kann es eventuell mehrfach untersucht werden. Die Anzahl der Auswahlmöglichkeiten ist jetzt $C_{w_n}^k$.

6.5.   Übersicht zu den Grundaufgaben der Kombinatorik

1. Permutationen ohne Wiederholung

$$P_n = n!. \tag{6.8'}$$

2. Permutationen mit Wiederholung

$$P_{w_n}^{(n_1, \ldots, n_k)} = \frac{n!}{n_1! \, n_2! \ldots n_k!}, \quad n_1 + n_2 + \ldots + n_k = n. \tag{6.11}$$

3. Variationen ohne Wiederholung (Zusammenstellung von n Elementen zu je k mit Berücksichtigung der Anordnung)

$$V_n^k = n(n - 1) \ldots (n - k + 1) = \frac{n!}{(n - k)!} = \binom{n}{k} k!, \quad 1 \leqq k \leqq n.$$
$$\tag{6.12}, (6.13)$$

4. Variationen mit Wiederholung

$$V_{w_n}^k = n^k. \tag{6.14}$$

5. Kombinationen ohne Wiederholung (Zusammenstellung von n Elementen zu je k ohne Berücksichtigung der Anordnung)

$$C_n^k = \binom{n}{k}, \quad 1 \leqq k \leqq n. \tag{6.17}$$

6. Kombinationen mit Wiederholung

$$C_{w_n}^k = \binom{n + k - 1}{k}. \tag{6.25}$$

Das folgende Verzweigungsschema unterstützt das Aufsuchen der zur Grundaufgabe gehörenden Formel:

Gegeben: n Elemente

Gesucht: Anzahl möglicher Zusammenstellungen von allen oder einem Teil dieser Elemente

Lösungsweg: Sollen alle n Elemente genau einmal in jeder Zusammenstellung enthalten sein?

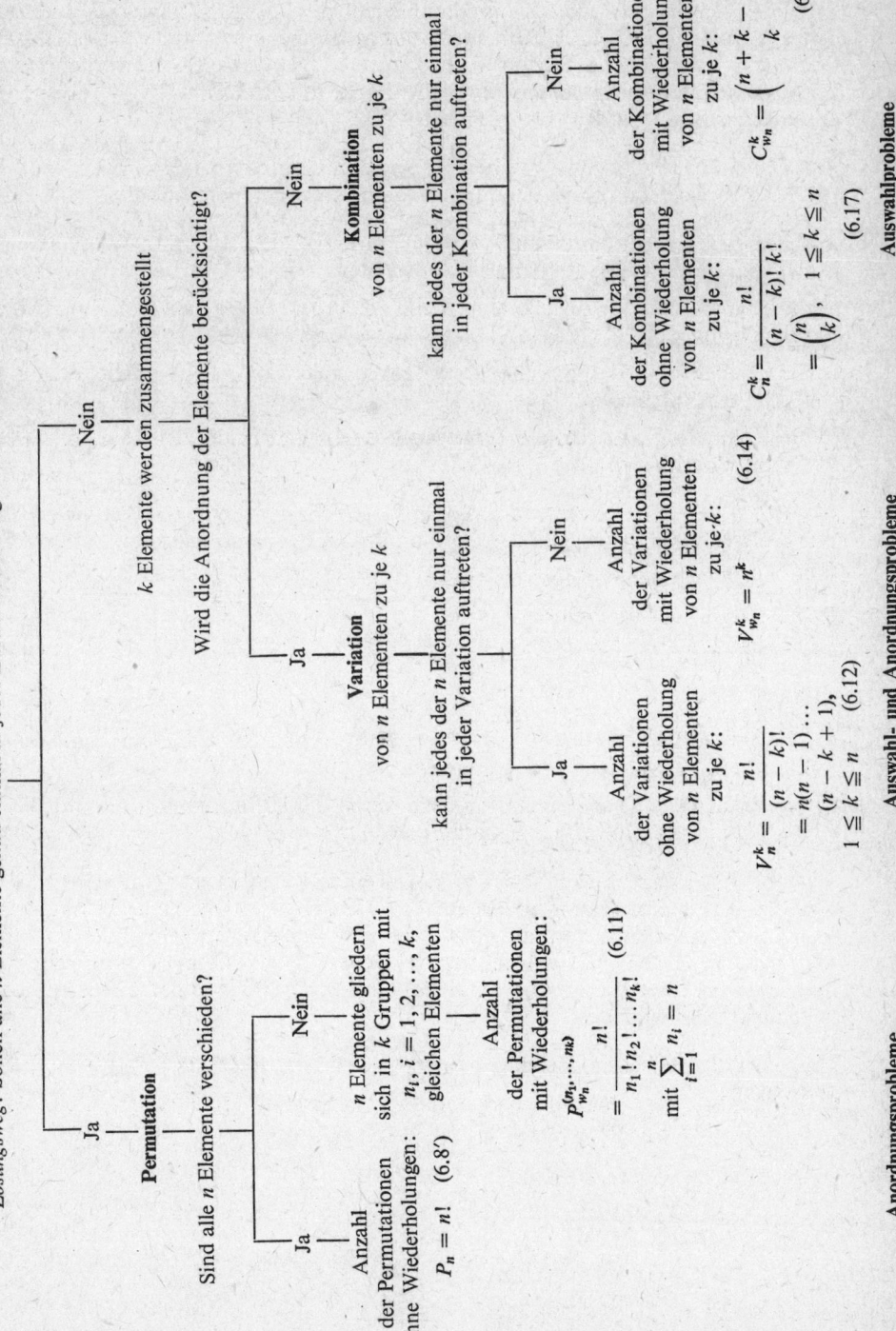

Aufgaben

* *Aufgabe 6.1:* Bei der Lagerhaltung kennzeichnet man häufig Materialien unterschiedlicher Abmessungen und Rohstoffzusammensetzungen durch Farbmarkierungen. Wie viele verschiedene Sorten Rohre können gekennzeichnet werden, wenn drei Farben zur Verfügung stehen und jede Sorte mit drei verschiedenfarbigen Ringen am unteren Ende des Rohres markiert wird?

* *Aufgabe 6.2:* Ein Gewichtssatz besteht aus den Gewichten 1 N, 2 N, 5 N, 10 N, 50 N 100 N. Wie viele Zusammenstellungen dieser Gewichte sind möglich?

* *Aufgabe 6.3:* In der Umgebung eines Erholungsortes sollen 15 Wanderwege durch je zwei parallele Striche gekennzeichnet werden. Wie viele Farben benötigt man, wenn

a) die Reihenfolge der Striche eine Rolle spielt und beide Striche von gleicher Farbe sein dürfen,

b) die Reihenfolge der Striche keine Rolle spielt und beide Striche von gleicher Farbe sein dürfen,

c) die Reihenfolge der Striche keine Rolle spielt und beide Striche nicht von gleicher Farbe sein dürfen?

* *Aufgabe 6.4:* Acht Betriebe der Bauindustrie sind an einem Wettbewerb beteiligt. Wie viele Möglichkeiten gibt es, die Namen der drei erstplazierten Betriebe

a) in beliebiger Reihenfolge,

b) in der richtigen Reihenfolge

vorherzusagen?

* *Aufgabe 6.5:*

a) Wieviel Fernsprechanschlüsse lassen sich einrichten, wenn nur fünfstellige Rufnummern verwendet werden sollen?

b) Wie groß ist die Zahl der Anschlüsse, wenn die Rufnummern, die mit 0 beginnen, für Sonderanschlüsse frei gehalten werden?

* *Aufgabe 6.6:* Ein Stadtteil von der Form eines Rechtecks ist auf seinen vier Seiten von Straßen begrenzt und außerdem von 5 Straßen durchzogen, welche dem einen, und 4 Straßen, welche dem anderen Paar von Gegenseiten des begrenzenden Rechtecks parallel laufen. Auf wieviel verschiedenen Wegen kann man ohne Umwege zu machen, von einer der vier äußeren Ecken des Stadtteils zu der diagonal gegenüberliegenden Ecke gelangen?

* *Aufgabe 6.7:* Beweisen Sie die Formel (6.21) und den Satz 6.8 durch vollständige Induktion.

7.   Mengen

Die Mengenlehre ist für die Mathematik von grundlegender Bedeutung. Jedes derzeit bekannte mathematische Teilgebiet läßt sich mengentheoretisch begründen. Darüber hinaus ist aber die Mengenlehre auch sehr gut geeignet, ja notwendig, um viele Probleme in den Naturwissenschaften, der Technik und der Ökonomie zu formulieren und zu lösen. Als Begründer der Mengenlehre wird der Hallenser Mathematiker Georg Cantor (1845–1918) angegeben. Die *Cantorsche Mengendefinition* kann jedoch Anlaß zu Widersprüchen geben, so daß man heute zur streng axiomatischen Begründung der Mengenlehre einen *Stufenkalkül* benutzt. Trotzdem ist es zweckmäßig, die anschauliche Cantorsche Mengendefinition zugrunde zu legen, da diese für das Verständnis vieler mathematischer Teilgebiete und Anwendungen völlig ausreicht. Wir werden deshalb in diesem Abschnitt nur an einer Stelle eine Bemerkung zum Stufenaufbau der Mengenlehre machen.

7.1.   Zum Begriff der Menge

Ausgehend von den obigen allgemeinen Bemerkungen legen wir die folgende Definition des Mengenbegriffs zugrunde.

Definition 7.1: *Eine* **Menge** *ist eine Gesamtheit (Zusammenfassung) bestimmter, wohl-* **D.7.1** *unterschiedener Objekte unserer Anschauung oder unseres Denkens, wobei von jedem Objekt eindeutig feststeht, ob es zur Menge gehört oder nicht.*

Beispiele solcher Mengen sind:

Beispiel 7.1:

(1) Die Menge der natürlichen Zahlen 1, 2, 3, 5, 8, 12.

(2) Die Menge der Farben grün, rot, gelb, blau.

(3) Die Menge der Leipziger Telefonnummern.

(4) Die Menge der reellen Zahlen x mit der Eigenschaft $x^2 + 2 = 0$.

(5) Die Menge der zweiwertigen Aussagen.

Für alle Beispiele ist leicht zu prüfen, daß die Definition 7.1 zutrifft.
Wir vereinbaren folgende Rede- und Schreibweisen:

a) Die zur Menge gehörenden Objekte heißen *Elemente* der Menge.

b) Als Kurzbezeichnungen verwenden wir für Mengen große lateinische Buchstaben wie $M, M_1, M_2, M_3, \ldots, A, B, C, \ldots$ So seien z. B. die Mengen (1) bis (5) mit M_1 bis M_5 bezeichnet.

c) Sind wir in der Lage, die Elemente einer Menge anzugeben, so schreiben wir diese in geschweiften Klammern

$$M = \{\ldots\}.$$

Beispiel 7.2:

$$(1) \quad M_1 = \{1, 2, 3, 5, 8, 12\};$$

$$(2) \quad M_2 = \{\text{grün, rot, gelb, blau}\}.$$

d) Die Elementbeziehung beschreiben wir durch folgende Symbolik:

$a \in M$ heißt: a ist ein Element der Menge M;
$b \notin M$ heißt: b ist kein Element der Menge M.

Beispiel 7.3:

(1) $1 \in M_1$, $12 \in M_1$, $4 \notin M_1$;

(2) rot $\in M_2$, schwarz $\notin M_2$;

(3) $398\,254 \in M_3$;

(4) $1 \notin M_4$.

Für die in 5. behandelten Zahlenmengen führen wir die folgenden Symbole ein:

N – Menge der natürlichen Zahlen;

N⁺ – Menge der positiven natürlichen Zahlen;

G – Menge der ganzen Zahlen;

P – Menge der rationalen Zahlen;[1]

R – Menge der reellen Zahlen;[1]

K – Menge der komplexen Zahlen.

Oft ist es nicht möglich oder nicht zweckmäßig, die Elemente einer Menge aufzuzählen. Dann ist aber mindestens eine Bildungsvorschrift (wie in Definition 7.1 gefordert) für die Menge M vorgegeben: $M = \{x \mid E\}$ (M ist die Menge aller x, die die Eigenschaft E besitzen).

Die Bildungsvorschrift E läßt sich als *Aussageform* $m(x)$ mit einem Bereich X folgendermaßen ausdrücken: „M ist die Menge derjenigen Elemente x aus dem Variablenbereich X, für die $m(x)$ in eine wahre Aussage übergeht".

Beachten wir, daß X selbst eine Menge ist, so können wir für den obigen Satz die folgende Symbolik einführen:

$$M = \{x \mid w(x \in X \wedge m(x)) = W\}. \tag{7.1}$$

Für diese Schreibweise werden wir wie üblich im folgenden die etwas einfacheren Bezeichnungen

$$M = \{x \mid x \in X \wedge m(x)\} \tag{7.1'}$$

oder noch kürzer

$$M = \{x \mid m(x)\} \tag{7.2}$$

einführen, wobei wir uns im Falle (7.2) merken, daß die Menge X als Variablenbereich zugrunde gelegt ist. Die Schreibweise (7.1′) hat den Vorteil, daß man den Variablenbereich nicht aufzuschreiben braucht. Wir lesen diese Beziehung (7.2) folgendermaßen: M ist die Menge aller Elemente des Variablenbereiches von x, für die „$m(x)$ gilt" (d. h. $w(m(x)) = W$ ist). Damit haben wir eine unmittelbare Verbindung zum Abschnitt 3.3. geknüpft. Die dort behandelten Aussageformen dienen uns jetzt zur *Bildung von Mengen.* Da es zweckmäßig ist, die Schreibweise (7.2) zu verwenden, werden wir sie auch in den folgenden Abschnitten benutzen, um zusätzlich zu verbalen Definitionen wichtige Begriffe auch formelmäßig einzuführen.

---

[1] Im Mathematikunterricht der Oberschulen wird die Menge der rationalen Zahlen mit **R**, die Menge der reellen Zahlen mit **P** bezeichnet.

Die so wie oben (7.1), (7.2) definierten Mengen heißen auch *Mengen 1. Stufe.* Beispiele zur Mengenbildung mittels Aussageformen:

Beispiel 7.4:

$\qquad$ (1) $X \quad = \mathbf{N}$

$\qquad\qquad$ $m(x) = \text{,,} x < 12\text{"}$ und $\text{,,} x \in M_1\text{"}.$

$\qquad\qquad$ Dann wird:

$\qquad\qquad$ $A = \{x \mid w(x \in \mathbf{N} \wedge (\text{,,} x < 12\text{"} \wedge \text{,,} x \in M_1\text{"})) = W\}$
$\qquad\qquad\quad = \{x \mid \text{,,} x < 12\text{"} \wedge \text{,,} x \in M_1\text{"}\}.$

$\qquad\qquad$ Wir sehen leicht, daß gilt:

$\qquad\qquad$ $A = \{x \mid \text{,,} x < 12\text{"} \wedge \text{,,} x \in M_1\text{"}\} = \{1, 2, 3, 5, 8\}.$

$\qquad$ (2) $X = \mathbf{R},$

$\qquad\qquad$ $B = \{x \mid \text{,,} x^2 + 2 = 0\text{"}\}.$

$\qquad$ (3) $X = $ Menge der Monate eines Jahres;

$\qquad\qquad$ $C = \{x \mid \text{,,} x \text{ besitzt 30 Tage"}\}.$

$\qquad$ (4) $X = $ Menge aller zweistelligen Aussagenverbindungen;

$\qquad\qquad$ $D = \{x \mid \text{,,} x \text{ ist eine Tautologie"}\}.$

Über diese Beispiele sollen zunächst keine weiteren Aussagen gemacht werden, die sich auf Eigenschaften beziehen. Wir kommen später darauf zurück.

Zum Schluß dieses Abschnittes wollen wir noch die folgende Bemerkung machen. Wir können gemäß Definition 7.1 Mengen bilden, die als Elemente selbst wieder Mengen enthalten. So sind zum Beispiel

oder $\qquad$ $E = \{\{1, 2, 3\} \{\text{rot, schwarz}\}\}$

$\qquad\qquad$ $F = \{\{1\}, \{1, 2\}, \{1, 2, 3\}, \ldots\}$
$\qquad\qquad\quad = \{x \mid x = \{1, 2, \ldots, n\} \wedge n \in \mathbf{N}\}$

wieder Mengen im Sinne unserer Definition. Wir würden sie sinnvollerweise *Mengen zweiter Stufe* nennen, da ihre Elemente Mengen 1. Stufe sind.

7.2.   Spezielle Mengen

Im folgenden sollen einige wichtige Beziehungen zwischen Mengen sowie spezielle Mengen untersucht werden.

7.2.1.   Teilmengen, leere Menge

Definition 7.2: *A heißt* **Teilmenge** *von B, wenn jedes Element der Menge A auch* **D.7.2** *Element von B ist. Symbolisch: $A \subseteqq B$ ist gleichbedeutend mit $(\forall x)(x \in A \rightarrow x \in B)$ ist eine wahre Aussage.*

Beispiel 7.5:

$\qquad$ (1) $\{1, 2, 3\} \subseteqq \{1, 3, 5, 2, 6\}.$

$\qquad$ (2) $A = \{1, 2, 3\}$ ist keine Teilmenge von
$\qquad\qquad$ $B = \{1, 2, 4, 5, 6\}$, da $3 \in A$ aber $3 \notin B$ ist.

$\qquad$ (3) $A = \{\sqrt{2}, \text{rot, grün}\}, \quad B = \{\sqrt{2}, \sqrt{3}, \text{rot, gelb, grün}\},$
$\qquad\qquad$ $A \subseteqq B.$

Beispiel 7.6: Häufig werden spezielle Teilmengen der Menge der reellen Zahlen **R**, die **Intervalle** benötigt, die folgendermaßen klassifiziert und bezeichnet werden:

$$[a, b] = \{x \mid x \in \mathbf{R} \wedge a \leqq x \leqq b\} \qquad \text{abgeschlossenes Intervall;}$$

$$(a, b) = \{x \mid x \in \mathbf{R} \wedge a < x < b\} \qquad \text{offenes Intervall;}$$

$$[a, b) = \{x \mid x \in \mathbf{R} \wedge a \leqq x < b\} \qquad \text{halboffenes Intervall;}$$

$$(a, b] = \{x \mid x \in \mathbf{R} \wedge a < x \leqq b\} \qquad \text{halboffenes Intervall;}$$

$$[a, +\infty) = \{x \mid x \in \mathbf{R} \wedge a \leqq x < +\infty\}$$

$$(-\infty, b] = \{x \mid x \in \mathbf{R} \wedge -\infty < x \leqq b\} \qquad \text{unendliche Intervalle.}$$

$$(-\infty, +\infty) = \{x \mid x \in \mathbf{R} \wedge -\infty < x < +\infty\} = \mathbf{R}$$

Denken wir uns die Mengen A und B durch Aussageformen $a(x)$, $b(y)$ über Variablenbereichen X, Y gebildet, so können wir die Definition der Teilmengenbeziehung folgendermaßen ausdrücken: $A \subseteq B$ ist gleichbedeutend mit $(\forall x)\,(a(x) \to b(x))$ ist eine wahre Aussage.

Beispiel 7.7:

$$X = \mathbf{N},\ Y = \mathbf{G};$$

$a(x) =$ „x ist eine gerade Zahl"

$b(y) =$ „y ist größer oder gleich -10"

$a(x) \to b(x) =$ „Wenn x eine gerade Zahl ist, so ist $x \geqq -10$"

ist offenbar für jedes feste $x \in X\,(= \mathbf{N})$ eine wahre Aussage. Deshalb ist $(\forall x)\,(a(x) \to b(x))$ eine wahre Aussage und demzufolge auch $A \subseteq B$.

Eigenschaften der Teilmengenbeziehung

(1) Für alle Mengen A gilt: $A \subseteq A$ (siehe Definition 7.2).

(2) Für alle Mengen A, B, C gilt:

$$(A \subseteq B \wedge B \subseteq C) \to A \subseteq C.$$

Auch Eigenschaft (2) ist eine einfache Folgerung von Definition 7.2. Man nennt (1) *Reflexivität*, (2) *Transitivität* der Teilmengenbeziehung.

D.7.3   **Definition 7.3** *(Gleichheit von Mengen): Zwei Mengen A, B heißen gleich, wenn jedes Element der Menge A auch Element der Menge B ist und umgekehrt.*

Kurzschreibweise: $A = B$ ist gleichbedeutend mit $(\forall x)\,(x \in A \leftrightarrow x \in B)$ ist eine wahre Aussage.

Nehmen wir an, $A = \{x \mid a(x)\}$, $B = \{x \mid b(x)\}$ (die Variablenbereiche sind also von vornherein gleich), so nimmt Definition 7.3 die folgende Form an:

$A = B$ ist gleichbedeutend mit $(\forall x)\,(a(x) \leftrightarrow b(x))$ ist eine wahre Aussage.

Man sieht daran, daß wir durchaus von gleichen (umfangsgleichen) Mengen sprechen, wenn auch deren erzeugende Aussageformen voneinander verschieden sind.

Beispiel 7.8:

$$X = \mathbf{N},\ A = \{x \mid x^2 - 7x + 10 = 0\} = B = \{x \mid \text{Entweder } x = 2 \text{ oder } x = 5\}.$$

S.7.1   **Satz 7.1:** *Für alle Mengen A, B gilt*

$$(A \subseteq B \wedge B \subseteq A) \leftrightarrow A = B. \tag{7.3}$$

Definition 7.4 *(leere Menge): Eine Menge M heißt leer, wenn sie kein Element enthält.* **D.7.4**
Die **leere Menge** *wird mit* $\emptyset$ *bezeichnet.*

Die Bildung einer leeren Menge geschieht durch eine Aussageform $m(x)$, die für
kein x aus dem zugrunde gelegten Variablenbereich X zu einer wahren Aussage wird,
d. h.,

$$M = \{x \mid m(x)\} = \emptyset \leftrightarrow \text{Die Aussage } (\forall(x)\overline{m}\,(x) \text{ ist wahr.} \tag{7.4}$$

Als Beispiel betrachten wir zunächst die Menge M_4. $M_4 =$ Menge der reellen
Zahlen x mit der Eigenschaft $x^2 + 2 = 0$. Mit $X = \mathbf{R}$ können wir also schreiben:

$$M_4 = \{x \mid x^2 + 2 = 0\}.$$

Nun kann man aber schnell zeigen: Nur die komplexen Zahlen $x_1 = \sqrt{2} \cdot \mathrm{i}$,
$x_2 = -\sqrt{2} \cdot \mathrm{i}$ machen die Aussageform (Gleichung)

$$x^2 + 2 = 0$$

zu einer wahren Aussage. Demzufolge gilt für alle reellen Zahlen x

$$x^2 + 2 \neq 0,$$

und daraus folgt nach (7.4)

$$X = \mathbf{R}, \; M_4 = \{x \mid x^2 + 2 = 0\} = \emptyset.$$

Die eine leere Menge erzeugende Aussagenform ist nun aber keineswegs eindeutig bestimmt, so
gilt z. B.

$$A = \{x \mid x \in \mathbf{N} \wedge x < 0\} = \emptyset;$$

$$B = \{x \mid x \text{ ist ein Monat } \wedge x \text{ besitzt mehr als 31 Tage}\} = \emptyset$$

usw. Man beachte aber: Ist $\emptyset$ die leere Menge erster Stufe und bilden wir eine Menge M zweiter
Stufe folgendermaßen

$$M = \{\emptyset\},$$

so ist M nicht etwa die leere Menge zweiter Stufe, denn M enthält genau ein Element, nämlich die
leere Menge erster Stufe $\emptyset$.

In Teilgebieten und bei Anwendungen der Mathematik ist es oft erforderlich zu
wissen, ob bestimmte Mengen leer oder nicht leer sind.

7.2.2. Potenzmenge

Wir wenden uns jetzt weiteren wichtigen speziellen Mengen zu.

Definition 7.5 *(Potenzmenge): M sei eine Menge, und A sei eine Teilmenge von M,* **D.7.5**
*d. h. $A \subseteq M$. Wir bilden eine Menge, die alle Teilmengen A von M als Elemente enthält
und nennen diese* **Potenzmenge** $P(M)$ *von M.*

| *Kurzschreibweise:* $P(M) = \{A \mid A \subseteq M\}.$ (7.5)

Dabei heißt M die **Universalmenge.**[1])

---

[1]) Unter „Universalmenge" ist, wenn nichts anderes gesagt wird, immer die im Zusammenhang
mit der betreffenden inhaltlichen Problematik zugrunde gelegte umfassende Grundmenge zu verstehen (siehe z. B. Aufgabe 7.1).

Folgerung: *Es gilt stets, d. h. für jede Menge M,*

$$\emptyset \in P(M) \land M \in P(M).$$

$$(Grund: \emptyset \subseteq M, M \subseteq M).$$

Die Potenzmenge einer Menge M erster Stufe ist eine Menge zweiter Stufe.

Beispiel 7.9: Wir betrachten die zweielementige Zahlenmenge $M = \{1, 2\}$. Dann gilt:

$$P(M) = \{\emptyset, \{1\}, \{2\}, M\}.$$

Fassen wir $P(M)$ nun wieder als Ausgangsmenge für eine Potenzmengenbildung auf, so können wir die Potenzmenge $P(P(M))$ von $P(M)$, die wir mit $P^2(M)$ bezeichnen wollen, bilden. Es wird:

$$P^2(M) = P(P(M)) = \{\emptyset^2, \{\emptyset\}, \{\{1\}\}, \{\{2\}\}, \{M\}, \{\emptyset, \{1\}\}, \{\emptyset, \{2\}\},$$
$$\{\emptyset, M\}, \{\{1\}, \{2\}\}, \{\{1\}, M\}, \{\{2\}, M\}, \{\emptyset, \{1\}, \{2\}\},$$
$$\{\emptyset, \{1\}, M\}, \{\emptyset, \{2\}, M\}, \{\{1\}, \{2\}, M\}, P(M)\},$$

wobei $\emptyset^2$ die leere Menge 2. Stufe, also hier die Teilmenge von $P(M)$, die kein Element enthält, ist.

Es sei vermerkt, daß die Benutzung von Potenzmengen $P^2(M)$ zum Beispiel auf dem Gebiet der Optimierung wichtige Anwendungen besitzt.

7.2.3. Komplementärmenge

D.7.6 **Definition 7.6** *(Komplementärmenge): Gegeben sei eine Menge A, $A \subseteq M$. M besitzt dabei wie in Definition 7.5 die Rolle einer Universalmenge. $\bar{A}$ heißt* **Komplementärmenge** *von A bezüglich der Universalmenge M, wenn gilt:*

$$\bar{A} = \{x \mid x \in M \land x \notin A\},$$

d. h., $\bar{A}$ enthält alle Elemente von M, die nicht zu A gehören.

Stellen wir uns die Menge A durch eine Aussageform $a(x)$ erzeugt vor, so können wir die obige Definition folgendermaßen formulieren:

$$\text{Mit} \quad A = \{x \mid x \in M \land a(x)\} \quad \text{wird} \quad \bar{A} = \{x \mid \in M \land \overline{a(x)}\}.$$

Beispiel 7.10:

(1) $A = \{x \mid x \in \mathbf{N} \land x \text{ ist eine gerade Zahl}\} = \{x \mid x = 2 \cdot m \land m \in \mathbf{N}\}$;

$\bar{A} = \{x \mid x \subset \mathbf{N} \land x \text{ ist keine gerade Zahl}\} = \{x \mid x = 2m + 1 \land m \in \mathbf{N}\}$.

(2) $A = $ Menge aller innerhalb des Kreises $x^2 + y^2 = 1$ liegenden Punkte der Ebene. Die Universalmenge M sei die Menge aller innerhalb oder auf dem Rande des Quadrates Q (Bild 7.1) liegenden Punkte. Dann ist $\bar{A}$ die in Bild 7.1 schraffierte Menge (einschließlich Kreisrand) aller Punkte, die zu M gehören, aber nicht innerhalb des Kreises liegen.

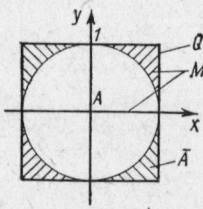

Bild 7.1.
Komplement von A

Die in diesem Beispiel gewählte Darstellung mit Hilfe von Punktmengen ist äußerst anschaulich und in der Mengenlehre allgemein als Hilfsmittel sehr verbreitet.

(3) Für eine beliebige Universalmenge M gilt, wie man sich mit Hilfe von Definition 7.6 leicht überlegen kann:

$$\bar{M} = \emptyset, \qquad \bar{\emptyset} = M, \qquad \bar{M} = \{x \mid x \in M \wedge x \notin M\} = \emptyset.$$

Aufgabe 7.1: Mit A sei die Menge der reellen Lösungen der Ungleichung $|x + 1|$ *

$\leqq \dfrac{x}{2} + 2$ bezeichnet. Universalmenge sei die Menge **R** der reellen Zahlen (siehe Fußnote S. 77). Ermitteln Sie A und $\bar{A}$!

7.3. Vereinigung, Durchschnitt und Differenz von Mengen

Die Bildung von *Vereinigung, Durchschnitt* und *Differenz von Mengen* bedeutet, gewisse Mengen miteinander zu neuen Mengen zu verknüpfen. Diese auch für Anwendungen außerordentlich wichtigen Verknüpfungen wollen wir sowohl verbal als auch formelmäßig definieren. Außerdem werden wir sie uns veranschaulichen, indem wir äquivalente ebene Punktmengen (Mengen von Punkten in einer Ebene) benutzen. Zwei Mengen sind dabei äquivalent, wenn es eine umkehrbar eindeutige Zuordnung zwischen den Elementen der beiden Mengen gibt.

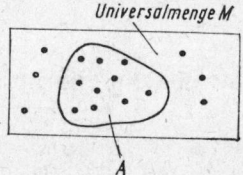

Bild 7.2.
Darstellung einer endlichen Menge, bestehend aus 10 Elementen mit Hilfe einer äquivalenten Punktmenge

Eine Menge läßt sich dann in einer Ebene veranschaulichen, indem man sie durch eine geschlossene Linie umfaßt. Eine solche Darstellung nennt man häufig *Venn-Diagramm* (Bild 7.2). Zeichnet man keine Punkte innerhalb einer geschlossenen Linie aus, so meint man die Menge aller Punkte, die innerhalb und auf der Begrenzungslinie liegen.

7.3.1. Vereinigungsmenge

Definition 7.7 *(Vereinigungsmenge): Unter der* **Vereinigung** $A \cup B$ *zweier Mengen* **D.7.7** A *und* B *versteht man die Menge aller Elemente, die mindestens einer der beiden Mengen* A *oder* B *angehören:*

$$A \cup B = \{x \mid (x \in A) \vee (x \in B)\}. \tag{7.6}$$

Bemerkung: Stellen wir uns A und B durch Aussageformen $a(x)$ und $b(y)$ mit X, Y als Variablenbereiche erzeugt vor, so können wir schreiben:

$$A \cup B = \{z \mid (z \in X \wedge a(z)) \vee (z \in Y \wedge b(z))\}. \tag{7.7}$$

Beispiel 7.11:

    (1) $A = \{1, 2, 3\}, \quad B = \{3, 4, 5\},$

    $A \cup B = \{1, 2, 3, 4, 5\}.$

    (2) $A = \{x \mid (x \in \mathbf{R}) \wedge (0 < x < 6)\}, \quad B = \{y \mid (y \in \mathbf{G}) \wedge (-2 \leq y \leq 0)\}.$

Dann wird:

$$A \cup B = \{z \mid (z \in \mathbf{R} \wedge 0 < z < 6) \vee (z \in \mathbf{G} \wedge (-2 \leq z \leq 0))\}$$
$$= \{z \mid (z = -2) \vee (z = -1) \vee (z \in \mathbf{R} \wedge 0 \leq z < 6)\}.$$

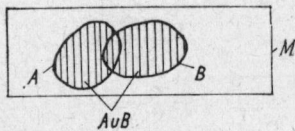

Bild 7.3. Vereinigungsmenge $A \cup B$

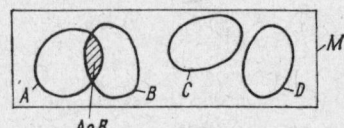

Bild 7.4. Durchschnittsmengen
$A \cap B, C \cap D = \emptyset$

7.3.2.   Durchschnittsmenge

D.7.8 **Definition 7.8** *(Durchschnittsmenge): Der* **Durchschnitt** $A \cap B$ *zweier Mengen A und B ist die Menge aller Elemente, die sowohl A als auch B angehören:*

    $A \cap B = \{x \mid (x \in A) \wedge (x \in B)\}.$ (7.8)

Bemerkung: Sind die Mengen wie oben durch Aussageformen gegeben, so gilt:

    $A \cap B = \{z \mid (z \in X \wedge a(z)) \wedge (z \in Y \wedge b(z))\}.$ (7.9)

Beispiel 7.12: Wir betrachten wieder die Mengen aus Beispiel 7.11. Es gilt:

    (1) $A \cap B = \{3\};$

    (2) $A \cap B = \{z \mid (z \in \mathbf{R} \wedge 0 < z < 6) \wedge (z \in \mathbf{G} \wedge (-2 \leq z \leq 0))\} = \emptyset.$

Im Anschluß an dieses Beispiel soll noch eine Redeweise eingeführt werden. Zwei Mengen A, B mit $A \cap B = \emptyset$ heißen *disjunkt* oder *elementfremd*.

  * *Aufgabe 7.2:* Man bestimme die Menge aller reellen Zahlen x, für die gilt:

    a) $\dfrac{3x + 2}{3 - 2x} \geq 2;$ b) $|x + 3| \geq 2x + |2x - 5|;$ c) $|x - 1| + |x + 5| \leq 4.$

  * *Aufgabe 7.3:* Für welche Punkte der x,y-Ebene gilt (Skizzen!):

    a) $x + y \leq 3$ und $x - y \geq 2;$ b) $xy \geq 1;$ c) $x^2 + y^2 \leq 25$ und $2x + y \leq 5?$

7.3.3.   Differenzmenge

D.7.9 **Definition 7.9** *(Differenzmenge): Die* **Differenz** $A \setminus B$ *zweier Mengen A und B ist die Menge aller Elemente von A, die nicht zu B gehören:*

    $A \setminus B = \{x \mid x \in A \wedge x \notin B\}.$ (7.10)

Es gilt:

    $A \setminus B = \{x \mid (x \in X \wedge (a(x) \wedge \overline{b(x)}))\}.$

Beispiele 7.13:

(1) $A \setminus B = \{1, 2\}$;

(2) $A \setminus B = \{z \mid z \in \mathbf{R} \wedge (0 < z < 6 \wedge (z < -2 \vee z > 0))\}$
$= \{z \mid z \in \mathbf{R} \wedge 0 < z < 6\} = A$;

$B \setminus A = B = \{-2, -1, 0\}$.

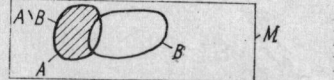

Bild 7.5.
Differenzmenge $A \setminus B$

Wir wollen an dieser Stelle auf den engen Zusammenhang der soeben eingeführten Differenzmenge $A \setminus B$ mit dem Komplement einer Menge A bezüglich einer Universalmenge M hinweisen.

Es seien also $A \subseteq M$, $B \subseteq M$. Dann gilt:

$$A \setminus B = A \cap \bar{B}.. \tag{7.11}$$

Nach Formel (7.11) wäre es also prinzipiell möglich, auf die Differenzmenge zu verzichten, da sich diese eindeutig mit Hilfe von $\cap$ und $^-$ darstellen läßt.

7.3.4. Rechenregeln für die Verknüpfungen Vereinigung, Durchschnitt, Komplement

Wir wollen im folgenden die Existenz der Universalmenge M, von der alle betrachteten Mengen A, B, C, ... Teilmengen sind, voraussetzen und einige wichtige Rechenregeln für unsere eingeführten Mengenverknüpfungen $\cup$, $\cap$, $^-$ angeben und diese außerdem durch Punktmengen veranschaulichen. Rechenregeln für die Differenzmenge gewinnt man leicht durch Anwendung der Beziehung (7.11).

Satz 7.2 *(Rechenregeln für die Operationen $\cup$, $\cap$, $^-$): Es gilt für alle Mengen A, B,* **S.7.2**
C, ..., die Teilmengen einer Universalmenge M sind:

(1) $A \cap B = B \cap A$, $A \cup B = B \cup A$;   *(Kommutativgesetz)*   (7.12)

(2) $(A \cap B) \cap C = A \cap (B \cap C)$,   *(Assoziativgesetz)*   (7.13)
$(A \cup B) \cup C = A \cup (B \cup C)$;

(3) $A \cap (A \cup C) = A$,   *(Verschmelzungsgesetz)*   (7.14)
$B \cup (B \cap D) = B$.

(4) $A \cap (B \cup C) = (A \cap B) \cup (A \cap C)$,   *(Distributivgesetz)*   (7.15)
$A \cup (B \cap C) = (A \cup B) \cap (A \cup C)$;

(5) $A \cup \emptyset = A$, $A \cap \emptyset = \emptyset$,   *($\emptyset$ – Nullelement)*   (7.16)
$A \cap M = A$, $A \cup M = M$;   *(M – Einselement)*

(6) $\bar{A}$ *ist Komplement von A genau dann, wenn gilt:*

$$A \cup \bar{A} = M \wedge A \cap \bar{A} = \emptyset. \qquad \textit{(Komplement-Eigenschaften)} \quad (7.17)$$

Die Kommutativgesetze (7.12) erlauben das Vertauschen der Reihenfolge der Mengen, die Assoziativgesetze gestatten es, die Vereinigung bzw. den Durchschnitt von endlich vielen Mengen zu bilden, wobei es gleichgültig ist, wie man Klammern setzt. Die Verschmelzungs- und Distributivgesetze sind zum Teil für uns neu, wenn wir an das Rechnen mit Zahlen denken. Aus der Logik jedoch sind uns diese Regeln nicht fremd, da z. B.

$$p \wedge (p \vee q) \leftrightarrow p \tag{3.4}$$

oder

$$p \vee (q \wedge r) \leftrightarrow (p \vee r) \wedge (p \vee q) \tag{3.5}$$

Tautologien sind, die linke und die rechte Seite vom Doppelpfeil also jeweils logisch gleichwertig sind.

Würden wir jedoch A, B, C als Zahlen (a, b, c), $\cap$ als Multiplikation ($\cdot$) und $\cup$ als Addition ($+$) interpretieren, so wissen wir, daß

$$a \cdot (a + c) = a, \qquad a + (a \cdot c) = a, \qquad a + (b \cdot c) = (a + b) \cdot (a + c)$$

im allgemeinen nicht gelten. Wir haben es also hier mit für uns gegenüber dem Rechnen mit Zahlen neuartigen Rechenregeln zu tun. Die Bezeichnungen Nullelement für die leere Menge $\emptyset$ und Einselement für die Universalmenge M verwenden wir hier deshalb, weil diese Mengen eine ähnliche Rolle wie die Zahlen 0 und 1 spielen. Die Beziehungen

$$a + 0 = a, \qquad a \cdot 0 = 0, \qquad a \cdot 1 = a$$

entsprechen unmittelbar den Beziehungen (7.16). Eine Beziehung $a + 1 = 1$ für alle a gibt es im Bereich der Zahlen jedoch nicht.

Gemäß Regel (7.13) können wir Vereinigung und Durchschnitt von je n Mengen bilden.

Wir bezeichnen:

$$A_1 \cup A_2 \cup \ldots \cup A_n = \bigcup_{i=1}^{n} A_i; \tag{7.18}$$

$$A_1 \cap A_2 \cap \ldots \cap A_n = \bigcap_{i=1}^{n} A_i. \tag{7.19}$$

Im Bild 7.6 werden die Regeln (7.14) dargestellt.

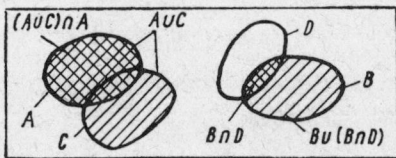

Bild 7.6.
Die Verschmelzungsregeln
$A \cap (A \cup C) = A, B \cup (B \cap D) = B$

Man kann sich genauso die anderen angegebenen Regeln veranschaulichen. Es ist jedoch auch ein Beweis der Regeln ohne die Hilfsmittel der Anschauung direkt aus den Definitionen möglich. Dabei ist es besonders zweckmäßig, von den Darstellungen mit Hilfe der Aussageformen (7.7), (7.9) auszugehen.

Beispiel 7.14: Wir beweisen $A \cup (A \cap B) = A$, wobei wir zur Vereinfachung der Schreibweise $X = Y$ (gleiche Variablenbereiche für $a(x)$ und $b(y)$) wählen. Dann sind:

$$A = \{x \mid x \in X \wedge a(x)\}, \quad B = \{x \mid x \in X \wedge b(x)\},$$
$$A \cap B = \{x \mid x \in X \wedge a(x) \wedge b(x)\}.$$

Wir bilden: $A \cup (A \cap B)$ und erhalten nach (7.7):
$$A \cup (A \cap B) = \{x \mid (x \in X \wedge a(x)) \vee ((x \in X \wedge a(x)) \wedge b(x))\}$$
$$= \{x \mid x \in X \wedge a(x)\} = A,$$

denn: $(p \vee (p \wedge q)) \leftrightarrow p$ ist eine Tautologie $(p = $ „$x \in X \wedge a(x)$", $q = $ „$b(x)$", zunächst x fest, jedoch für jedes beliebige x).

Es gibt nun noch eine Reihe weiterer wichtiger Rechenregeln, die man jedoch durch Anwendung der bereits bekannten Regeln (7.12) bis (7.17) herleiten kann. So gilt z. B.:

$$(7) \; \bar{\bar{A}} = A; \tag{7.20}$$

$$(8) \; \overline{A \cup B} = \bar{A} \cap \bar{B}, \quad \overline{A \cap B} = \bar{A} \cup \bar{B}; \quad (de\text{-}Morgan\text{-}Gesetze) \tag{7.21}$$

$$(9) \; A \subseteq B \leftrightarrow \bar{B} \subseteq \bar{A}; \tag{7.22}$$

$$(10) \; (A \subseteq B) \leftrightarrow (A \cap \bar{B} = \emptyset) \leftrightarrow (\bar{A} \cup B = M). \tag{7.23}$$

Wir beweisen die Regel (7.21): Nach Regel (6), Formel (7.17) genügt es zu zeigen:
$$(A \cup B) \cup (\bar{A} \cap \bar{B}) = M \quad \text{und} \quad (A \cup B) \cap (\bar{A} \cap \bar{B}) = \emptyset.$$

Es gilt:
$$(A \cup B) \cup (\bar{A} \cap \bar{B}) \underset{(7.15)}{=} ((A \cup B) \cup \bar{A}) \cap ((A \cup B) \cup \bar{B})$$

$$\underset{(7.12),\,(7.13)}{=} ((A \cup \bar{A}) \cup B) \cap (A \cup (B \cup \bar{B}))$$

$$\underset{(7.17)}{=} (M \cup B) \cap (A \cup M) \underset{(7.17)}{=} M \cap M = M$$

$$(A \cup B) \cap (\bar{A} \cap \bar{B}) = (A \cap (\bar{A} \cap \bar{B})) \cup (B \cap (\bar{A} \cap \bar{B}))$$

$$= ((A \cap \bar{A}) \cap \bar{B}) \cup ((B \cap \bar{B}) \cap \bar{A})$$

$$= (\emptyset \cap \bar{B}) \cup (\emptyset \cap \bar{A}) = \emptyset \cup \emptyset = \emptyset.$$

Wir werden zum Abschluß des nächsten Abschnittes ein Beispiel für die Anwendung dieser Regeln geben.

Aufgabe 7.4: A, B, C, D seien beliebige Mengen. Man untersuche die Richtigkeit ∗ folgender Beziehungen:

a) $(A \setminus B) \cap C = (A \cap C) \setminus B;$ \quad b) $A \setminus B = A \cap (A \setminus B);$

c) $A = (A \setminus B) \cup B;$

d) $(A \cup C) \cap (B \cup C) \cap (A \cup D) \cap (B \cup D) = (A \cap B) \cup (C \cap D).$

Aufgabe 7.5: A, B, C seien Teilmengen von M. Man vereinfache folgende Ausdrücke: ∗

a) $A \cap ((A \cup B) \setminus B);$ \quad b) $(A \cap B \cap C) \cup \bar{A} \cup \bar{B} \cup \bar{C}.$

7.4. Über Mächtigkeit von Mengen

In den vorhergehenden Abschnitten haben wir eine Reihe von Mengen betrachtet, die endlich viele Elemente besitzen, aber auch solche, die nicht aus endlich vielen Elementen bestehen.

Beispiel 7.15:

$$A_1 = \{1, 2, 3, 5, 8, 12\},$$
$$A_2 = \{\text{grün, rot, gelb, blau}\},$$
$$A_3 = \mathbf{P} = \{x \mid x \text{ ist eine rationale Zahl}\},$$
$$A_4 = \{x \mid x \text{ ist eine reelle Zahl und } 0 \leqq x \leqq 1\},$$
$$A_5 = \{x \mid x \in \mathbf{G} \wedge x^2 = 3\} = \emptyset.$$

D.7.10   Definition 7.10: *Eine Menge M, $M \neq \emptyset$, die endlich viele Elemente besitzt, heißt* **endliche Menge**, *eine Menge M, $M \neq \emptyset$, die nicht aus endlich vielen Elementen besteht, heißt* **unendliche Menge**.

A_1, A_2 sind endliche, A_3, A_4 unendliche Mengen.

Wir verabreden die folgende Bezeichnung:

$\mu(M)$ – Anzahl der Elemente der endlichen Menge M.

Beispiele, bei denen auch $\mu(M)$ für gewisse Mengen M zu bestimmen ist, geben wir am Ende dieses Abschnittes an.

Nun möchte man aber auch gern unendliche Mengen vergleichen und damit klassifizieren können. Aus diesem Grunde führt man den Begriff der *Mächtigkeit* ein, der im Spezialfall endlicher Mengen mit der Anzahl ihrer Elemente übereinstimmt.

7.4.1.   Gleichmächtige Mengen

D.7.11   Definition 7.11: *Zwei Mengen A, B (endliche oder unendliche Mengen) besitzen die* gleiche *Mächtigkeit, wenn man jedem Element a, $a \in A$, umkehrbar eindeutig ein Element b, $b \in B$, zuordnen kann. Daraus folgt:*

Wenn dem Element a_1, $a_1 \in A$, das Element b, $b \in B$, und auch dem Element a_2, $a_2 \in A$, das Element b, $b \in B$, zugeordnet wird, so gilt $a_1 = a_2$ (d. h. voneinander verschiedenen Elementen aus A werden voneinander verschiedene Elemente aus B zugeordnet).

Mittels unserer logischen Zeichen können wir diese Eigenschaft folgendermaßen schreiben: A, B seien die Bereiche der Variablen a_1, a_2, b.

$$w((\forall a_1)\,(\forall a_2)\,(\forall b)\ (\text{,,Dem Element } a_1 \text{ wird } b \text{ zugeordnet''} \wedge \text{,,Dem Element } a_2 \text{ wird } b$$
$$\text{zugeordnet''} \to a_1 = a_2)) = W. \tag{7.24}$$

Schreibweise: A und B haben die gleiche Mächtigkeit $= A$ glm. B.

S.7.3   Satz 7.3: *Die mit Definition 7.11 eingeführte* **Gleichmächtigkeit** *besitzt die folgenden Eigenschaften*

   (I) A glm. A,　　　　　　　　　　　　　　　*(Reflexivität)*

   (II) A glm. $B \to B$ glm. A,　　　　　　　　*(Symmetrie)*

   (III) A glm. $B \wedge B$ glm. $C \to A$ glm. C.　　*(Transitivität)*

Durch die Definition 7.11 entstehen Mengen von Mengen gleicher Mächtigkeit, die charakterisiert sind durch den **Mächtigkeitstyp** *(Kardinalzahlen).*

Beispiel 7.16: Die endlichen Mengen stellen einen Mächtigkeitstyp dar. Die Kardinalzahlen hierfür sind die Elemente der Menge der natürlichen Zahlen. Nach Definition 7.11 können wir $\mu(M)$ auch Mächtigkeit der endlichen Menge M nennen. Die Mengen

$$M_1 = \{\text{rot, grün, blau}\}, \qquad M_2 = \{\sqrt{2}, \sqrt{3}, \sqrt{4}\}, \qquad M_3 = \{\{1\}, \{2\}, \emptyset\}$$

sind gleichmächtig. So können wir z. B. die folgende Zuordnung (charakterisiert durch Paare) (rot, $\sqrt{4}$), (grün, $\sqrt{2}$), (blau, $\sqrt{3}$) vornehmen, die die Definition 7.11 erfüllt. Wie man ohne weiteres sieht, gilt außerdem

$$\mu(M_1) = \mu(M_2) = \mu(M_3) = 3.$$

Die Mengen M_1, M_2, M_3 gehören also zur Menge der dreielementigen Mengen.

Den Mächtigkeitstyp einer unendlichen Menge werden wir nachfolgend ebenfalls mit $\mu(M)$ bezeichnen und uns mit dem Typ der *abzählbaren Menge* und der *Mächtigkeit des Kontinuums* etwas näher beschäftigen.

7.4.2. Abzählbare Mengen

Definition 7.12: *Eine Menge M heißt* **abzählbar**, *wenn gilt:*   D.7.12

M glm. **N** *mit* **N** $= \{0, 1, 2, 3, \dots\}$

(d. h., die Elemente von M lassen sich mit Hilfe der natürlichen Zahlen numerieren).

Einige Eigenschaften abzählbarer Mengen werden im nachfolgenden Satz formuliert.

Satz 7.4:   S.7.4

(1) *Eine beliebige unendliche Teilmenge einer abzählbaren Menge M ist wieder eine abzählbare Menge.*

(2) *Es seien $A_1, A_2, \dots, A_n$ abzählbare Mengen. Dann gilt: $M = \bigcup\limits_{k=1}^{n} A_k$ ist eine abzählbare Menge.*
Sind gewisse der A_k endliche Mengen, so bleibt die Gültigkeit dieser Aussage erhalten.

(3) *Die Vereinigung abzählbar vieler abzählbarer Mengen ist eine abzählbare Menge.*

(4) *Aus einer unendlichen Menge kann stets eine abzählbare Menge abgespalten werden.*

(5) *Wenn beim Abspalten einer abzählbaren Menge A von einer unendlichen Menge M eine unendliche Menge B übrigbleibt, so haben M und B die gleiche Mächtigkeit.*

Die Aussagen (1) bis (5) vermitteln eigentlich erst eine klare Vorstellung vom Begriff der abzählbaren Menge. Die Beweise können hier nicht vorgeführt werden.

Beispiel 7.17: Beispiele für abzählbare Mengen:

(1) Die Menge **G** der ganzen Zahlen ist abzählbar.

Beweis: Es gilt

$\mathbf{G} = \{0, 1, 2, 3, \dots\} \cup \{-1, -2, -3, \dots\} = \mathbf{N} \cup G^{(-)}$.

Zunächst ist **N** nach Definition abzählbar. $G^{(-)} = \{-1, -2, -3, \dots\}$ ist ebenfalls abzählbar. Ordnen wir nämlich einem beliebigen Element $-n \in G^{(-)}$ das Element $n - 1 \in \mathbf{N}$ zu, so ist Definition 7.11 erfüllt, und deshalb folgt die Behauptung aus Satz 7.4 (2), wobei $A_1 = \mathbf{N}$, $A_2 = G^{(-)}$ zu setzen ist. Wir sehen also, daß die Menge **G**, obwohl man gefühlsmäßig meint, daß sie „mehr" Elemente als **N** enthält, ebenfalls abzählbar, also gleichmächtig **N** ist. Im folgenden Beispiel wird diese Eigenschaft des Mächtigkeitsbegriffes noch deutlicher. ∎

(2) Die Menge **P** der rationalen Zahlen ist eine abzählbare Menge.

Beweis: Wir wissen, daß sich **P** folgendermaßen darstellen läßt:

$\mathbf{P} = \left\{ \dfrac{m}{k} \;\middle|\; m \in \mathbf{G} \wedge k \in \mathbf{N} \setminus \{0\} \wedge m \text{ und } k \text{ sind teilerfremd} \right\}$.

Wir definieren Mengen A_k folgendermaßen

$$A_k = \left\{ \frac{m}{k} \,\middle|\, m \in \mathbf{G} \wedge k \in \mathbf{N} \setminus \{0\}, \, k - \text{fest} \wedge m \text{ und } k \text{ teilerfremd} \right\}.$$

Nun gilt offenbar

$$M = \bigcup_{k=1}^{\infty} A_k = \mathbf{P},$$

und deshalb gilt nach Satz 7.4 (3): **P** ist abzählbar. ∎

7.4.3.   Nicht abzählbare Mengen

Am Beispiel der rationalen Zahlen haben wir gesehen, daß eine Menge abzählbar sein kann, auch wenn ihre Struktur und Anordnung sich außerordentlich stark von **N** unterscheidet. Man könnte daher beinahe denken, daß jede unendliche Menge abzählbar ist. Daß dies ein Trugschluß wäre, drückt Satz 7.5 aus.

S.7.5   **Satz 7.5:** *Die Menge* C, $C = \{x \mid x \in \mathbf{R} \wedge 0 < x \leqq 1\}$ *ist nicht abzählbar.*

Bezeichnungsweisen: Eine nicht abzählbare unendliche Menge nennen wir *über-abzählbare Menge*. Die Mächtigkeit der Menge C heißt „*Mächtigkeit des Kontinuums*".

Wir bemerken zum Abschluß, daß der Mächtigkeitstypus des Kontinuums von dem abzählbarer Mengen verschieden ist und daß man mit Hilfe von Satz 7.4 sowie Definition 7.11 zeigen kann, daß z. B. die Mengen

$$D = \{x \mid x \in \mathbf{R} \wedge 0 \leqq x \leqq 1\},$$
$$E = \{x \mid x \in \mathbf{R} \wedge a \leqq x \leqq b, a, b - \text{fest}, a, b \in \mathbf{R}\},$$
$$\mathbf{R}$$

ebenfalls die Mächtigkeit des Kontinuums besitzen. Dabei kommt es zum Beweis nur darauf an, geeignete Zuordnungen, die die Definition 7.11 erfüllen, zu finden. Man nennt alle Mengen, die zu C gleichmächtig sind, *Kontinua*

7.4.4.   Beispiel für die Begriffe Vereinigung, Durchschnitt, Komplement und Mächtigkeit

Eine statistische Erhebung an einer Technischen Hochschule ergab bei 100 Studenten das folgende Ergebnis: 48 Studenten hören weiterführende Vorlesungen über Technologie, 26 über konstruktiven Ingenieurbau, 8 über Technologie und mathematische Operationsforschung, 23 über konstruktiven Ingenieurbau, aber keine Operationsforschung, 18 nur über konstruktiven Ingenieurbau, 8 über Technologie und konstruktiven Ingenieurbau und 24 über keines dieser 3 Gebiete.

Wir stellen folgende Fragen:

1. Wie viele Studenten hören Operationsforschung?

2. Wie viele Studenten hören Operationsforschung und konstruktiven Ingenieurbau, aber nicht Technologie?

3. Wie viele Studenten hören konstruktiven Ingenieurbau und daneben Operationsforschung oder Technologie?

Zur Lösung dieser Aufgaben definieren wir die folgenden Mengen: $M =$ Menge der befragten Studenten, $J =$ Menge der Studenten, die konstruktiven Ingenieurbau hören, $T =$ Menge der Studenten, die Technologie hören, $O =$ Menge der Studenten, die Operationsforschung hören. Diese Mengen, J, T, O erzeugen in M acht Teilmengen, die in Bild 7.7 dargestellt sind und deren Mächtigkeiten wir zu bestimmen haben.

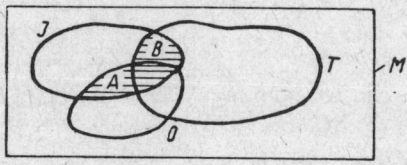

Bild 7.7.
Darstellung durch ebene Punktmengen

Die gegebenen Größen sind:

$$\mu(M) = 100, \qquad \mu(J) = 26, \qquad \mu(T) = 48,$$

$$\mu(T \cap O) = 8, \qquad \mu(J \cap \bar{O}) = 23, \qquad \mu(J \cap T) = 8,$$

$$\mu(J \cap \bar{O} \cap \bar{T}) = 18, \qquad \mu(\overline{J \cup T \cup O}) = 24.$$

Wir suchen $\mu(O)$, $\mu(A)$ und $\mu(B)$ mit $A = J \cap O \cap \bar{T}$, $B = J \cap (O \cup T)$.
Zur Lösung benutzen wir die Rechenregeln aus 7.3.4. und die folgende grundlegende Eigenschaft von μ:

$$((A \subseteqq C) \wedge (B \subseteqq C) \wedge (A \cap B = \emptyset) \wedge (A \cup B = C))$$
$$\rightarrow \mu(C) = \mu(A) + \mu(B). \tag{7.25}$$

Zu Frage 3: Es gilt

$$J = J \cap M = J \cap ((T \cup O) \cup (\overline{T \cup O}))$$
$$= (J \cap (T \cup O)) \cup (J \cap (\overline{T \cup O})) = B \cup (J \cap \bar{T} \cap \bar{O}).$$

Wegen (7.25) gilt also: $\mu(J) = \mu(B) + \mu(J \cap \bar{T} \cap \bar{O})$, also $\mu(B) = 26 - 18 = 8$. (Man verfolge diese Rechnung am Bild.)

Aufgabe 7.6: Wir betrachten die folgenden Teilmengen der Menge   *

$M = \{n \mid n \in \mathbf{N} \wedge 1 \leqq n \leqq 50\}$:

$A = \{n \mid n \in M \wedge n$ enthält mindestens eine Ziffer drei$\}$,

$B = \{n \mid n \in M \wedge n$ ist durch 8 teilbar$\}$,

$C = \{n \mid n \in M \wedge n$ enthält nur gerade Zahlen als Ziffern$\}$.

a) Man gebe A, B, C durch ihre Elemente an!
b) Man bestimme: $\mu(A)$, $\mu(B)$, $\mu(C)$, $\mu(A \cup B)$, $\mu(A \cap B)$, $\mu(A \cap C)$, $\mu(B \cap C)$, $\mu(\overline{B \cap C})$, $\mu(A \cap B \cap C)$!
c) Man gebe eine Menge X an mit $\mu(X) \geqq 3$ und $(X \cap A = \emptyset) \wedge (X \cap B = \emptyset)$ $\wedge (X \cap C = \emptyset)$.
d) Wie groß ist die Mächtigkeit der Menge D jener Elemente, die in genau zwei der drei Teilmengen A, B, C liegen?

Aufgabe 7.7: Man bestimme $\mu(O)$, $\mu(A)$ aus dem obigen Beispiel!   *

7.5.   Produktmengen

7.5.1.   Geordnete Paare und geordnete n-Tupel

Oft kommt es darauf an, gewisse Elemente von Mengen gleichzeitig zu betrachten und so zusammenzufassen, daß damit eine Reihenfolge festgelegt wird (siehe auch 7.6., 7.9.). Die einfachste solche Zusammenfassung ist die von 2 Elementen zu einem Paar, wobei es auf die Reihenfolge der Elemente ankommt.

D.7.13   **Definition 7.13** *(geordnetes Paar):*

(1) *Ein* **geordnetes Paar** (a, b) *ist eine Gesamtheit von zwei Elementen a, b, wobei es auf die Reihenfolge dieser Elemente ankommt, d. h.* $(a, b) \neq (b, a)$, *falls* $a \neq b$.

(2) *Zwei geordnete Paare* (a, b) *und* (c, d) *heißen gleich genau dann, wenn gilt*

$$a = c \wedge b = d. \tag{7.26}$$

Die im wesentlichen verbale Definition 7.13 bringt den neuen Begriff „geordnetes Paar". Wir wollen versuchen, diesen mit Hilfe des schon erklärten Begriffes „Menge" zu definieren.

Zunächst stellen wir die Frage: Kann man (a, b) durch die Menge $\{a, b\}$ definieren, d. h. $(a, b) = \{a, b\}$ setzen? Dies ist nicht möglich, denn es gilt $\{a, b\} = \{b, a\}$ und demzufolge wäre $(a, b) = (b, a)$ auch für $a \neq b$. Der Ansatz

$$(a, b) = \{\{a\}, \{a, b\}\}, \tag{7.27}$$

das geordnete Paar als Menge zweiter Stufe zu definieren, ist dagegen erfolgreich, denn man kann zeigen, daß die in (7.27) erklärte Menge die Gleichheitsdefinition (7.26) erfüllt.

Damit können wir unsere verbale Definition 7.13 ersetzen durch eine Definition, die den Begriff „geordnetes Paar" auf den Mengenbegriff zurückführt.

D.7.14   **Definition 7.14:** *Ein geordnetes Paar* (a, b) *ist die Menge* $\{\{a\}, \{a, b\}\}$

$$(a, b) = \{\{a\}, \{a, b\}\}.$$

Für die Beschreibung vieler praktisch interessanter Sachverhalte reicht jedoch der Begriff des geordneten Paares nicht aus. Wir erweitern deshalb auf Anordnungen von n Elementen, wobei es ebenfalls wieder auf die Reihenfolge dieser Elemente ankommt. Wir nutzen die Definition 7.14 $(n = 2)$ aus und definieren induktiv:

D.7.15   **Definition 7.15:** *Ein* **geordnetes** n-**Tupel** $(a_1, a_2, \ldots, a_n)$ *von Elementen ist ein geordnetes Paar, dessen Elemente das* $(n - 1)$-*Tupel* $(a_1, a_2, \ldots, a_{n-1})$ *und das Element* a_n *sind* $(n = 2: Induktionsanfang)$:

$$(a_1, a_2, \ldots, a_{n-1}, a_n) = \{\{(a_1, a_2, \ldots, a_{n-1})\}, \{(a_1, a_2, \ldots, a_{n-1}), a_n\}\}. \tag{7.28}$$

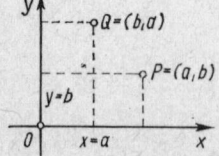

Bild 7.8. Darstellung geordneter Paare als Punkte einer Ebene

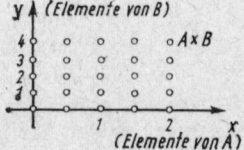

Bild 7.9. Darstellung von $A \times B$

Beispiel 7.18: Wir betrachten in einer Ebene ein rechtwinkliges x,y-Koordinatensystem (Bild 7.8). Die Punkte P in der Ebene lassen sich dann eindeutig durch je ein geordnetes Paar (a, b) charakterisieren. Es ist allgemein bekannt, daß der Punkt $P = (a, b)$ vom Punkt $Q = (b, a)$ für $a \neq b$ verschieden ist.

Die Punkte im 3-dimensionalen Raum werden dagegen eindeutig durch ein 3-Tupel (Tripel) charakterisiert. (Weitere Beispiele siehe 7.6. und 7.9.)

7.5.2. Produktmengen

Im folgenden wollen wir geordnete Paare, die aus Elementen gewisser Mengen A, B gebildet werden, zu Mengen zusammenfassen und diese speziell bezeichnen.

Definition 7.16 *(Produktmengen): A und B seien zwei Mengen. Dann heißt*   D.7.16

$$A \times B = \{(a, b) \mid a \in A \land b \in B\} \tag{7.29}$$

Produktmenge *der Mengen A, B (auch genannt:* **Kreuzmenge, kartesisches Produkt**).

Die Menge $A \times B$ ist eine Menge geordneter Paare, enthält also Mengen zweiter Stufe als Elemente und ist deshalb selbst eine Menge dritter Stufe.

Beispiel 7.19:

(1) $A = \{a_1, a_2\}, \qquad B = \{0, 2, 4\}$,

$A \times B = \{(a_1, 0), (a_1, 2), (a_1, 4); (a_2, 0), (a_2, 2), (a_2, 4)\}$.

(2) $A = \{p =$ „3 ist eine Primzahl", $q =$ „10 ist durch 4 teilbar"$\}$, $B = \{W, F\}$,

$A \times B = \{($„3 ist eine Primzahl", $W)$, („3 ist eine Primzahl", $F)$

(„10 ist durch 4 teilbar", $W)$, („10 ist durch 4 teilbar", $F)$.

(3) $A = \left\{0, \frac{1}{2}, 1, \frac{3}{2} 2\right\}, \qquad B = \{0, 1, 2, 3, 4\}$.

Die Elemente von $A \times B$ lassen sich also als Punktmenge gemäß Bild 7.9 darstellen.

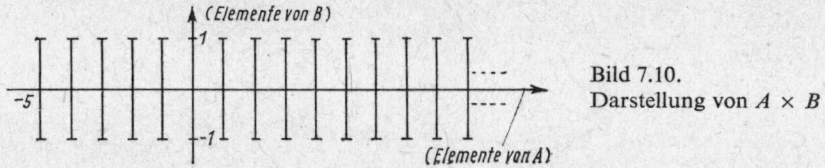

Bild 7.10.
Darstellung von $A \times B$

(4) $A = \{a \mid a \in \mathbf{G} \land a > -5\}, \qquad B = \{b \mid b \in \mathbf{R} \land -1 \leq b \leq +1\}$,

Darstellung von $A \times B = \{(a, b) \mid (a \in \mathbf{G} \land a > -5) \land (b \in \mathbf{R} \land -1 \leq b \leq 1)\}$ in Bild 7.10.

Einige Rechenregeln für die Produktmenge wollen wir im Satz 7.6 zusammenstellen:

Satz 7.6: *Für beliebige Mengen A, B, C gilt:*   S.7.6

(1) $A \neq B \rightarrow A \times B \neq B \times A$ *(nichtkommutativ)*;   (7.30)

(2) $A \times (B \cup C) = (A \times B) \cup (A \times C)$ *(Distributivgesetze)*;   (7.31)

(3) $A \times (B \cap C) = (A \times B) \cap (A \times C)$ *(Distributivgesetze)*.   (7.32)

* *Aufgabe 7.8:* Man bilde $A \times B$ für $A = \{x \mid x \in \mathbf{G} \wedge -2 < x \leq +2\}$,

$B = \{y \mid y \in \mathbf{G} \wedge y^2 = x \wedge x \in A\}$.

* *Aufgabe 7.9:* Man zeige, daß sich in einem rechtwinkligen kartesischen Koordinatensystem das Geradenstück der x,y-Ebene $y = 2x$, $0 \leq x \leq 5$, nicht als Kreuzprodukt einer Teilmenge A der x-Achse und einer Teilmenge B der y-Achse darstellen läßt.

Zum Abschluß wollen wir den Begriff der Produktmenge noch ausdehnen auf den Fall $n \geq 2$.

D.7.17 **Definition 7.17:** *Es seien $A_1, A_2, \ldots, A_n$ Mengen. Dann nennen wir die Menge aller n-Tupel $(a_1, a_2, \ldots, a_n)$ mit $a_i \in A_i$* **Produktmenge (n-faches kartesisches Produkt)**

$$A_1 \times A_2 \times \ldots \times A_n = \underset{i=1}{\overset{n}{\times}} A_i = \{(a_1, a_2, \ldots, a_n) \mid (\forall i)\, (a_i \in A_i)\}. \qquad (7.33)$$

$$\underbrace{}_{\text{abgekürzte Schreibweise}}$$

Beispiel 7.20: $A = A_1 = A_2 = \ldots = A_n = \{a \mid a \in \mathbf{R} \wedge 0 \leq a \leq 1\}$. Dann heißt

$$A_1 \times \ldots \times A_n = A \times \ldots \times A = \{(a_1, \ldots, a_n) \mid (\forall i)\, (a_i \in \mathbf{R} \wedge 0 \leq a_i \leq 1)\}$$

n-dimensionaler Einheitswürfel ($n = 2$ – Quadrat, $n = 3$ – Würfel).

7.6. Beziehungen zwischen den Elementen einer Menge (System)

Wir wollen ein Versorgungssystem (Bild 7.11) betrachten, wie es in den verschiedenen Bereichen der Wirtschaft auftritt.

Ein Hersteller H erzeugt ein Produkt, welches von den drei Abnehmern (Betrieben, Baustellen usw.) benötigt wird. Die Pfeile geben an, daß und in welcher Richtung Fahrzeuge zwischen den Elementen H, A_1, A_2, A_3 das betreffende Produkt transportieren bzw. leer zum Hersteller zurückfahren.

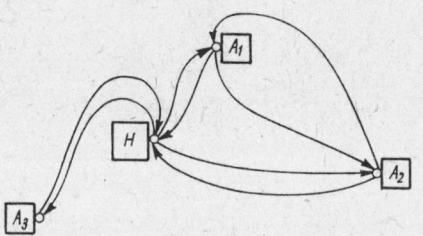

Bild 7.11.
Ein spezielles Versorgungssystem

Die Gesamtheit der H, A_1, A_2, A_3, also der Hersteller und Abnehmer sowie die Pfeile, die die Beziehungen zwischen diesen beschreiben, fassen wir als Einheit auf und nennen sie *System*. Dabei heißen

$E = \{H, A_1, A_2, A_3\}$ die *Menge der Elemente,*

R^* – die *Menge der Beziehungen zwischen den Elementen des Systems.*

Im Bild 7.11 haben wir die Elemente von R^* durch Pfeile dargestellt. Man kann nun einen solchen Pfeil eindeutig durch ein geordnetes Paar von Elementen aus E darstellen. In unserem Beispiel ergeben sich die folgenden, geordneten Paare

(H, A_1)
(H, A_2) $\left.\right\}$ — Transport der Produkte vom Hersteller zu den Abnehmern;
(H, A_3)

(A_1, H)
(A_2, H) $\left.\right\}$ — Rückfahrt der leeren Fahrzeuge von den Abnehmern zum Hersteller;
(A_3, H)

(A_1, A_2)
(A_2, A_1) $\left.\right\}$ — Fahrzeuge, die durch irgendwelche Störungen bedingt bei A_1 bzw. bei A_2 nicht entladen können, transportieren das Produkt weiter zu A_2 bzw. A_1.

Damit sehen wir sofort, daß sich die Menge R^* der Beziehungen zwischen den Elementen des Systems, die wir auch *Relation* nennen wollen, als Teilmenge der Produktmenge $E \times E$ darstellen läßt:

$$R^* = \{(H, A_1), (H, A_2), (H, A_3), (A_1, H), (A_2, H), (A_3, H), (A_1, A_2),$$

$$(A_2, A_1)\} \subseteqq E \times E.$$

Die Menge R^* legt die Struktur des Systems fest. Die beiden Mengen E und R^*, die gemeinsam das System beschreiben, fassen wir durch das Symbol $S = [E, R^*]$ zusammen und nennen S das System. Eine solche Definition des Systems ist eine wichtige und notwendige Vorstufe für alle weiteren Untersuchungen wie:

– Beschreibung der zeitlichen Vorgänge (Prozesse), die im System ablaufen,
– Simulation solcher Prozesse,
– Optimierung des Systems selbst oder der Prozesse, die in ihm ablaufen.

Als Abstraktion aus diesem Beispiel wollen wir zum Abschluß eine allgemeinere Definition des Systembegriffs formulieren.

Definition 7.18: *Ein System S ist eine Zusammenfassung von zwei Mengen E und R*,* **D.7.18** *symbolisch: S = [E, R*], wobei E die Menge der Elemente des Systems und R*, R* $\subseteqq$ E $\times$ E, die Menge der zwischen diesen Elementen existierenden Beziehungen (Relationen) und damit die Struktur des Systems beschreibt.*

7.7.   Operationen zwischen den Elementen einer Menge (linearer Raum)

In diesem Abschnitt und auch in den nachfolgenden beiden Abschnitten werden einige Begriffe, die unmittelbar mit dem Mengenbegriff zusammenhängen, angegeben. Zunächst definieren wir den für die Mathematik fundamentalen Begriff des linearen Raumes. Dazu werden im folgenden Elemente einer beliebigen Menge X mit $x, y, z, \ldots$ und Zahlen (reelle Zahlen) mit $a, b, c, \ldots$ bezeichnet.

Definition 7.19 *(linearer Raum): Eine Menge X heißt ein* **linearer Raum**, *wenn gilt:* **D.7.19** *Sind x, y beliebige Elemente von X, so ist auch ihre Summe x + y ein Element von X, und ist ferner a eine Zahl, so ist auch a · x ein Element von X. Der Begriff „Summe" steht hier für irgendeine Operation, die je zwei Elementen x, y∈ X ein Element, bezeichnet* *durch* $x + y \in X$, *zuordnet. Dabei genügen diese Addition und die Multiplikation mit einer Zahl den folgenden Gesetzen:*

$$(1)\ x + y = y + x, \tag{7.34}$$
$$(2)\ x + (y + z) = (x + y) + z, \tag{7.35}$$
$$(3)\ a \cdot (x + y) = a \cdot x + a \cdot y, \tag{7.36}$$
$$(4)\ (a + b) \cdot x = a \cdot x + b \cdot x, \tag{7.37}$$
$$(5)\ a \cdot (b \cdot x) = (a \cdot b) \cdot x, \tag{7.38}$$
$$(6)\ 1 \cdot x = x, \tag{7.39}$$
$$(7)\ (x + y = x + z) \to y = z, \tag{7.40}$$

und es wird ein Nullelement o durch $0 \cdot x = o$ *definiert, welches die Bedingung* $x + o = x$ *erfüllt und weitere aus* (7.34) *bis* (7.40) *herleitbare Eigenschaften besitzt.*

Nach dieser Definition folgt, daß mit zwei beliebigen Elementen x, y eines linearen Raumes X und zwei beliebigen Zahlen auch das Element $a \cdot x + b \cdot y$, welches wir *Linearkombination* von x und y nennen, zum Raum X gehört.

Beispiel 7.21: Es sei $X = \{(x_1, x_2, \ldots, x_n) \mid (i \in \{1, 2, \ldots, n\}) \wedge (\forall i)\ x_i \in \mathbf{R}\}$ die Menge aller n-Tupel reeller Zahlen, d. h. $X = \mathbf{R} \times \mathbf{R} \times \ldots \times \mathbf{R}$, wobei wir im folgenden zur Abkürzung für $\mathbf{R} \times \mathbf{R} \times \ldots \times \mathbf{R}$ das Symbol R^n schreiben wollen. Wir definieren:

$$x + y = (x_1, x_2, \ldots, x_n) + (y_1, y_2, \ldots, y_n)$$
$$= (x_1 + y_1, x_2 + y_2, \ldots, x_n + y_n) \in R^n, \tag{7.41}$$
$$a \cdot x\ \ = a \cdot (x_1, x_2, \ldots, x_n) = (a \cdot x_1, a \cdot x_2, \ldots, a \cdot x_n) \in R^n. \tag{7.42}$$

Man kann leicht zeigen, daß die Eigenschaften (1) bis (7) gelten,

z. B. (4): $(a + b) \cdot x = ((a + b) \cdot x_1, (a + b) \cdot x_2, \ldots, (a + b) \cdot x_n)$
$$= (a \cdot x_1 + b \cdot x_1, \ldots, a \cdot x_n + b \cdot x_n) = (a \cdot x_1, \ldots, a \cdot x_n)$$
$$+ (b \cdot x_1, \ldots, b \cdot x_n)$$
$$= a \cdot (x_1, \ldots, x_n) + b \cdot (x_1, \ldots, x_n) = a \cdot x + b \cdot x.$$

Das Nullelement o ergibt sich zu

$$o = 0 \cdot x = 0 \cdot (x_1, x_2, \ldots, x_n) = (0 \cdot x_1, 0 \cdot x_2, \ldots, 0 \cdot x_n) = (0, 0, \ldots, 0).$$

Demzufolge bildet die Menge R^n mit den Definitionen (7.41) und (7.42) einen linearen Raum, den sogenannten *n-dimensionalen, reellen, euklidischen Raum* (siehe auch 7.8.), der bei Interpretation der n-Tupel $(x_1, x_2, \ldots, x_n)$ als Vektoren auch *Vektorraum* genannt wird.

7.8.   Metriken in Mengen (metrischer Raum, Umgebungsbegriff)

Wir betrachten wieder eine Menge X.

D.7.20 Definition 7.20: *Ein* **Abstand** *auf* X *ist dann definiert, wenn jedem Element* (x, y) *aus* $X \times X$ *in eindeutiger Weise eine reelle Zahl d, bezeichnet mit d(x, y), zugeordnet* *ist, die die folgenden Eigenschaften besitzt:*

(1) $d(x, y) \geqq 0$ für alle $(x, y) \in X \times X$, $\qquad$ (7.43)

(2) $d(x, y) = 0 \leftrightarrow x = y$, $\qquad$ (7.44)

(3) $d(x, y) = d(y, x)$ *für alle* $(x, y) \in X \times X$, $\qquad$ (7.45)

(4) *für drei beliebige Elemente* $x, y, z \in X$ gilt:

$d(x, z) \leqq d(x, y) + d(y, z)$ $\qquad$ **Dreiecksungleichung** $\qquad$ (7.46)

Die Größe $d(x, y)$ *heißt dann Abstand auf X.*

Unter einem **metrischen Raum** *versteht man eine Menge X gemeinsam mit einem auf X gegebenen Abstand* $d(x, y)$.

Die metrischen Räume besitzen große Bedeutung in der Funktionalanalysis und stellen eine wichtige Grundlage für Probleme der mathematischen Operationsforschung und der numerischen Mathematik dar. Wir betrachten als Beispiel noch einmal die Menge $X = R^n$, von der wir bereits gezeigt hatten, daß sie einen linearen Raum bildet. Auf R^n führen wir jetzt einen Abstand d folgendermaßen ein: Für beliebige $x = (x_1, x_2, \ldots, x_n)$, $y = (y_1, y_2, \ldots, y_n)$ definieren wir:

$$d(x, y) = \sqrt{\sum_{i=1}^{n} (x_i - y_i)^2}. \qquad (7.47)$$

Bild 7.12. zeigt diesen Abstand im Falle $n = 2$, der mit dem gut bekannten geradlinigen Abstand zweier Punkte der Ebene übereinstimmt. (Aus diesem Grunde heißt (7.47) übrigens auch *Euklidischer Abstand* und *R^n Euklidischer Raum.*)

Eigentlich wäre nachzuprüfen, daß (7.47) tatsächlich die Bedingungen (7.43) bis (7.46) erfüllt. Wir wollen diese einfache Aufgabe jedoch dem Leser überlassen.

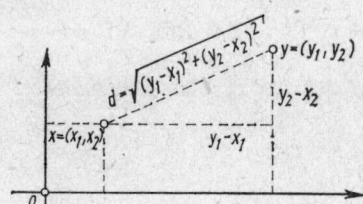

Bild 7.12.
Euklidischer Abstand im R^2

Als Ergebnis erhalten wir: Die Menge R^n ist ein linearer, metrischer Raum. Weitere Beispiele können erst später, beispielsweise in Abschnitt 8., behandelt werden.

Im folgenden wollen wir noch den wichtigen Begriff der Umgebung einführen. Dazu sind einige weitere Definitionen notwendig:

Definition 7.21: *X sei ein metrischer Raum.* $\qquad$ **D.7.21**

1. *Die Menge* $K(a, r) = \{x \mid x \in X \land d(a, x) < r\}$ $\qquad$ (7.48)
   heißt **offene Kugel** *um a mit dem Radius r.*

2. *Die Menge* $K'(a, r) = \{x \mid x \in X \land d(a, x) \leqq r\}$ $\qquad$ (7.49)
   heißt **abgeschlossene Kugel** *um a mit dem Radius r.*

3. *Eine nichtleere Teilmenge A von X heißt* **beschränkte Menge** *in X, wenn gilt: Es existiert eine abgeschlossene Kugel* $K'(a, r)$ *mit endlichem Radius r, so daß* $A \subseteq K'(a, r)$ *gilt.*

Beispiel 7.22: Wir haben gezeigt, daß die Menge R^n ein metrischer Raum ist. Also ist auch $R^1 = \mathbf{R}$, in diesem Falle geht (7.47) über in $d(x, y) = \sqrt{(x - y)^2} = |x - y|$, ein metrischer Raum.

Es sei $a \in \mathbf{R}$. Dann gilt:

$$K(a, r) = \{x \mid x \in \mathbf{R} \wedge d(a, x) < r\} = \{x \mid x \in \mathbf{R} \wedge |a - x| < r\},$$
$$K'(a, r) = \{x \mid x \in \mathbf{R} \wedge d(a, x) \leqq r\} = \{x \mid x \in \mathbf{R} \wedge |a - x| \leqq r\}$$

sind *Intervalle* mit dem Mittelpunkt a und der Länge $2r$. Der Begriff der Kugel fällt also im Falle $R^n = \mathbf{R}$ mit dem des Intervalls zusammen, den wir in Beispiel 7.6 ausführlich erläutert haben.

Beispiel 7.23: In Bild 7.13 haben wir für X die Menge $R^2 = \mathbf{R} \times \mathbf{R}$ gewählt und sowohl eine beschränkte als auch eine nichtbeschränkte Teilmenge gezeichnet.

D.7.22 **Definition 7.22:** *X sei ein metrischer Raum mit dem Abstand d und $A \subseteqq X$. A heißt* **offene Teilmenge** *von X, wenn gilt: Für alle x, $x \in A$, existiert ein r, $r > 0$ so, daß $K(x, r) \subseteqq A$ gilt.*

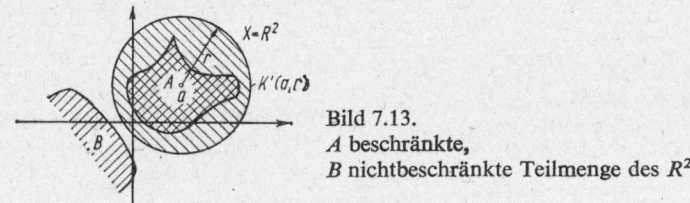

Bild 7.13.
A beschränkte,
B nichtbeschränkte Teilmenge des R^2

Das heißt, mit jedem x, welches zu A gehört, gehört auch eine offene Kugel um x zur Menge A. Es sei z. B. $X = \mathbf{R}$. Dann ist jedes offene Intervall (a, b) eine offene Teilmenge von X.

Mit Hilfe dieser Begriffe sind wir nun in der Lage, eine *Umgebung einer Menge* zu definieren.

D.7.23 **Definition 7.23:**

1. *Eine* **offene Umgebung** *von A ist eine offene Menge O mit $A \subseteqq O$.*

2. *Eine* **Umgebung** *von A ist jede Menge U mit $O \subseteqq U$ (O offene Umgebung von A).*

3. *Ist $A = \{x\}$, so sprechen wir von* **Umgebungen des Punktes** *x anstelle des Begriffes Umgebung der Menge $\{x\}$.*

Beispiel 7.24: Wir betrachten wieder $X = \mathbf{R}$. (a, b) sei ein beliebiges offenes Intervall. Dann gilt: Für ein beliebiges festes ε, $\varepsilon \in \mathbf{R}$, $\varepsilon > 0$, ist jede Menge $(a - \varepsilon, b + \varepsilon)$ $= \{x \mid x \in \mathbf{R} \wedge a - \varepsilon < x < b + \varepsilon\}$ eine offene Umgebung von (a, b).

Da das abgeschlossene Intervall $[a - \varepsilon, b + \varepsilon]$ das offene Intervall $(a - \varepsilon, b + \varepsilon)$ umfaßt, $(a - \varepsilon, b + \varepsilon) \subseteqq [a - \varepsilon, b + \varepsilon]$, ist $[a - \varepsilon, b + \varepsilon]$ eine Umgebung von (a, b).

Das abgeschlossene Intervall $[a, a]$ können wir mit der reellen Zahl a identifizieren. Für jedes positive ε ist deshalb $(a - \varepsilon, a + \varepsilon)$ eine offene Umgebung, $[a - \varepsilon, a + \varepsilon]$ eine Umgebung des Punktes a. Man nennt diese wichtige spezielle Umgebung auch ε-*Umgebung* des Punktes a.

Abschließend erklären wir noch zwei wichtige Begriffe für Teilmengen der Menge $\mathbf{R}$ der reellen Zahlen.

Definition 7.24: D.7.24

a) *Es sei $A \subseteq \mathbf{R}$; $b \in \mathbf{R}$ heißt obere Schranke von A, wenn für alle $x \in A$ die Unglei-chung $x \leq b$ erfüllt ist; $a \in \mathbf{R}$ heißt untere Schranke von A, wenn $a \leq x$ für alle $x \in A$ gilt.*

b) *Die Menge A heißt nach oben (bzw. nach unten) beschränkt, wenn die Menge aller oberen (bzw. unteren) Schranken von A nicht leer ist.*

Diese Betrachtung ist eine Verfeinerung unserer Aussagen im Beispiel 7.20.

Ist nämlich dort $X = \mathbf{R}$ und $A \subseteq X$ eine beschränkte Menge, so ist A nach oben und unten beschränkt. Auch die Umkehrung dieser Behauptung ist richtig. Wir erklären nun das *Supremum* und das *Infimum der Menge A:*

Definition 7.25: D.7.25

a) *$\gamma = \sup A$ ist eine reelle Zahl mit den Eigenschaften:*

    1. *γ ist obere Schranke von A;*

    2. *für jede natürliche Zahl n, $n \geq 1$, existiert ein $x \in A$ so, daß $\gamma - \dfrac{1}{n} < x \leq \gamma$ gilt.*

b) *$\nu = \inf A$ ist eine reelle Zahl mit den Eigenschaften:*

    1. *ν ist untere Schranke von A;*

    2. *für jede natürliche Zahl n, $n \geq 1$, existiert ein $x \in A$ so, daß $\nu \leq x < \nu + \dfrac{1}{n}$ gilt.*

Anschaulich gesprochen: Das Supremum einer Menge $A \subseteq \mathbf{R}$, $\gamma = \sup A$, ist die *kleinste* obere Schranke von A, denn γ selbst ist obere Schranke, aber $\gamma - \dfrac{1}{n}$ ist auch für beliebig großes n keine obere Schranke von A. Entsprechend kann man sich das Infimum einer Menge A, $\nu = \inf A$, anschaulich vorstellen.

Für eine nach oben beschränkte Zahlenmenge $A \subseteq \mathbf{R}$ existiert stets das Supremum, für eine nach unten beschränkte Menge $A \subseteq \mathbf{R}$ stets das Infimum. Supremum bzw. Infimum einer unendlichen Menge $A \subseteq \mathbf{R}$ müssen jedoch nicht zu A gehören.

Ist nämlich z. B. $A = [0, 1)$, so gilt: $\gamma = \sup A = 1$, $\nu = \inf A = 0$ und $\nu = 0 \in A$, aber $\gamma = 1 \notin A$.

Gehören γ bzw. ν aber zu A, so schreiben wir

$$\gamma = \sup A = \max A \quad \text{bzw.} \quad \nu = \inf A = \min A,$$

max A – Maximum der Menge A (größtes Element von A),
min A – Minimum der Menge A (kleinstes Element von A).

In unserem Beispiel gilt $\nu = \inf A = \min A = 0$, während das Maximum von A nicht existiert.

Diese Betrachtungen besitzen besondere Bedeutung im Zusammenhang mit reell-wertigen Funktionen (Abschnitt 9.).

Aufgabe 7.10: *

a) Man zeige, daß das halboffene Intervall $[0, 1)$ keine offene Teilmenge von $R^1 = \mathbf{R}$ ist!

b) Man bilde: $A = [0, 1) \cap [1, 2]$,

    $B = ([-1, +1] \cup (0, 2)) \cap ([1, 2] \cup [3, 10))$.

7.9.   Weitere Anwendungen (Graphen, konvexe Polyeder)

7.9.1.   Graphen

Bei der Planung industrieller Prozesse und bei der Betrachtung von *Netzwerken*, die in den verschiedenen Wissenschaftsgebieten auftreten, findet man vielfältige Beziehungen zwischen Wirtschaftsobjekten, Personengruppen und anderen Größen. Zur Beschreibung solcher Objekte und ihrer Wechselbeziehungen erleichtern graphentheoretische Betrachtungsweisen sowohl die mathematische Modellierung als auch die Lösung der anstehenden Probleme. Man geht dabei so vor, daß man den Objekten Punkte, den Wechselbeziehungen diese Punkte verbindende Kurven zuordnet. Denken wir z. B. an das Bild 7.11, so haben wir damit den *Graphen* des zugrunde liegenden konkreten Systems dargestellt. Im folgenden wollen wir den Begriff des *gerichteten Graphen* definieren, müssen uns aber dann mit einigen ganz wenigen Beispielen, die die Vielfalt graphenartiger Gebilde in keiner Weise widerspiegeln, zufriedengeben. Wir verweisen den interessierten Leser insbesondere auf [3] und Band 21/2.

D.7.26   **Definition 7.26:** *Ein* **gerichteter Graph** D *besteht aus einer* **Knotenmenge** V,

$$V = \{v_1, v_2, \ldots\}, \quad V \neq \emptyset,$$

und einer **Menge** A **gerichteter Kanten,** *die als Teilmenge der Menge* $V \times V$ *dargestellt wird. Wir schreiben*

$$D = (V, A).$$

Ist $a \in A$ *die gerichtete Kante, die als Anfangsknoten* v_i, *als Endknoten* v_j *enthält, so definieren wir*

$$a = (v_i, v_j).$$

Beispiel 7.25 (siehe auch Bild 7.14):

$$V = \{v_1, v_2, v_3, v_4, v_5\}, \qquad A = \{a_1, a_2, a_3, a_4, a_5, a_6, a_7, a_8, a_9\}$$

mit
$$a_1 = (v_5, v_5), \qquad a_4 = (v_1, v_3), \qquad a_7 = (v_1, v_2),$$
$$a_2 = (v_2, v_3), \qquad a_5 = (v_4, v_3), \qquad a_8 = (v_4, v_4),$$
$$a_3 = (v_3, v_2), \qquad a_6 = (v_4, v_5), \qquad a_9 = (v_2, v_1).$$

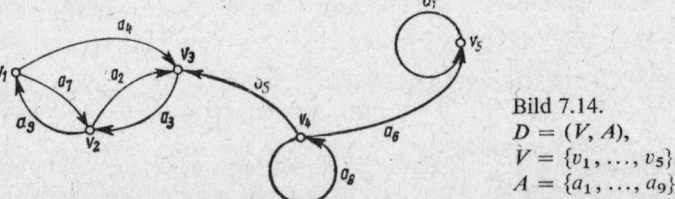

Bild 7.14.
$D = (V, A),$
$V = \{v_1, \ldots, v_5\},$
$A = \{a_1, \ldots, a_9\}$

In Bild 7.11 ist ein weiteres Beispiel für einen gerichteten Graphen dargestellt.

Besondere praktische Bedeutung besitzen die Graphen als Grundlage der Netzplantechnik. Es sei z. B. ein Projektablauf in 6 Vorgänge $v_1, v_2, v_3, v_4, v_5, v_6$ eingeteilt. Jeder Vorgang v_i besitze einen frühesten Anfangstermin t_i' eine Dauer d_i und eine Mindestzeit t_i'', die nach Beendigung des Vorgangs v_i noch bis zur Beendigung des Gesamtprojekts benötigt wird.

Wir wollen voraussetzen: v_1, v_2, v_3 und v_5 werden in dieser Reihenfolge von einer Brigade 1, v_6, v_4 ebenfalls in der angegebenen Reihenfolge von Brigade 2 erledigt, und v_4 möge erst dann begonnen werden, wenn v_3 beendet ist. Indem wir einen Anfangsknoten v_0 (Beginn) und einen Endknoten v_7 (Ende des Projektes) hinzunehmen, können wir den oben verbal formulierten Projektablauf durch den Graphen $D = (V, A)$ aus Bild 7.15 darstellen.

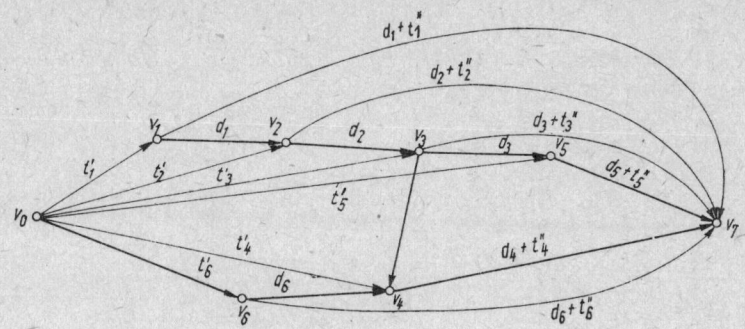

Bild 7.15. Beispiel für einen Netzplan

7.9.2. Konvexe Polyeder

Zum Abschluß sollen als weitere wichtige Anwendungen des Mengenbegriffes spezielle Punktmengen, die Polyedermengen, kurz behandelt werden. Die praktische Bedeutung dieser Mengen liegt darin begründet, daß sie die Mengen zulässiger Lösungen bei Optimierungsproblemen mit linearen Nebenbedingungen (siehe insbesondere Band 14) darstellen und damit Grundlage z. B. der linearen Optimierung sind.

Wir betrachten im folgenden wieder die Menge R^n und darin ein rechtwinkliges, kartesisches Koordinatensystem und definieren die Teilmenge

$$A = \{x = (x_1, x_2, \ldots, x_n) \mid x \in R^n \wedge a_1 x_1 + a_2 x_2 + \ldots + a_n x_n - b \leqq 0\},$$

wobei alle a_i und b reelle Zahlen seien. Bild 7.16 stellt die Menge A im Falle $n = 2$ dar.

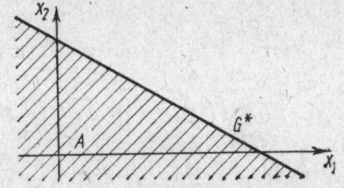

Bild 7.16.
Halbebene und Begrenzungsgerade

Die lineare Ungleichung $a_1 x_1 + a_2 x_2 - b \leqq 0$, $(a_1, a_2) \neq (0, 0)$, definiert als Menge A eine Halbebene, deren Begrenzungsgerade G^*, $G^* \subseteq A$, durch die Gleichung $a_1 x_1 + a_2 x_2 - b = 0$ definiert wird. Als Verallgemeinerung dazu definieren wir:

Definition 7.27: *Die Menge A heißt ein* **abgeschlossener Halbraum** *des R^n. Die Gleichung $a_1 x_1 + a_2 x_2 + \ldots + a_n x_n - b = 0$ kennzeichnet die Begrenzungshyperebene dieses Halbraumes.* **D.7.27**

Im folgenden betrachten wir Mengen A_i

$$A_i = \{x = (x_1, x_2, \ldots, x_n) \mid x \in R^n \wedge a_{i_1} \cdot x_1 + a_{i_2} \cdot x_2 + \ldots + a_{i_n} \cdot x_n - b_i \leqq 0\}, \quad i = 1, 2, \ldots, m.$$

Die zulässigen Bereiche (Mengen zulässiger Lösungen) großer Klassen von Optimierungsproblemen sind definiert als Durchschnitt endlich vieler solcher Mengen A_i. Wir betrachten deshalb

$$B = A_1 \cap A_2 \cap \ldots \cap A_m = \bigcap_{i=1}^{m} A_i$$

$$= \{x \mid x \in R^n \wedge (i \in \{1, 2, \ldots, m\} \wedge (\forall i)(a_{i_1} \cdot x_1 + \ldots + a_{i_n} \cdot x_n - b_i \leqq 0))\}.$$

D.7.28   **Definition 7.28:** *Die Menge B (Durchschnitt endlich vieler Halbräume) heißt eine* **Polyedermenge** *(konvexes Polyeder).*

Beispiel 7.26 (siehe auch Bild 7.17):

$$A_1 = \{(x_1, x_2) \mid (x_1, x_2) \in R^2 \wedge -x_1 \leqq 0\},$$

$$A_2 = \{(x_1, x_2) \mid (x_1, x_2) \in R^2 \wedge -x_2 \leqq 0\},$$

$$A_3 = \{(x_1, x_2) \mid (x_1, x_2) \in R^2 \wedge x_1 + x_2 - 10 \leqq 0\},$$

$$A_4 = \left\{(x_1, x_2) \mid (x_1, x_2) \in R^2 \wedge -\frac{1}{5} \cdot x_1 - x_2 + 1 \leqq 0\right\}.$$

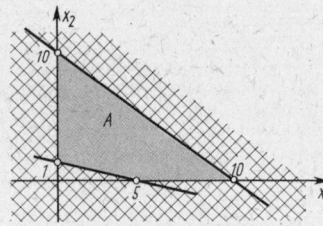

Bild 7.17.
Spezielle Polyedermenge

* *Aufgabe 7.11:* Man stelle die Polyedermenge

$$B = \{(x, y) \mid (-x \leqq 0) \wedge (-y \leqq 0) \wedge (-x - 2y + 6 \leqq 0) \wedge (x \leqq 5)$$

$$\wedge (2x - y \geqq -4) \wedge (x + y \leqq 12)\}$$

graphisch dar!

8. Abbildungen

Die Abbildung gehört zu den Grundbegriffen der Mathematik. Sie wird bei vielen Untersuchungen angewendet. Deshalb werden hierzu im folgenden die wesentlichsten Definitionen und Aussagen entwickelt. Gleichzeitig bilden diese Darlegungen die Grundlage für die beiden folgenden Abschnitte über Funktionen und Zahlenfolgen. Schließlich werden einige Anwendungen aufgezeigt. Diese tragen aber – entsprechend dem Grundlagencharakter des Abschnittes – vorrangig illustrativen und mathematischen Charakter, oder aber sie beziehen sich auf stark vereinfachte Fragestellungen der Praxis.

8.1. Abbildungsbegriff

Die Bezeichnung Abbildung ist der Umgangssprache entlehnt. Damit ist eine Schwierigkeit verbunden, denn in der Umgangssprache wird diese Bezeichnung in anderem Sinne verwendet als in der Mathematik. Umgangssprachlich kann man durchaus solche Bemerkungen wie „Mit diesem Modell ist eine gute Abbildung der Realität gelungen" antreffen, wobei damit sowohl die Tätigkeit des Modellierens als auch ihr Ergebnis gemeint sind. Nicht selten werden auch graphische Darstellungen in Büchern als Abbildungen bezeichnet. An diese Vorstellungen knüpft der mathematische Begriff der Abbildung in gewisser Weise an, obgleich er – wie gesagt – sich von ihnen sehr wohl unterscheidet.

Zum leichteren Verständnis sei als Einführung der allen bekannte und sich seit Jahrhunderten ständig aufs Neue wiederholende Vorgang der Eheschließung betrachtet. Dabei muß selbstverständlich von vielen gesetzmäßigen Zusammenhängen und individuellen Einzelheiten abstrahiert werden, so daß sich Formulierungen ergeben, die teilweise etwas kurios anmuten. Dafür sei im voraus um Verständnis gebeten. Mathematisch läßt sich das Problem z. B. wie folgt beschreiben. In einem Kalenderjahr kann die gesamte Bevölkerung über 18 Jahre zunächst in zwei Mengen eingeteilt werden. Die eine Menge enthält als Elemente alle weiblichen Bewohner und die andere Menge enthält alle männlichen Bewohner, und zwar unabhängig davon, ob sie ledig oder verheiratet sind. Nun kann man eine dritte Mengen bilden, deren Elemente alle die Paare sind, die in dem betrachteten Kalenderjahr die Ehe schließen. Die Menge dieser Paare stellt dann eine Abbildung im mathematischen Sinne dar. So einfach läßt sich dieses Problem beschreiben, wenn man sich auf die Ebene mathematischer Abstraktionen begibt. Es muß natürlich gleichzeitig eingestanden werden, daß in der Realität bei der Bildung solcher Paare ein ganzer Komplex von Gesetzmäßigkeiten und funktionalen Zusammenhängen wirkt, der durch die obige mathematische Beschreibung in keiner Weise erfaßt werden konnte.

Im folgenden Beispiel ist ein vereinfachtes Problem der Praxis dargestellt. Es ist für die Anwendung schon interessanter.

Beispiel 8.1: Gegeben sei ein festes Zeitintervall $[t_0, t_1]$ und eine Anzahl von gleichen Maschinen, mit denen ein bestimmtes Erzeugnis, z. B. Strümpfe, hergestellt werden kann. Dann hängt die Anzahl E der in $[t_0, t_1]$ produzierten Einheiten des Erzeugnisses ab von der Zahl k der eingesetzten Maschinen. Können mit einer Maschine E_1 Einheiten des Erzeugnisses hergestellt werden, so können mit k Maschinen $E_1 k$ Einheiten produziert werden. Damit ergibt sich die Formel

$$E = f(k) \quad \text{mit} \quad f(k) = E_1 k.$$

Vom Standpunkt der Abbildung kann man diesen Sachverhalt etwa so beschreiben: Jede Zahl k der eingesetzten Maschinen wird auf eine Zahl E der mit ihnen produzierten Einheiten des Erzeugnisses abgebildet. Im Ergebnis erhält man eine Menge von Paaren (k, E), die ebenfalls Beispiel einer Abbildung ist.

Das Charakteristische dieses sowie des Beispiels über die Eheschließung besteht darin, daß den Elementen einer Menge Elemente einer anderen Menge zugeordnet werden, wobei eine Menge von Paaren entsteht. Damit ist Wesentliches des mathematischen Begriffs der Abbildung bereits gesagt.

D.8.1 **Definition 8.1:** *M und N seien zwei Mengen. Dann heißt jede Teilmenge $A \subseteq M \times N$ eine* **Abbildung aus der Menge M in die Menge N.**

Entsprechend dieser Definition enthält eine Abbildung A aus der Menge M in die Menge N als Elemente nur geordnete Paare (x, y) mit $x \in M$ und $y \in N$.

* *Aufgabe 8.1:* Die bestehenden vertraglichen Beziehungen zwischen allen Gießereibetrieben und allen Verbrauchern von Gießereierzeugnissen der DDR sind zu einer Abbildung zu modellieren.

Beispiel 8.2: Zahlreiche Probleme der Praxis führen bei ihrer mathematischen Modellierung auf Ungleichungen der Art $\sum\limits_{i=1}^{n} c_i x_i \leqq b$ (vgl. Bd. 14). In diesem Zusammenhang betrachten wir die Aufgabe: Man ermittle alle die ganzen, nichtnegativen Zahlen x_1 und x_2, die der Ungleichung

$$8x_1 + 12x_2 \leqq 96 \tag{8.1}$$

genügen. Wird die Menge der ganzen, nichtnegativen Zahlen mit $\mathbf{N}$ bezeichnet, so ist mit dieser Aufgabe eine Abbildung $A \subseteq \mathbf{N} \times \mathbf{N}$ gegeben, die aus allen denjenigen geordneten Paaren (x_1, x_2) mit $x_1, x_2 \in \mathbf{N}$ besteht, die der Ungleichung (8.1) genügen. Diese Abbildung A kann man graphisch z. B. so wie in Bild 8.1 darstellen.

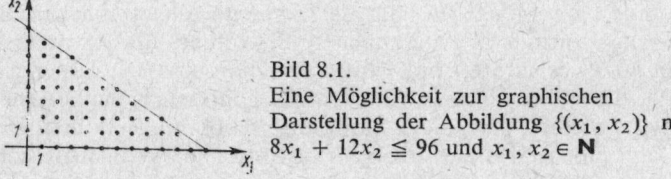

Bild 8.1.
Eine Möglichkeit zur graphischen Darstellung der Abbildung $\{(x_1, x_2)\}$ mit $8x_1 + 12x_2 \leqq 96$ und $x_1, x_2 \in \mathbf{N}$

Hierbei wird A repräsentiert durch die Menge aller markierten Punkte, wobei jeder Punkt ein geordnetes Paar $(x_1, x_2) \in A$ darstellt (vgl. Bilder 7.9, 7.17).

* *Aufgabe 8.2:* Für welche der Wertepaare (x_1, x_2):

$$(3, 9), (4, 9), (8, 6), (9, 4), (16, 0), (6, 8)$$

ist die Ungleichung $5x_1 + 8x_2 \leqq 88$ erfüllt?

* *Aufgabe 8.3:* Wie in Beispiel 8.2 sei durch die Ungleichung $5x_1 + 8x_2 \leqq 88$ eine Abbildung $A \subseteq \mathbf{N} \times \mathbf{N}$ definiert. Man gebe alle Wertepaare $(5, x_2)$ und $(x_1, 6)$ an, die Elemente dieser Abbildung sind.

* *Aufgabe 8.4:* Man stelle alle in Aufgabe 8.2 genannten und in Aufgabe 8.3 als Lösung erhaltenen Wertepaare einschließlich der Geraden $5x_1 + 8x_2 = 88$ graphisch dar (vgl. Bild 8.1).

Beispiel 8.3: Gegeben seien die beiden Mengen $M = \{1, 2, 3\}$ und $N = \{a, b, c\}$. Dabei ergibt sich die Produktmenge $M \times N$ zu

$$M \times N = \{(1, a), (1, b), (1, c), (2, a), (2, b), (2, c), (3, a), (3, b), (3, c)\}.$$

Dann sind z. B. die Teilmengen

$$A_1 = \{(1, a), (1, b), (2, a), (2, c)\} \quad \text{und}$$

$$A_2 = \{(1, a), (2, a), (3, a)\}$$

Abbildungen aus M in N. Diese Abbildungen kann man graphisch z. B. so wie in Bild 8.2 darstellen. Hierbei wird jedes Element von A_1 repräsentiert durch die Gesamtheit von jeweils zwei entsprechenden Punkten und dem sie verbindenden Pfeil.

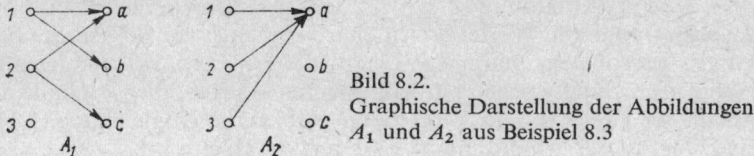

Bild 8.2.
Graphische Darstellung der Abbildungen
A_1 und A_2 aus Beispiel 8.3

Aufgabe 8.5: Gegeben sei die Abbildung

$$A = \{(7, 3), (1, 4), (0, 6), (4, 6), (5, 7)\}$$

aus M in N. Welche Elemente muß dann die Menge M und welche die Menge N auf jeden Fall enthalten?

Aufgabe 8.6: Nehmen Sie an, die Mengen M und N bestehen nur aus den von Ihnen für die Aufgabe 8.5 gefundenen Elementen. Stellen Sie dann die Abbildung A der Aufgabe 8.5 auf beide Arten graphisch dar (vgl. Bild 8.1 und 8.2).

Aus den obigen Beispielen kann man schlußfolgern, daß bei einer Abbildung A aus M in N durchaus nicht zu jedem Element $x \in M$ ein Element $y \in N$ gehören muß (siehe Abbildung A_1 in Beispiel 8.3). Umgekehrt muß auch nicht jedes $y \in N$ zu einem $x \in M$ gehören; schließlich können zu einem $x \in M$ auch mehrere $y \in N$ gehören (siehe Abbildung A_1 in Beispiel 8.3). In diesem Zusammenhang führt man noch folgende ergänzende Begriffe ein:

Definition 8.2: *Ist A eine Abbildung aus M in N, so nennen wir die Menge aller $x \in M$,* **D.8.2**
für die ein $y \in N$ derart existiert, daß $(x, y) \in A$ ist, den **Definitionsbereich** *von A; er wird mit D_A bezeichnet. Die Menge aller $y \in N$, für die ein $x \in M$ derart existiert, daß $(x, y) \in A$ ist, wird* **Wertebereich** *von A genannt und mit W_A bezeichnet. Ist weiterhin $(x, y) \in A$, so wird x ein* **Original** *oder* **Urbild** *von y und y ein* **Bild** *von x bei der Abbildung A genannt. Man sagt auch, daß x durch A auf y* **abgebildet** *wird.*

Diese neuen Begriffe können am Beispiel 8.1 der Maschinen und der mit ihnen produzierten Einheiten eines Erzeugnisses wie folgt interpretiert werden. Es sei M die Menge der natürlichen Zahlen von 1 bis m:

$$M = \{1, 2, \ldots, k, \ldots, m\},$$

wobei m die maximale Anzahl der einsetzbaren Maschinen angibt und jede einzelne Zahl k die unter gegebenen Umständen konkret eingesetzte Anzahl von Maschinen repräsentiert. **N** sei die Menge aller natürlichen Zahlen. Dann ist mit

$$A = \{(1, E_1), (2, 2E_1), \ldots, (k, kE_1), \ldots, (m, mE_1)\}$$

eine Abbildung aus M in $\mathbf{N}$ gegeben, die den Sachverhalt modelliert, daß mit jeder einzelnen Maschine E_1 Einheiten des Erzeugnisses im Intervall $[t_0, t_1]$ hergestellt werden können. Diese Abbildung besteht aus Paaren natürlicher Zahlen (k, kE_1), $k = 1, 2, \ldots, m$, wobei k Urbild oder Original und kE_1 Bild ist. Der Definitionsbereich dieser Abbildung ist gleich der Menge M, während der Wertebereich gleich derjenigen Teilmenge der natürlichen Zahlen ist, die die Zahlen kE_1, $k = 1, 2, \ldots, m$, enthält.

Beispiel 8.4: Es sei M die Menge aller geordneten Paare $P = (x_1, x_2)$ der Abbildung aus Beispiel 8.2. Dann ist durch

$$z = 6x_1 + 5x_2 \qquad (8.2)$$

mit $(x_1, x_2) \in M$ eine Abbildung $A \subseteq M \times R^1$ gegeben, deren Definitionsbereich durch M gegeben und deren Wertebereich eine Teilmenge von R^1 ist. Sie besteht aus allen denjenigen geordneten Paaren (P, z), für die $P = (x_1, x_2) \in M$ ist und z nach der Formel (8.2) berechnet worden ist. Mit anderen Worten, die Originale dieser Abbildung sind alle die Paare $P = (x_1, x_2)$, deren Zahlen die Ungleichung (8.1) erfüllen, während die Bilder dieser Abbildung gewisse reelle Zahlen sind.

* *Aufgabe 8.7:* Jeder der folgenden Sachverhalte soll zu einer Abbildung modelliert werden. Dabei sind auch Definitionsbereich, Wertebereich, Originale und Bilder näher zu beschreiben.

a) Von einer Ware stehen Q Mengeneinheiten zum Verkauf bereit. Beim Verkauf einer Mengeneinheit der Ware wird ein Erlös von p Geldeinheiten erzielt. Der Erlös wird in Abhängigkeit von der Anzahl q der verkauften Mengeneinheiten ermittelt $(q = 1, 2, \ldots, Q)$.

b) In einem geschlossenen Behälter mit konstantem Volumen befindet sich ein Gas, das Temperaturschwankungen im Bereich von T_1 bis T_2 unterworfen wird. Der Druck des Gases wird in Abhängigkeit von der Temperatur gemessen.

* *Aufgabe 8.8:* Man gebe Definitionsbereich, Wertebereich, Originale und Bilder der Abbildungen A_1 und A_2 aus Beispiel 8.3 an.

Bei der Lösung der Aufgabe 8.7 war es sicher etwas schwierig, alle Elemente der Abbildungen in möglichst kompakter Weise anzugeben. Das ist eine Schwierigkeit, die allgemein für Mengen und damit auch für Abbildungen gilt. Es ist manchmal gar nicht möglich und häufig sehr umständlich, alle Elemente einer Abbildung aufzuschreiben. Das gleiche Problem ist uns schon bei Mengen begegnet und wurde dort mit Hilfe von Aussageformen gelöst. Da Abbildungen nichts anderes als gewisse Mengen sind, verwenden wir hier die Ergebnisse von Abschnitt 7.1. Dabei ergibt sich, daß eine Abbildung $A \subseteq M \times N$ aus allen denjenigen geordneten Paaren (x, y) mit $x \in M$ und $y \in N$ gebildet wird, für die eine Aussageform $p_A(x, y)$ zu einer wahren Aussage wird. Dabei ist $p_A(x, y)$ eine Aussageform, die die Abbildung A charakterisiert. Dieser Sachverhalt wird von uns im weiteren kurz so geschrieben:

$$A = \{(x, y) \mid x \in M \land y \in N \land p_A(x, y)\}. \qquad (8.3)$$

Unter Aussageformen sollen ganz allgemein im weiteren Formulierungen verstanden werden (vgl. Abschnitt 3.2. sowie auch die Formeln (7.1), (7.2)), die sowohl in verbaler als auch mathematischer Form gegeben sein können. Als Beispiel einer verbal formulierten Aussageform $p_A(G, V)$ sei genannt: „Zwischen der Gießerei G und dem Verbraucher V gibt es vertragliche Beziehungen" (vgl. Aufgabe 8.1).

Da die mathematische Formulierung von Aussageformen häufig selbst sehr kurz ist, so kann man sie auch in der Schreibweise (8.3) direkt für $p_A(x, y)$ angeben. Ist z. B. durch „$E = kE_1$" eine Aussageform $p(k, E)$ gegeben (vgl. Beispiel 8.1), so kann anstelle von

$$A = \{(k, E) \mid k \in M \wedge E \in N \wedge p(k, E)\} \tag{8.4}$$

auch geschrieben werden

$$A = \{(k, E) \mid k \in M \wedge E \in N \wedge E = kE_1\}. \tag{8.5}$$

Aufgabe 8.9: Die Abbildung der Aufgabe 8.7, Teil b) soll in der Form (8.3) und in *
einer zu (8.5) äquivalenten Form geschrieben werden. Man verwende dabei die Lösung für diesen Teil der Aufgabe 8.7.

Aufgabe 8.10: Die in der Lösung der Aufgabe 8.1 konstruierte Abbildung A soll in *
der Form (8.3) geschrieben werden.

Aufgabe 8.11: Bekanntlich besagt eines der Newtonschen Bewegungsgesetze, daß *
die Kraft eines sich geradlinig bewegenden Körpers gleich dessen Masse multipliziert mit seiner Beschleunigung ist. Man modelliere diesen Sachverhalt für einen Körper mit konstanter Masse zu einer Abbildung und schreibe sie in Form von (8.5).

Aufgabe 8.12: a) Man gebe alle Elemente der Abbildung   *

$$A = \{(x, y) \mid x \in M \wedge y \in \mathbf{G} \wedge y = x^2\}$$

mit $M = \{-2, -1, 0, 1, 2, 3\}$ an.

b) Man stelle die Abbildung

$$A = \{(x, y) \mid x \in R^1 \wedge y \in R^1 \wedge x + y \leqq 4\}$$

graphisch in einer x,y-Ebene dar.

Durch die Definition 8.1 ist ein neues mathematisches Objekt eingeführt worden. Mit den anschließenden Beispielen wurde gezeigt, daß solche Objekte tatsächlich existieren und daß sie Beziehungen zu Problemen der Realität haben.

Wenden wir uns nun der konkreten Untersuchung des neuen Objektes „Abbildung" zu. Dabei sei zunächst daran erinnert, daß gute Fragen eine solide Grundlage für jegliche Erkenntnis bilden. Als erstes bietet sich die Frage an, wann denn zwei Abbildungen gleich sind. Darauf kann sofort eine Antwort gegeben werden. Abbildungen sind ja Mengen, und daher sind zwei Abbildungen gleich, wenn sie dieselben Elemente enthalten. Diese Aussage möge vorerst genügen. Später wird sie durch eine äquivalente, aber besser anwendbare ersetzt.

Als nächstes fragen wir nun nach besonders einfachen Abbildungen. Hierauf gibt der folgende Abschnitt eine erste Antwort.

8.2. Lineare Abbildungen

Unter den Beziehungen zwischen Größen der Realität zeichnet sich eine Klasse durch besondere Einfachheit aus. Ihr charakteristisches Merkmal ist die sogenannte Linearität. Hierzu gehören z. B. die Beziehung zwischen Erlös und Anzahl der verkauften Mengeneinheiten einer Ware (siehe Aufgabe 8.7) oder die zwischen der Kraft und der Beschleunigung eines Körpers (siehe Aufgabe 8.11). Nehmen wir einmal an, daß die Anzahl der zum Verkauf bereitgestellten Mengeneinheiten der

Ware unbeschränkt ist. Wurden dann m_1 bzw. m_2 Mengeneinheiten der Ware verkauft und wurde dabei ein Erlös von $E_1 = pm_1$ bzw. $E_2 = pm_2$ Geldeinheiten erzielt, so ist der Erlös E für den Verkauf von $a_1m_1 + a_2m_2$ Mengeneinheiten gleich $a_1E_1 + a_2E_2$ (a_1, a_2 seien natürliche Zahlen). Mit anderen Worten, der Linearkombination (vgl. Abschnitt 7.7.) der verkauften Mengeneinheiten entspricht die gleiche Linearkombination der Erlöse. Damit ist zugleich das Wesen der Linearität von Abbildungen herausgearbeitet. Es kann wie folgt charakterisiert werden: das Bild einer beliebigen Linearkombination von Originalen der Abbildung ist gleich der entsprechenden Linearkombination der Bilder dieser Originale (siehe hierzu insbesondere (8.8)). Allgemein werden wir im weiteren unter linearen Abbildungen folgendes verstehen:

D.8.3 **Definition 8.3:** *Eine Abbildung A aus einer Menge M in eine Menge N mit dem Definitionsbereich* D_A *heißt* **linear**, *wenn*

1. D_A *ein linearer Raum ist und*

2. *mit* (x_1, y_1), $(x_2, y_2) \in A$ *für beliebige reelle Zahlen* a_1, a_2 *auch*

$$(a_1x_1 + a_2x_2, a_1y_1 + a_2y_2) \in A \tag{8.6}$$

gilt.

Als Erläuterung zu dieser Definition sei folgendes erwähnt. Jede beliebige Abbildung A aus M in N ist eine Teilmenge geordneter Paare (x, y) mit $x \in M$ und $y \in N$. Die Tatsache, daß dabei y Bild des Originals x ist, wird auch durch die Schreibweise

$$Ax = y \quad \text{oder} \quad A(x) = y \tag{8.7}$$

zum Ausdruck gebracht. Unter Verwendung dieser Schreibweise kann man die Forderung (8.6) nun so formulieren:

$$A(a_1x_1 + a_2x_2) = a_1A(x_1) + a_2A(x_2). \tag{8.8}$$

Das ist auch die Form, die bei praktischen Überprüfungen der Linearität gegebener Abbildungen häufig benutzt wird.

Schon hier sei darauf hingewiesen, daß im folgenden noch eine Reihe linearer Abbildungen auftreten werden. Dazu gehören u. a. die Abbildungen, die den differenzierbaren Funktionen deren Ableitungen, den integrierbaren Funktionen deren Integrale und den Vektoren eines linearen Raumes bei der Multiplikation mit Matrizen wiederum Vektoren des gleichen oder eines anderen Raumes zuordnen.

Aufgabe 8.13: Man untersuche, welche der folgenden Abbildungen linear ist:

$$A_1 = \{(x, y) \mid x \in R^1 \land y \in R^1 \land y = 3x + 4\};$$
$$A_2 = \{(x, y) \mid x \in R^1 \land y \in R^1 \land y = 2x\};$$
$$A_3 = \{(x, y) \mid x \in [-3,4] \land y \in R^1 \land y = 2x\}.$$

Abschließend sei noch erwähnt, daß der Begriff der Linearität für gewisse Spezialklassen von Abbildungen wie Operatoren und Funktionale (vgl. Abschnitt 8.4.) in der Literatur nicht einheitlich verwendet wird. Einige Autoren fassen die Linearität von Operatoren enger auf und fordern zusätzlich zu den von uns genannten Bedingungen noch die Stetigkeit bzw. Beschränktheit des Operators (vgl. [13]).

8.3.   Umkehrabbildung

In der Praxis ergibt sich bei der Untersuchung der Beziehungen zwischen zwei Größen oft folgendes Problem. Unter einem Gesichtspunkt ist die eine der Größen das Original und die andere deren Bild, während es unter einem anderen Gesichtspunkt gerade umgekehrt sein kann. So sind z. B. für die Abbildung in Aufgabe 8.7 die Werte der Temperatur die Originale und die zugehörigen Meßwerte des Drucks die Bilder. Man kann jedoch das Gas auch Veränderungen des Drucks unterwerfen und die Temperatur des Gases in Abhängigkeit vom Druck messen. Für eine Abbildung dieses Sachverhalts sind dann die Werte des Drucks die Originale und die zugehörigen Meßwerte der Temperatur die Bilder.

In der Mathematik reduziert sich die Vielfalt solcher konkreten Probleme auf die Frage, was sich ergibt, wenn man die Rolle von Original und Bild bei einer Abbildung A umkehrt. Offensichtlich entsteht dabei wieder eine Abbildung; sie wird auf Grund ihrer Konstruktion die Umkehrabbildung von A genannt.

Definition 8.4: *Es sei A eine Abbildung aus M in N. Dann heißt die Menge $\{(y, x)\,|$* **D.8.4** *$y \in N \wedge x \in M \wedge (x, y) \in A\}$ die* **Umkehrabbildung** *oder* **inverse Abbildung** *von A. Sie wird mit A^{-1} bezeichnet:*

$$A^{-1} = \{(y, x) \mid y \in N \wedge x \in M \wedge (x, y) \in A\}. \tag{8.9}$$

Aus dieser Definition ist ersichtlich, daß $A^{-1} \subseteq N \times M$ und somit eine Abbildung aus N in M ist, wenn $A \subseteq M \times N$ gilt. Als Ergänzung hierzu sei bemerkt, daß die Bildung der Produktmengen i. allg. nicht kommutativ ist und daher i. allg. $M \times N \neq N \times M$ folgt.

Die Definition gibt gleichzeitig an, wie man in einfacher Weise für eine Abbildung A deren inverse A^{-1} erhält. Dazu ist nur in allen geordneten Paaren (x, y), die zu A gehören, die Reihenfolge der Elemente umzukehren. Dabei vertauschen gleichzeitig Definitions- und Wertebereiche ihre Rollen:

$$D_{A^{-1}} = W_A, \qquad W_{A^{-1}} = D_A.$$

Beispiel 8.5: Es seien A_1 und A_2 die Abbildungen von Beispiel 8.3; dann sind die Umkehrabbildungen gegeben durch

$$A_1^{-1} = \{(a, 1), (b, 1), (a, 2), (c, 2)\},$$
$$A_2^{-1} = \{(a, 1), (a, 2), (a, 3)\}.$$

Dabei gilt

$$D_{A_1^{-1}} = W_{A_1} = \{a, b, c\}, \qquad W_{A_1^{-1}} = D_{A_1} = \{1, 2\},$$
$$D_{A_2^{-1}} = W_{A_2} = \{a\}, \qquad W_{A_2^{-1}} = D_{A_2} = \{1, 2, 3\}.$$

Aufgabe 8.14: Man gebe für die Abbildung A vom Teil a) der Aufgabe 8.12 die inverse $\ast$ A^{-1} einschließlich D_A^{-1} und W_A^{-1} an.

8.4. Einige spezielle Abbildungen

Nachdem bereits in Abschnitt 8.2. eine Klasse einfacher Abbildungen näher betrachtet worden ist, setzen wir diese Untersuchungen jetzt fort und interessieren uns für weitere Klassen von Abbildungen, die durch besonders charakteristische Merkmale ausgezeichnet sind.

So ein charakteristisches Merkmal besteht z. B. darin, daß zu jedem Original genau ein Bild gehört. Für Abbildungen praktischer Probleme ist das häufig der Fall (vgl. u. a. Beispiel 8.1, Aufgaben 8.7 und 8.11), muß jedoch durchaus nicht immer erfüllt sein. So wird es für die Abbildung von Beispiel 8.2 im allgemeinen zu einzelnen Originalen durchaus mehrere Bilder geben. Daher sondert man unter allen Abbildungen durch die folgenden Definitionen eine Teilklasse aus.

D.8.5 Definition 8.5: *Eine Abbildung* $A \subseteq M \times N$ *wird* **eindeutig** *genannt, wenn aus* $(x, y_1) \in A$ *und* $(x, y_2) \in A$ *immer* $y_1 = y_2$ *folgt.*

D.8.6 Definition 8.6: *Jede eindeutige Abbildung wird* **Funktion** *genannt.*

Hiernach ist durchaus nicht jede Abbildung eine Funktion, so daß die Menge aller Funktionen echt in der Menge aller Abbildungen enthalten ist. Eine Funktion zeichnet sich unter den Abbildungen also vor allem dadurch aus, daß zu jedem ihrer Originale jeweils nur ein einziges Bild gehört.

Beispiel 8.6: Es sei M die Menge aller n-Tupel reeller Zahlen $(x_1, x_2, \ldots, x_n) = \dot{x}$; zu jedem dieser n-Tupel kann man durch die Formel

$$\|x\| = \sum_{i=1}^{n} |x_i| \tag{8.10}$$

eine reelle Zahl $\|x\|$ definieren. Wir erwähnen, daß diese Zahl auch l_1-Norm von x genannt wird (vgl. Bd. 22). Offensichtlich ist die Zahl $\|x\|$ durch (8.10) eindeutig bestimmt. Daher ist durch die Menge aller Paare $(x, \|x\|) \in M \times R^1$ eine eindeutige Abbildung A, d. h. eine Funktion aus M in R^1 definiert. Die Umkehrabbildung

$$A^{-1} = \{(z, x) \mid z \in R^1 \wedge x \in M \wedge (x, z) \in A\}$$
$$= \{(z, x) \mid z \in R^1 \wedge x \in M \wedge z = \|x\|\}$$

ist jedoch nicht mehr eindeutig, denn man überzeugt sich leicht, daß z. B. zu jedem fixierten $z \in R^1$, $z > 0$, die Bilder $x^1 = (z, 0, \ldots, 0)$, $x^2 = (0, z, 0, \ldots, 0)$, $x^3 = \left(\dfrac{z}{n}, \dfrac{z}{n}, \ldots, \dfrac{z}{n}\right)$ gehören. Daher ist A^{-1} zwar eine Abbildung, jedoch keine Funktion.

Beispiel 8.7: Wird jeder natürlichen Zahl $i \in \mathbf{N}^+ = \{1, 2, \ldots\}$ durch eine gewisse Aussageform $p(i, a)$, z. B. in Form einer Formel wie $a = (1 + i)^{-1}$, eine eindeutig bestimmte Zahl zugeordnet, so ist dadurch eine Funktion

$$A = \{(i, a) \mid i \in \mathbf{N}^+ \wedge a \in R^1 \wedge p(i, a)\}$$

oder – wie für die konkret genannte Formel –

$$A = \{(i, a) \mid i \in \mathbf{N}^+ \wedge a \in R^1 \wedge a = (1 + i)^{-1}\}$$

erklärt. Derartige spezielle Funktionen nennt man auch (unendliche) **Zahlenfolgen**. In Abschnitt 10. wird dieser Begriff präzisiert und ausführlich untersucht.

Es sei noch bemerkt, daß der durch Definition 8.6 geprägte Begriff der Funktion durchaus umfassender ist als derjenige, der bei der Modellierung quantitativer Zusammenhänge verwendet wird. Hierzu diene die folgende Aufgabe als Erläuterung.

* *Aufgabe 8.15:* Es sei M die Menge aller Maschinen in einer Betriebshalle und N die Menge aller Arbeiter, die diese Maschinen bedienen. Dabei mögen einzelne Arbeiter auch mehrere Maschinen bedienen, jedoch soll jede einzelne Maschine immer nur vom gleichen Arbeiter bedient werden (man denke an die Mehr-Maschinen-Bedienung bei Webeautomaten). Bildet man nun aus jeder Maschine m und dem Arbeiter a, der sie bedient, Paare (m, a), dann ist damit eine Abbildung $A \subseteq M \times N$ gegeben. Man untersuche, ob diese Abbildung eine Funktion ist.

Der Begriff der Funktion kann seinerseits noch weiter spezifiziert werden. Dazu werden zunächst an Definitions- und Wertebereiche der Funktion weitere Forderungen gestellt.

Definition 8.7: *Sind M und N metrische Räume* (vgl. Abschnitt 7.8., s. auch Bd. 22), **D.8.7** *so wird jede Funktion A $\subseteq$ M $\times$ N ein* **Operator** *genannt.*

Definition 8.8: *Ist M ein metrischer Raum, so wird jede Funktion A $\subseteq$ M $\times$ R^1 ein* **D.8.8** **Funktional** *genannt.*

Funktionale zeichnen sich also unter den Operatoren dadurch aus, daß ihr Wertebereich nicht in irgendeinem metrischen Raum, sondern in dem Raum der reellen Zahlen liegt. Mit anderen Worten, bei einem Funktional ist das Bild immer eine reelle Zahl.

Beispiel 8.8: Es sei M die Menge aller n-Tupel reeller Zahlen mit der Metrik

$$d(a, b) = \sqrt{\sum_{i=1}^{n} (a_i - b_i)^2},\qquad (8.11)$$

wobei $a = (a_1, a_2, ..., a_n)$ und $b = (b_1, b_2, ..., b_n)$ beliebige Elemente von M bezeichnen. Dann ist M ein metrischer Raum, den wir mit R^n bezeichnen, und die in Beispiel 8.6 eingeführte Abbildung A ist ein Funktional aus R^n in R^1.

Abschließend weisen wir auf eine weitere Spezifizierung des Funktionsbegriffes hin, die vorrangig mit einer zusätzlichen Forderung an seine Aussageform zusammenhängt. Eine Abbildung kann nämlich nicht nur selbst eindeutig sein, d. h. eine Funktion darstellen, sondern auch eine eindeutige Umkehrabbildung besitzen. Dieses neue charakteristische Merkmal ist Anlaß zu folgender Begriffsbildung.

Definition 8.9: *Eine Abbildung A heißt* **eineindeutig** *(oder auch* **umkehrbar eindeutig***),* **D.8.9** *wenn sowohl A als auch ihre Umkehrabbildung A^{-1} eindeutig sind.*

Es könnte der berechtigte Einwand erhoben werden, warum von eineindeutiger Abbildung und nicht einfach von eineindeutiger Funktion gesprochen wird. Es gibt nämlich keine eineindeutige Abbildung, die nicht gleichzeitig Funktion im Sinne von Definition 8.6 ist. Wenn hier dennoch von eineindeutigen Abbildungen die Rede ist, so wird damit der traditionellen Bezeichnungsweise Rechnung getragen. Es sei jedoch auch erwähnt, daß der Begriff der eineindeutigen Abbildung widerspruchslos ist und daher formal durchaus seine Berechtigung hat.

Aufgabe 8.16: Mit M_F, M_O, M_f bzw. M_A seien in dieser Reihenfolge entsprechend ＊ die Menge aller Funktionale, aller Operatoren, aller Funktionen bzw. aller Abbildungen bezeichnet. Man vergleiche diese Mengen miteinander und gebe – soweit vorhanden – Enthaltenseinsrelationen zwischen diesen Mengen an.

Aufgabe 8.17: Gegeben seien die folgenden Abbildungen ＊

1) $A_1 = \{(P, z) \mid P = (x_1, x_2) \in R^2 \land z \in R^1 \land z = x_1^2 + x_2^2\}$,

2) $A_2 = \{(x, y) \mid x \in R^n \land y \in R^m \land y = (x_1, x_2, ..., x_m), m < n\}$.

3) Für eine beliebige fixierte reelle Zahl $a \neq 0$ sei

   $A_3 = \{(x, y) \mid x \in R^n \land y \in R^n \land y = (ax_1, ax_2, ..., ax_n)\}$.

4) Zur Produktion der Erzeugnisse $E_1, E_2, ..., E_m$ werden insgesamt n verschiedene Rohstoffe $R_1, R_2, ..., R_n$ benötigt, wobei $n > m$ sei. Mit den Bezeichnungen $M = \{E_1, E_2, ..., E_m\}$, $N = \{R_1, R_2, ..., R_n\}$ und der Aussageform $p(E_i, R_j)$, die

den Sachverhalt „Zur Produktion des Erzeugnisses E_i ist der Rohstoff R_j erforderlich" beinhaltet, sei

$$A_4 = \{(E_i, R_j) \mid E_i \in M \land R_j \in N \land p(E_i, R_j)\}.$$

Man prüfe, welche dieser Abbildungen eineindeutig, welche nur eindeutig oder welche keines von beiden ist, und gebe an, ob es sich bei ihnen im einzelnen um eine Funktion, einen Operator, ein Funktional oder nur eine Abbildung handelt.

Abschließend geben wir noch eine Abbildung an, die auch in anderen Zusammenhängen von Bedeutung ist (vgl. Bd. 13). Gemeint ist die Permutation, unter der man i. allg. eine geordnete Auswahl von Elementen aus einer Menge versteht (vgl. Abschnitt 6.2.1.). Wir spezifizieren den Begriff in folgender Weise. Es sei $\mathbf{N}^n$ das n-fache kartesische Produkt der Menge $\mathbf{N}$ mit sich selbst. Ordnet man nun dem speziellen Element $T_0 = (1, 2, \ldots, n) \in \mathbf{N}^n$ alle möglichen anderen Elemente $T \in \mathbf{N}^n$ zu, so bildet die Menge der dabei entstehenden geordneten Paare $(T_0; T)$ eine Teilmenge von $\mathbf{N}^n \times \mathbf{N}^n$ und ist als solche eine Abbildung von $\mathbf{N}^n$ auf $\mathbf{N}^n$. Jedes ihrer Elemente stellt eine Permutation gewisser n natürlicher Zahlen $k(i)$, $i = 1, 2, \ldots, n$, dar. Ähnlich wie bei Zahlenfolgen (vgl. (10.1)) verwendet man dabei statt des platzaufwendigen Symbols $(T_0; T) = (1, 2, \ldots, n; k(1), k(2), \ldots, k(n))$ das kürzere Symbol $(k_1, k_2, \ldots, k_n)$.

9. Funktionen reeller Variabler

Funktionen reeller Variabler haben sich einerseits bei der Lösung zahlreicher Probleme der Naturwissenschaften, Technik und Ökonomie bewährt und sind andererseits für viele mathematische Untersuchungen von grundlegender Bedeutung. Deshalb werden im folgenden Funktionsbegriffe eingeführt sowie theoretische Grundkenntnisse über Funktionen vermittelt und deren einfachste Eigenschaften entwickelt.

9.1. Begriff der Funktion und Arten ihrer Vorgabe

In der Realität kann vielfach der Sachverhalt beobachtet werden, daß eine Größe ihren Zahlenwert in Abhängigkeit von den jeweiligen Werten gewisser anderer Größen verändert. So ist aus der Geometrie bekannt, daß sich der Flächeninhalt eines Kreises mit dessen Radius und der Flächeninhalt eines Rechtecks sich mit dessen Seitenlängen verändert; in der Physik ist u. a. ein Gesetz über den Zusammenhang zwischen Volumen (V), Druck (p) und Temperatur (T) bekannt, das jeweils eine dieser drei Größen durch die beiden anderen ausdrückt $\left(\text{z. B. } V = a\dfrac{T}{p}, \right.$ a – Proportionalitäts- und Dimensionsfaktor$\Big)$; aus der Wirtschaft ist bekannt, daß sich der beim Verkauf einer Ware erzielte Erlös mit der Anzahl der verkauften Mengeneinheiten ändert; in der politischen Ökonomie wird die Profitrate dargestellt als Quotient von Mehrwert durch Summe von variablem und konstantem Kapital und ändert sich daher mit den letztgenannten Größen.

Die Vielfalt dieser realen Sachverhalte wurde mathematisch durch den Begriff der Funktion verallgemeinert. Vorbereitend sei bemerkt, daß im weiteren mit R^n der reelle, n-dimensionale, euklidische Raum bezeichnet wird, dessen Elemente geordnete n-Tupel reeller Zahlen sind (vgl. Abschnitt 7.7.). Für den Spezialfall $n = 1$ bezeichnet R^1 einfach die Menge aller reellen Zahlen **R**.

Definition 9.1: *Es sei M eine Teilmenge des R^n bzw. des R^1. Wird dann durch eine Vorschrift jedem $x \in M$ genau eine reelle Zahl y zugeordnet, so sagen wir, daß auf M eine* **reelle Funktion von einer Variablen** *(bei $M \subset R^1$) bzw. von mehreren* **Variablen** *(bei $M \subset R^n$) gegeben ist. Für die Funktion verwendet man häufig das Symbol f, und für die dem Element $x \in M$ eindeutig zugeordnete Zahl wird dann f(x) geschrieben.* **D.9.1**

Die in der Definition 9.1 auftretende Menge M wird **Definitionsbereich** von f genannt und mit D_f bezeichnet; die Menge aller Zahlenwerte $f(x)$, die sich ergibt, wenn x die gesamte Menge M durchläuft, heißt **Wertebereich** der Funktion f und wird mit W_f bezeichnet. Für Funktionen wird folgende Schreibweise verwendet:

$$y = f(x) \quad \text{für alle} \quad x \in D_f \tag{9.1}$$

oder kurz

$$y = f(x), \quad x \in D_f. \tag{9.2}$$

Dabei wird $y = f(x)$ von uns auch **Zuordnungsvorschrift**, x die **unabhängige Variable** oder das **Argument** und y die **abhängige Variable** der Funktion $y = f(x)$, $x \in D_f$, genannt werden. Die Zuordnungsvorschrift muß durchaus nicht immer unmittelbar durch eine mathematische Formel gegeben sein. Auf die Vielfalt der Möglichkeiten wird unten näher eingegangen.

Sowohl in (9.1) als auch (9.2) fehlt jeglicher Hinweis auf den Wertebereich W_f der Funktion f. Das ist berechtigt, denn eine Funktion ist – im Gegensatz zur Abbildung – allein durch ihren Definitionsbereich und ihre Zuordnungsvorschrift eindeutig bestimmt. Es gilt nämlich

S.9.1 Satz 9.1: *Zwei Funktionen*

$$f_i: \quad y = f_i(x), \quad x \in D_{f_i}, \quad i = 1, 2,$$

sind genau dann gleich, wenn ihre Definitionsbereiche gleich sind und sie für jedes Argument x aus dem Definitionsbereich gleiche Funktionswerte besitzen, d. h., es gilt

$$f_1 = f_2 \tag{9.3}$$

genau dann, wenn sowohl $D_{f_1} = D_{f_2}$ als auch $f_1(x) = f_2(x)$ für alle $x \in D_{f_1}$ gilt.

Mit diesem Satz wird noch einmal betont, daß in (9.1) bzw. (9.2) genau die Angaben enthalten sind, durch die eine Funktion eindeutig bestimmt ist. Wird etwa der Definitionsbereich nicht angegeben – wie das leider manchmal noch anzutreffen ist –, dann ist auch keine Funktion mehr gegeben. Und umgekehrt kann man durch Angabe verschiedener Definitionsbereiche zur gleichen Zuordnungsvorschrift auch unterschiedliche Funktionen angeben.

Beispiel 9.1: Von den drei Funktionen

$$f_1: \quad y = \sqrt{(x - 5)(x + 3)}, \qquad x \in D_{f_1} = (-\infty, -3] \cup [5, +\infty) \tag{9.4}$$

$$f_2: \quad y = \sqrt{(x - 5)(x + 3)}, \qquad x \in D_{f_2} = [5, +\infty) \tag{9.5}$$

$$f_3: \quad y = \sqrt{(x - 5)}\sqrt{(x + 3)}, \quad x \in D_{f_3} = [5, +\infty) \tag{9.6}$$

sind nur die beiden letzten einander gleich: $f_2 = f_3$. Ihre Zuordnungsvorschriften stellen nämlich in dem gemeinsamen Definitionsbereich $[5, +\infty)$ nur unterschiedliche Schreibweisen dar. Dagegen gilt $f_1 \neq f_2$, denn hier sind zur gleichen Zuordnungsvorschrift verschiedene Definitionsbereiche angegeben worden.

* *Aufgabe 9.1:* Man gebe für a_1 und a_2 solche konkreten Werte an, daß die Funktionen

$$f_1: \quad y = \frac{(x^2 - 2x - 3)(x + 2)}{(x + 1)(x - 3)}, \quad x \in (a_1, +\infty)$$

$$f_2: \quad y = x + 2, \quad x \in (a_2, +\infty)$$

gleich sind.

Das Ergebnis von Satz 9.1 kann auch noch wie folgt formuliert werden: Der Wertebereich einer Funktion ist durch ihren Definitionsbereich und ihre Zuordnungsvorschrift eindeutig festgelegt. Jedoch ist durch Wertebereich und Zuordnungsvorschrift der Definitionsbereich und damit die Funktion im allgemeinen nicht eindeutig bestimmt.

* *Aufgabe 9.2:* Man bestimme vier Zahlen, a_1, b_1, a_2, b_2 derart, daß durch

$$y = x^2, \quad x \in [a_1, b_1]$$

$$y = x^2, \quad x \in [a_2, b_2]$$

zwei verschiedene Funktionen f_1 und f_2 gegeben sind, die den gleichen Wertebereich $W_{f_1} = W_{f_2} = [1, 9]$ besitzen.

Als Symbole für Funktionen werden neben f häufig kleine lateinische Buchstaben $f, g, h, \ldots$ verwendet. Aber auch $F, G, H, \ldots, \varphi, \psi, \ldots, \Phi, \Psi, \ldots$ sind gebräuchliche Symbole für Funktionen. Entsprechend werden Definitions- bzw. Wertebereich mit $D_g, D_h, \ldots$ bzw. $W_g, W_h, \ldots$ usw. bezeichnet.

Funktionen im Sinne von Definition 9.1 sind eindeutige Abbildungen und stellen daher Spezialfälle des Funktionsbegriffes aus Abschnitt 8.4. (siehe Definition 8.6) dar. Ihre Spezifik liegt darin, daß der Wertebereich eine Teilmenge der reellen Zahlen ist und $D_f \subseteq R^1$ bzw. $D_f \subseteq R^n$ gilt. Diese mengentheoretische Auffassung der Funktion findet man heute bereits in einer Reihe von Publikationen. Unseren Zielen genügt jedoch im wesentlichen die Definition 9.1, d. h. die ursprüngliche Auffassung der Funktion als eine Zuordnungsvorschrift für $x \in D_f \subseteq R^n$.

Die weiteren Darlegungen dieses Abschnittes beziehen sich vorrangig auf Funktionen einer Variablen. Diese Einschränkung hat hier keine prinzipielle Bedeutung; sie wird nur vorgenommen, um in der Darlegung Einfachheit und Geschlossenheit zu erreichen.

Mit den folgenden Beispielen weisen wir auf die Vielfalt der Anwendungsmöglichkeiten der Funktionen hin (vgl. Abschnitt 9.8.).

Beispiel 9.2: Bezeichnet man mit x den Radius und mit l die Länge der Peripherie eines Kreises, so gilt bekanntlich

$$l = 2\pi x, \quad x > 0. \tag{9.7}$$

Beispiel 9.3: Eine Spiralfeder wirkt dem Versuch, sie in Längsrichtung auszudehnen, mit einer gewissen Kraft k entgegen. Experimente haben gezeigt, daß die Kraft k im Rahmen gewisser Grenzen direkt proportional zur Ausdehnung x der Feder ist: $k \sim x$. Es gibt nun für jede Feder eine spezifische Konstante c derart, daß gilt

$$k = cx, \quad 0 \leqq x \leqq b. \tag{9.8}$$

Beispiel 9.4: Für den in Beispiel 8.1 betrachteten ökonomischen Sachverhalt ergibt sich die Funktion (vgl. auch (8.5))

$$E = E_1 x, \quad x \in \{1, 2, \ldots, m\}. \tag{9.9}$$

Zu diesen Beispielen sei bemerkt, daß die Zuordnungsvorschriften in (9.7), (9.8) und (9.9) im Prinzip gleich sind, obwohl sie Sachverhalte zum Ausdruck bringen, die völlig unterschiedlichen Bereichen der objektiven Realität angehören. Gleichzeitig möchten wir jedoch betonen, daß die durch (9.7), (9.8) und (9.9) definierten Funktionen selbst dann voneinander verschieden sind, wenn zufällig $2\pi = c = E_1$ gelten würde. Das folgt daraus, daß die Definitionsbereiche dieser Funktionen verschieden sind.

An dieser Stelle erscheint es uns nun geboten, darauf hinzuweisen, daß man Funktionen erweitern bzw. Erweiterungen von Funktionen betrachten kann.

Definition 9.2: *Die Funktion*   **D.9.2**

$$y = g(x), \quad x \in D_g$$

heißt **Erweiterung** *der Funktion*

$$y = f(x), \quad x \in D_f,$$

wenn gilt:

1. $D_f \subset D_g$ *und*
2. $f(x) = g(x)$ *für alle* $x \in D_f$.

Im Sinne dieser Definition ist z. B. die Funktion

$$y = x^2 - 4x - 5, \quad -\infty < x < +\infty \tag{9.10}$$

eine Erweiterung jeder der beiden folgenden Funktionen

$$y = x^2 - 4x - 5 \quad -\infty < x \leqq 0 \tag{9.11}$$

$$y = x^2 - 4x - 5, \quad 2 \leqq x < +\infty. \tag{9.12}$$

Ebenso ist die Funktion (9.4) Erweiterung der Funktion (9.5) bzw. (9.6). Aber auch die Funktion

$$y = \begin{cases} x^2 - 4x - 5, & -\infty < x \leqq 0 \\ 3x, & 2 < x < +\infty \end{cases} \tag{9.13}$$

stellt eine Erweiterung der Funktion (9.11) dar. Schließlich ist auch folgendes Beispiel in diesem Zusammenhang von Interesse:

Beispiel 9.5: Gegeben sei die Funktion f

$$y = 3x + 1, \quad x \in D_f, \quad \text{mit} \quad D_f = \{1, 2, 3, \ldots, 20\}.$$

Dann ist jede der Funktionen

$$y = 3x + 1, \quad x \in [1, 20] \quad \text{oder} \quad y = 3x + 1, \quad x \in (0, +\infty)$$

oder

$$y = 3x + 1, \quad x \in (-\infty, +\infty)$$

eine Erweiterung von f. Erweiterungsprobleme dieser Art treten insbesondere im Zusammenhang mit der Auswertung von Meß- und Zeitreihen auf.

Wenden wir uns nun den Möglichkeiten zu, die für die **Vorgabe von Funktionen** einer Variablen existieren. Geht man vom Standpunkt des Praktikers an diese Frage heran, so kann man wohl sagen, daß die ursprünglichsten Arten hierfür darin bestehen, Funktionen durch verbale Beschreibung sowie durch Meß- bzw. Zeitreihen vorzugeben. Als Beispiele der Vorgabe von Funktionen durch verbale Beschreibung könnten genannt werden:

Beispiel 9.6:

1. f sei die Funktion, bei der jedem Tag eines fixierten Jahres die mittlere Tagestemperatur in einem bestimmten Gebiet zugeordnet wird; dabei seien die Tage, beginnend mit dem 1. Januar, in der Reihenfolge 1, 2, ..., 365 numeriert.

2. f sei die Funktion, bei der jedem Jahr einer längeren Zeitperiode (etwa von 1965 bis 1980) das Nationaleinkommen eines bestimmten Landes zugeordnet wird.

3. f sei die Funktion, bei der in einem Stromkreis bei gegebener konstanter Stromstärke jedem Wert des Widerstands (in einem Bereich zwischen zwei Werten, etwa $R_0 = 10$ Ohm und $R_1 = 20$ Ohm) der entsprechende Wert der Spannung zugeordnet wird.

Die Vorgabe von Funktionen durch Meß- bzw. Zeitreihen ist häufig eine Folge der verbalen Vorgabe und besteht einfach in der tabellenmäßigen Zusammenstellung der Werte für die unabhängige und abhängige Variable. Für die beiden ersten soeben betrachteten Funktionen ergäbe das Zeitreihen der Art:

Tage	1	2	3	...	365
mittlere Tagestemp. (in °C)	−7,2	−8,3	−7,9		−5,1

(9.14)

bzw.

Jahre	1965	1966	...	1980
Nationaleinkommen (in 10^9 Währungseinheiten)	147,1	155,3		302,4

(9.15)

Entsprechend könnte man für die im Zusammenhang mit dem Stromkreis genannte Funktion z. B. folgende Meßreihe erhalten:

Widerstand (in Ohm)	10,0	10,5	11,0	...	20,0	
Spannung (in Volt)	120	126	132		240	(9.16)

Es sei darauf aufmerksam gemacht, daß durch die Zeitreihen (9.14) und (9.15) die gleichen Funktionen gegeben sind, wie die in den Teilen 1. und 2. des Beispiels 9.6 genannten; sie unterscheiden sich nur in der Art der Vorgabe. Dagegen gibt die Meßreihe (9.16) eine Funktion an, die sich von der im Beispiel 9.6, Teil 3, genannten unterscheidet, weil z. B. ihre Definitionsbereiche verschieden sind.

Eine Funktion kann weiterhin auch durch Angabe von Rechenvorschriften, nach denen die Werte der abhängigen Variablen aus denen der unabhängigen Variablen berechnet werden sollen, gegeben werden; hierbei muß selbstverständlich auch der Definitionsbereich mit angegeben werden. Beispiele dieser Art der Vorgabe haben wir in (9.4) bis (9.12) bereits kennengelernt. Hier seien noch genannt

$$y = 12x, \quad x \in [10, 20], \tag{9.17}$$

$$y = 12x, \quad x \in D_f, \ D_f = \{10,0; 10,5; 11,0; \ldots; 19,5; 20,0\}.$$

Wir bemerken, daß die letzte Funktion die gleiche wie die durch die Meßreihe (9.16) gegebene ist. Dagegen stellt (9.17) eine Erweiterung von (9.16) dar und kann mit der in Beispiel 9.6, Teil 3, genannten übereinstimmen.

Zu der Vorgabe von Funktionen durch Rechenvorschriften gehören aber auch Beispiele wie

oder

$$y = \begin{cases} 2x + 1, & x \in (-\infty, 0) \\ x + 1, & x \in [0, +\infty) \end{cases} \tag{9.18}$$

$$y = \begin{cases} 6 - 2x, & x \in [0,3) \\ 12 - 2x, & x \in [3,6) \\ 18 - 2x, & x \in [6,9). \end{cases} \tag{9.19}$$

Diese Funktionen unterscheiden sich von (9.17) sowie (9.4) bis (9.12) dadurch, daß die Zuordnungsvorschrift nicht in Form einer einzigen, für den ganzen Definitionsbereich gültigen Rechenvorschrift gegeben ist; vielmehr gelten hier in verschiedenen Teilmengen des Definitionsbereiches der Funktion unterschiedliche Formeln. Derartige Funktionen werden wir **zusammengesetzte Funktionen** nennen. Sie sind keinesfalls reine Denkprodukte des Mathematikers, sondern ergeben sich bei der mathematischen Modellierung praktischer Probleme.

Im Zusammenhang mit zusammengesetzten Funktionen weisen wir noch auf die beiden folgenden speziellen Vertreter dieser Art hin.

Definition 9.3: D.9.3

$$\operatorname{sgn} x = \begin{cases} -1, & x \in (-\infty, 0) \\ 0, & x = 0 \\ +1, & x \in (0, +\infty) \end{cases} \quad \text{(gelesen ,,Signum[1]) } x\text{``)} \tag{9.20}$$

sowie

$$|x| = \begin{cases} -x, & x \in (-\infty, 0) \\ x, & x \in [0, +\infty) \end{cases} \quad \text{(gelesen ,,Betrag von } x\text{``)} \tag{9.21}$$

---

[1] ,,Signum`` – ,,Zeichen``, hier als ,,Vorzeichen`` verwendet (aus dem Lateinischen).

Neben den genannten Arten der Vorgabe einer Funktion nutzt man in der Mathematik auch die Möglichkeit, Funktionen graphisch darzustellen. Dadurch wird eine Brücke zur Anschaulichkeit geschlagen. Es sei jedoch betont, daß gegebene Funktionen graphisch immer nur näherungsweise dargestellt werden können. Deshalb ist die graphische Darstellung zwar ein wesentliches Hilfsmittel zur Untersuchung von Funktionen, führt jedoch nur in begrenztem Maße zu exakten Aussagen. Zur graphischen Darstellung einer Funktion zeichnet man sich gewöhnlich ein Achsenkreuz, bestehend aus zwei senkrecht aufeinander stehenden Geraden, trägt auf diesen einen Maßstab auf und versieht sie mit einer Richtung. Theoretisch kann man nun jedem geordneten Wertepaar (x, y) einer Funktion f eineindeutig einen Punkt in der Zeichenebene zuordnen, den man als Schnittpunkt der beiden Hilfsgeraden g_1, g_2 erhält (siehe Bild 9.1). Die so entstehende Punktmenge nennt man **Graph** der Funk-

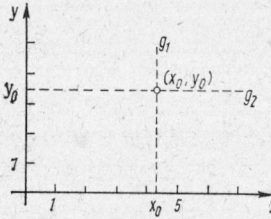

Bild 9.1.
Graphische Darstellung eines
Wertepaares (x_0, y_0) einer Funktion f

tion. Praktisch geht man bei der Funktion f, deren Zuordnungsvorschrift eine Rechenvorschrift $y = f(x)$ ist, gewöhnlich wie folgt vor. Man schafft sich zunächst eine Wertetabelle. Hierzu wählt man eine Reihe von Werten $x_i \in D_f$, $i = 1, 2, \ldots, n$, und berechnet die zugehörigen y_i-Werte:

x	x_1	x_2		x_n
$y = f(x)$	y_1	y_2	$\ldots$	y_n

Danach überträgt man die Wertepaare (x_i, y_i) in die Ebene mit dem Achsenkreuz, die man kurz x,y-Ebene nennt, und versucht, die so entstandenen Punkte durch einen möglichst „glatten" Kurvenzug miteinander zu verbinden. Dazu benutzt man die üblichen Kurvenlineale. Der so konstruierte Kurvenzug stellt natürlich nur eine Näherung der Funktion f dar. Um die Näherung möglichst genau zu machen, versucht man die x_i-Werte für die Wertetabelle so auszuwählen, daß die charakteristischen Merkmale der Funktion dabei erfaßt werden. Derartige Merkmale sind u. a. (vgl. hierzu weiterhin Abschnitt 7.6. aus Band 2) die sog. Null- bzw. Polstellen der Funktion. Dabei heißt x_0 *Nullstelle* der Funktion $y = f(x)$, $x \in D_f$, wenn $f(x_0) = 0$ und $x_0 \in D_f$ gilt; dagegen heißt x_1 *Polstelle* der Funktion, wenn $|f(x)|$ in der Umgebung von x_1 beliebig große Werte annimmt.

* *Aufgabe 9.3:* Die Funktion

$$y = x^2 - 5x + 6, \quad x \in [1, 3]$$

ist graphisch darzustellen; hierzu sind in die Wertetabellen die Werte

$$x_i = 1 + \frac{i}{4}, \quad i = 0, 1, 2, \ldots, 8, \text{ aufzunehmen.}$$

Zusammenfassend kann gesagt werden, daß Funktionen verbal, tabellarisch (durch Meß- oder Zeitreihen) und analytisch (durch Rechenvorschriften) gegeben und außerdem zur Nutzung der Anschaulichkeit graphisch dargestellt werden können. Daneben gibt es noch weitere Möglichkeiten zur Vorgabe von Funktionen. Erwähnt seien hier die Vorgabe von Funktionen mittels Parameter (siehe Abschnitt 9.7.). Schließlich können Funktionen auch durch gewisse Gleichungen gegeben werden. Genannt seien hier Differentialgleichungen (siehe Band 7), Integralgleichungen und Differenzengleichungen.

Bei praktischen Problemen ergeben sich häufig Funktionen, deren Definitionsbereich kleiner ist, als die Menge aller x-Werte, für die der analytische Term der Zuordnungsvorschrift mathematisch sinnvoll ist und reelle Werte liefert. Man unterscheidet daher zwischen dem sachbezogenen oder natürlichen und dem mathematischen Definitionsbereich. So stellt im Beispiel 9.6 das Intervall [10, 20] den sachbezogenen oder natürlichen Definitionsbereich für die Funktion von Teil 3 dar (siehe (9.17)), während der analytische Term $12x$ der Zuordnungsvorschrift $y = 12x$ mathematisch für alle $x \in R^1$ sinnvoll ist, weshalb R^1 hier den mathematischen Definitionsbereich bildet. Der mathematische Definitionsbereich muß durchaus nicht immer der ganze R^1 sein. So ist z. B. der Term $\log(3x - 12)$ nur für alle x mit $3x - 12 > 0$, d. h. für alle $x > 4$ mathematisch sinnvoll. Daher stellt das Intervall $(4, +\infty)$ den mathematischen Definitionsbereich der Zuordnungsvorschrift $y = \log(3x - 12)$ dar.

Aufgabe 9.4: Für die Zuordnungsvorschrift $y = \sqrt{4x - 20}$ ist der mathematische *
Definitionsbereich zu ermitteln.

In den folgenden Darlegungen des Abschnittes 9. steht das neue mathematische Objekt der Funktion einer reellen Variablen im Mittelpunkt. Wir werden nach der Umkehrfunktion fragen (Abschnitt 9.2.), die einfachsten Eigenschaften unseres Untersuchungsobjektes darlegen (Abschnitt 9.3.), gewisse Grundfunktionen aufzählen (Abschnitt 9.4.) und aus diesen ein recht umfangreiches „Reservoir" gebräuchlicher elementarer Funktionen bilden (Abschnitt 9.5.). Danach werden engere Beziehungen zur Anwendung hergestellt. Hierzu gehören die Konstruktion einer Funktion, die vorgegebene Wertepaare (x_i, y_i), $i = 1, 2, \ldots, n$, enthält (Abschnitt 9.6.), die Darstellung von Funktionen mittels Parameter (Abschnitt 9.7.), die mathematische Modellierung einiger praktischer Probleme (Abschnitt 9.8.) sowie Funktionsleitern und Elemente der Nomographie (Abschnitt 9.9.). Wir hoffen auf die Bereitschaft des Lesers, bei der Realisierung dieses Programms mitzuwirken, und betonen noch einmal, daß im Vordergrund dieses wie auch des Abschnittes 10. das Anliegen steht, die mathematischen Grundlagen für eine Reihe der folgenden Bände zu legen.

Vorab sei hier noch erklärt, wie man die elementaren Grundrechenarten der Addition und Multiplikation sowie deren Umkehrungen auf Funktionen überträgt. Das geschieht, indem man diese Operationen für Funktionen auf die entsprechenden Operationen ihrer Funktionswerte zurückführt. So wird z. B. die Summe zweier Funktionen $f_i: y = f_i(x)$, $x \in D_{f_i}$, $i = 1, 2$, erklärt als die folgende Funktion

$$y = f_1(x) + f_2(x), \qquad x \in D;$$

dabei muß $D_{f_1} \cap D_{f_2} \neq \emptyset$ sein und $D = D_{f_1} \cap D_{f_2}$ gesetzt werden. Analog wird die Differenz, das Produkt sowie der Quotient zweier Funktionen definiert. Beim Quotienten von Funktionen ist zu beachten, daß man aus dem Definitionsbereich alle die x-Werte ausschließen muß, für die die Nennerfunktion gleich null wird.

9.2.   Umkehrfunktion (für eine unabhängige Variable)

In praktischen Problemen sind die Rollen von unabhängigen und abhängigen Variablen durchaus nicht eindeutig festgelegt. So kann in den Beispielen 9.2 bis 9.4

die dort zunächst jeweils als abhängige Variable angegebene Größe durchaus als unabhängige Variable aufgefaßt werden. Mathematisch führt die Vertauschung der Rollen von unabhängiger und abhängiger Variablen zur Umkehrfunktion.

Ist die Funktion f von der Art, daß es zu jedem $y \in W_f$ genau ein $x \in D_f$ gibt, dann heißt f *eineindeutig* oder *umkehrbar eindeutig*. Für jede eineindeutige Funktion ist also nicht nur jedem $x \in D_f$ eindeutig ein y, sondern umgekehrt auch jedem $y \in W_f$ genau ein x zugeordnet. Die letztgenannte Zuordnung bildet zusammen mit W_f als Definitionsbereich die Umkehrfunktion f^{-1}:

$$f^{-1}: \quad x = f^{-1}(y), \quad y \in D_{f^{-1}}, \quad \text{mit} \quad D_{f^{-1}} = W_f. \tag{9.22}$$

Die Zuordnungsvorschrift $x = f^{-1}(y)$ erhält man für eineindeutige Funktionen, indem $y = f(x)$ nach x aufgelöst wird.

Es erweist sich, daß die Eineindeutigkeit der Funktion für die Existenz ihrer Umkehrfunktion auch notwendig ist, denn es gilt

S.9.2 Satz 9.2: *Die Eineindeutigkeit einer Funktion ist notwendig und hinreichend dafür, daß sie eine Umkehrfunktion besitzt.*

Für die praktische Ermittlung und den Umgang mit Umkehrfunktionen bezeichnet man in der Darstellung (9.22) die unabhängige Variable wieder wie üblich mit x und die abhängige Variable mit y; anstatt (9.22) wird also

$$f^{-1}: \quad y = f^{-1}(x), \quad x \in D_{f^{-1}} = W_f \tag{9.23}$$

geschrieben. Das hat eine vereinfachende Konsequenz für die graphische Darstellung von f und f^{-1}. Letztere ergibt sich nämlich für die Form (9.23), indem der Graph der Funktion f an der Geraden $y = x$, $x \in (-\infty, +\infty)$ „gespiegelt" wird.

Beispiel 9.7: Für die Funktion

$$f: \quad y = e^{0,5x} - 0{,}4, \quad x \in \left[0, \frac{3}{2}\right] \tag{9.24}$$

soll die Umkehrfunktion ermittelt werden. Zur Ermittlung von f^{-1} lösen wir die für f gegebene Zuordnungsvorschrift schrittweise nach x auf:

$$y + 0{,}4 = e^{0,5x}, \quad 0{,}5x = \ln(y + 0{,}4)$$

und schließlich

$$x = 2\ln(y + 0{,}4).$$

Hierbei haben wir bereits den Sachverhalt benutzt (siehe Abschnitt 9.4.), daß die Logarithmusfunktion Umkehrfunktion der Exponentialfunktion ist. Man kann zeigen, daß $W_f = \left[f(0), f\left(\frac{3}{2}\right)\right] = [0{,}6; 1{,}72]$ ist. Daher lautet f^{-1} in der Form (9.23)

$$f^{-1}: \quad y = 2\ln(x + 0{,}4), \quad x \in [0{,}6; 1{,}72].$$

Bild 9.2 zeigt die graphische Darstellung von f und f^{-1}.

* *Aufgabe 9.5:* Man ermittle zu der Funktion

$$f: \quad y = 2x - 1, \quad x \in [0,3],$$

die Umkehrfunktion f^{-1} in der Form (9.23) und stelle sowohl f als auch f^{-1} graphisch dar.

Während diese Aufgabe noch relativ einfach war, ist die folgende schon schwieriger.

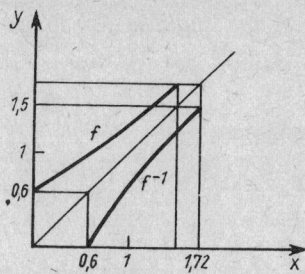

Bild 9.2.
Graphische Darstellung der Funktion
$$y = e^{0,5x} - 0,4, \quad x \in \left[0, \frac{3}{2}\right]$$
und ihrer Umkehrfunktion

Aufgabe 9.6: Man gebe zunächst für den Parameter a einen Wert kleiner als 4 derart ∗ an, daß die Funktion

$$f_a: \quad y = x^2 - 2x - 3, \quad x \in [a, 4]$$

eineindeutig ist. Danach ermittle man die Umkehrfunktion f^{-1} in der Form (9.23) und stelle beide graphisch dar.

Für Umkehrfunktionen gilt ein Sachverhalt, der rein formal eine Übereinstimmung mit entsprechenden Formeln für das Rechnen mit Zahlen herstellt.

Satz 9.3: *Die Umkehrfunktion einer Funktion, die selbst schon Umkehrfunktion einer anderen Funktion f ist, existiert immer und ist gleich f:* **S.9.3**

$$(f^{-1})^{-1} = f. \quad \cdot \tag{9.25}$$

Wird die Funktion als Abbildung aufgefaßt, d. h. wird von ihrer mengentheoretischen Auffassung ausgegangen, dann führt die Vertauschung der Rollen von abhängiger und unabhängiger Variabler bekanntlich zur Umkehrabbildung (siehe Abschnitt 8.3.). Die Umkehrabbildung einer Funktion muß jedoch nicht eindeutig sein; wenn sie es ist, dann stellt sie die Umkehrfunktion im obigen Sinne dar. Daher kann sie auch wie folgt eingeführt werden.

Definition 9.4: *Ist die Umkehrabbildung f^{-1} einer Funktion* **D.9.4**
$$f: y = f(x), \quad x \in D_f,$$
*selbst eine Funktion, so wird f^{-1} **Umkehrfunktion** von f genannt.*

9.3.   Einfachste Eigenschaften von Funktionen

In diesem Abschnitt werden erstmals gewisse qualitative Betrachtungen von Funktionen eine Rolle spielen. Es geht um Eigenschaften, die eine Funktion in ihrem ganzen Definitionsbereich oder in Teilmengen, nicht jedoch in einzelnen Punkten dieses Bereiches haben kann. Wir werden deshalb im weiteren voraussetzen, daß der Definitionsbereich der betrachteten Funktionen selbst ein Intervall ist.

Vorweg sei noch bemerkt, daß es umständlich ist, die nachfolgend eingeführten Eigenschaften für konkrete Funktionen ohne die Hilfsmittel der Differentialrechnung nachzuweisen (hierzu s. Bd. 2). Deshalb werden wir nach Möglichkeit graphischen Darstellungen den Vorzug gegenüber rechnerischen Beispielen und analytischen Betrachtungen geben.

Definition 9.5: *Eine Funktion f* **D.9.5**
$$y = f(x), \quad x \in D_f,$$

heißt auf der Menge $M \subseteqq D_f$ **beschränkt**, *wenn es eine endliche Konstante* C *derart gibt, daß*

$$|f(x)| \leqq C \quad \text{für alle} \quad x \in M \tag{9.26}$$

gilt. Dabei wird C *eine* **Schranke** *von* f *auf* M *genannt.*

Da (9.26) äquivalent mit den Ungleichungen

$$-C \leqq f(x) \leqq C \quad \text{für alle} \quad x \in M \tag{9.26}$$

ist, so ist die Beschränkung einer Funktion auf $M \subseteqq D_f$ gleichbedeutend damit, daß ihre graphische Darstellung zwischen den beiden Geraden $y = -C$, und $y = C$ verläuft.

Neben (9.26) unterscheidet man noch die Beschränktheit in nur einer Richtung.

D.9.6 Definition 9.6: *Eine Funktion* f

$$y = f(x), \qquad x \in D_f,$$

heißt auf der Menge $M \subseteqq D_f$ **nach unten** *bzw.* **nach oben beschränkt**, *wenn es eine endliche Konstante* C_1 *bzw.* C_2 *derart gibt, daß*

$$C_1 \leqq f(x) \quad \text{für alle} \quad x \in M \tag{9.27}$$
bzw.
$$f(x) \leqq C_2 \quad \text{für alle} \quad x \in M \tag{9.28}$$

gilt. Dabei werden C_1 *bzw.* C_2 **untere** *bzw.* **obere Schranke** *von* f *auf* M *genannt.*

Es gilt folgende Aussage:

S.9.4 Satz 9.4: *Für die Beschränktheit einer Funktion* f *auf* $M \subseteqq D_f$ *ist notwendig und hinreichend, daß* f *auf* M *sowohl nach oben als auch nach unten beschränkt ist.*

Es sei noch bemerkt, daß eine beschränkte Funktion nicht nur eine, sondern unendlich viele Schranken besitzt. Ist nämlich f auf M beschränkt und C irgendeine Schranke, so ist auch jede Zahl $\bar{C} > C$ ebenfalls Schranke von f auf M.

Beispiel 9.8: Für die in Bild 9.3 dargestellte Funktion f gelten u. a. folgende Aussagen
1. f ist auf $[a, b]$ beschränkt; dabei ist $C = 4$ eine mögliche Schranke.

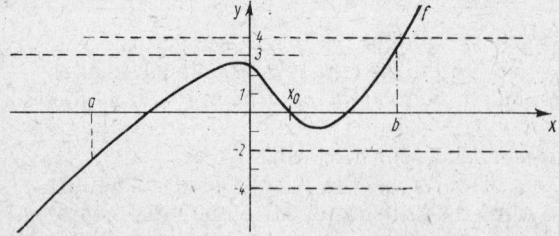

Bild 9.3.
Zur Beschränktheit von Funktionen

2. f ist auf $(-\infty, x_0]$ nach oben beschränkt, wobei $C_2 = 3$ eine mögliche obere Schranke ist.

3. f ist auf $[0, +\infty)$ nach unten beschränkt, wobei $C_1 = -2$ eine mögliche untere Schranke ist.

Aufgabe 9.7: Man zeige, daß $C_1 = -3$ eine untere Schranke der Funktion f *

$$f(x) = x^2 - 2x - 1, \quad x \in (-\infty, +\infty),$$

auf ihrem gesamten Definitionsbereich ist. Außerdem bestimme man zwei Zahlen $a < b$ derart, daß $[a, b]$ das größte Intervall ist, auf dem f nach oben durch $C_2 = 7$ beschränkt ist.

Definition 9.7: *Eine Funktion* D.9.7

$$y = f(x), \quad x \in D_f,$$

heißt in dem Intervall $I \subseteq D_f$ **monoton wachsend,** *wenn*

▌ $\quad f(x_1) \leqq f(x_2) \quad$ *für alle* $\quad x_1, x_2 \in I \quad$ *mit* $\quad x_1 < x_2$ $\qquad$ (9.29)

gilt; entsprechend wird sie **monoton fallend** *in* I *genannt, wenn*

▌ $\quad f(x_1) \geqq f(x_2) \quad$ *für alle* $\quad x_1, x_2 \in I \quad$ *mit* $\quad x_1 < x_2$ $\qquad$ (9.30)

gilt. Treten in den Ungleichungen (9.29) bzw. (9.30) zwischen den Funktionswerten $f(x_1)$ *und* $f(x_2)$ *die Gleichheitszeichen nicht auf, d. h. gilt*

$$f(x_1) < f(x_2) \quad \text{für alle} \quad x_1, x_2 \in I \quad \text{mit} \quad x_1 < x_2 \qquad (9.31)$$

bzw.

$$f(x_1) > f(x_2) \quad \text{für alle} \quad x_1, x_2 \in I \quad \text{mit} \quad x_1 < x_2, \qquad (9.32)$$

so wird f *entsprechend* **streng monoton wachsend** *bzw.* **streng monoton fallend** *in* I *genannt.*

Das streng monotone Wachsen läßt sich verbal auch etwa so formulieren: Wenn das Argument größer wird, dann wird auch der Funktionswert größer. Entsprechend kann man die anderen Eigenschaften verbal formulieren. Wichtig ist für die Monotonie, daß z. B. $f(x_1) < f(x_2)$ nicht nur für gewisse $x_1, x_2 \in I$ mit $x_1 < x_2$, sondern für *alle* solche x_1, x_2 gültig ist.

Beispiel 9.9:

1. $y = \ln x, x \in (0, +\infty)$ ist im gesamten Definitionsbereich streng monoton wachsend. Tatsächlich, es seien $x_1, x_2 \in (0, +\infty)$ zwei beliebige Werte mit $x_1 < x_2$. Dann gilt die Darstellung $x_1 = ax_2$ mit $0 < a < 1$. Daher folgt $\ln x_1 = \ln ax_2$ $= \ln a + \ln x_2$, woraus sich wegen $\ln a < 0$ die behauptete Monotonie $\ln x_1 < \ln x_2$ ergibt.

2. Für die in Bild 9.4 dargestellte Funktion f gelten folgende Aussagen:

    1. f ist in jedem Intervall $(-\infty, b]$ mit $b \leqq x_1$ streng monoton wachsend; Gleiches gilt für jedes Intervall $[a, +\infty)$ mit $a \geqq x_2$.

    2. f ist in $[x_1, x_2]$ monoton fallend, dagegen jedoch in $[x_1, \tilde{x}]$ streng monoton fallend.

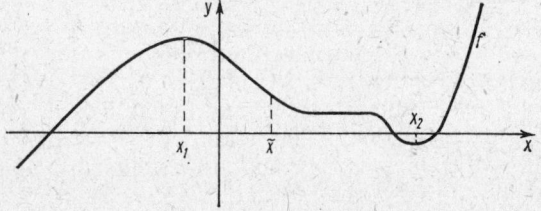

Bild 9.4.
Zur Monotonie von
Funktionen

* *Aufgabe 9.8:* Man zeige, daß die Funktion $y = 1 - e^{2x}$, $x \in (-\infty, +\infty)$, in ihrem gesamten Definitionsbereich streng nonoton fallend ist.

Als Aussage mit einem gewissen Allgemeinheitsgrad erwähnen wir:

S.9.5 Satz 9.5: *Jede Funktion (Parabel) zweiten Grades*

$$y = x^2 + ax + b, \quad x \in (-\infty, +\infty), \tag{9.33}$$

ist in $(-\infty, x_s]$ *streng monoton fallend und in* $[x_s, +\infty)$ *streng monoton wachsend; dabei ist* $x_s = -\dfrac{a}{2}$ *die x-Koordinate des Scheitelpunktes der Parabel* (9.33).

* *Aufgabe 9.9:* Man beweise Satz 9.5.

Schließlich weisen wir noch auf folgende Eigenschaften monotoner Funktionen hin.

S.9.6 Satz 9.6:

a) *Wenn* f_1 *und* f_2 *im gleichen Intervall I streng monoton wachsend sind, dann ist die Summe* $f_1 + f_2$ *der beiden Funktionen sowie das Produkt* af_i ($i = 1, 2$) *für* $a > 0$ *in I ebenfalls streng monoton wachsend; dagegen ist* af_i ($i = 1, 2$) *für* $a < 0$ *in I streng monoton fallend.*

b) *Wenn f im Intervall I streng monoton ist, dann existiert die inverse Funktion* f^{-1}. *Die Umkehrung hiervon gilt i. allg. nicht mehr.*

c) *Wenn f im Intervall I streng monoton wachsend ist, dann ist* f^{-1} *mit* $D_{f-1} = \{x \mid x \in R^1 \wedge x = f(u), u \in I\}$ *in jedem Intervall* $I^- \subseteq D_{f-1}$ *ebenfalls streng monoton wachsend. Analoges gilt für streng monoton fallende Funktionen.*

* *Aufgabe 9.10:* Man beweise Satz 9.6.

D.9.8 Definition 9.8: *Eine Funktion* $y = f(x)$, $x \in D_f$, *heißt im Intervall* $I \subseteq D_f$ **konvex**, *wenn für alle* $x_1, x_2 \in I$ *und jedes* $\alpha \in [0, 1]$ *die Ungleichung*

$$f(\alpha x_1 + (1 - \alpha) x_2) \leq \alpha f(x_1) + (1 - \alpha) f(x_2) \tag{9.34}$$

gilt; entsprechend wird sie **konkav** *in I genannt, wenn*

$$f(\alpha x_1 + (1 - \alpha) x_2) \geq \alpha f(x_1) + (1 - \alpha) f(x_2) \tag{9.35}$$

für alle $x_1, x_2 \in I$ *und jedes* $\alpha \in [0, 1]$ *gilt.*

Auch für die Konvexität bzw. Konkavität einer Funktion im Intervall I ist wieder besonders wichtig, daß (9.34) bzw. (9.35) nicht nur für gewisse $x_1, x_2 \in I$, sondern für *alle* $x_1, x_2 \in I$ gültig ist.

Geometrisch kann man die Konvexität etwa wie folgt deuten (vgl. Bild 9.5). Es seien $x_1, x_2 \in I$ beliebig, und $P_i = (x_i, y_i)$ seien die zugehörigen Punkte in der graphischen Darstellung der Funktion. Dann liegt der gesamte Kurvenbogen $\overparen{P_1 P_2}$ immer nicht oberhalb der Sekante $\overline{P_1 P_2}$, und insbesondere liegt der Mittelpunkt der Sekante nicht unterhalb des entsprechenden Punktes des Graphen der Funktion. Entsprechend läßt sich die Konkavität geometrisch interpretieren.

Es sei noch bemerkt, daß sich der Nachweis der Konvexität für stetige Funktionen (vgl. Band 2, Abschn. 3.) vereinfachen läßt: für sie genügt es nämlich zu zeigen, daß die Ungleichung (9.34) für $\alpha = \frac{1}{2}$ erfüllt ist. Davon werden wir in den folgenden Beispielen Gebrauch machen, wobei hier erst einmal unterstellt wird, daß die betrachteten Funktionen alle stetig sind. Analoges gilt für den Nachweis der Konkavität.

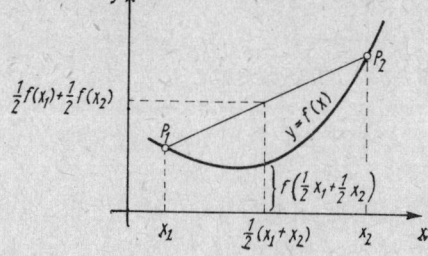

Bild 9.5.
Geometrische Interpretation
der Konvexität für $\alpha = \frac{1}{2}$

Beispiel 9.10: Es sei $a \neq 0$ eine beliebig fixierte Zahl. Dann ist $y = e^{ax}$, $x \in (-\infty, +\infty)$, im gesamten Definitionsbereich konvex. Tatsächlich, die zu beweisende Ungleichung $e^{a(x_1/2 + x_2/2)} \leqq \frac{1}{2} e^{ax_1} + \frac{1}{2} e^{ax_2}$ formen wir auf die äquivalente Ungleichung

$$0 \leqq \frac{1}{2} e^{ax_1} + \frac{1}{2} e^{ax_2} - e^{a(x_1/2 + x_2/2)} \tag{9.36}$$

um. Für deren rechte Seite, die mit $r(x_1, x_2)$ bezeichnet sei, ergibt sich

$$r(x_1, x_2) = \frac{1}{2} e^{ax_1} + \frac{1}{2} e^{ax_2} - e^{ax_1/2} e^{ax_2/2} = \frac{1}{2} (e^{ax_1/2} - e^{ax_2/2})^2,$$

woraus sofort (9.36) und damit die Behauptung folgt.

Aufgabe 9.11: Man zeige, daß die Funktion $y = -x^2$, $x \in R^1$, in ihrem gesamten *
Definitionsbereich konkav ist.

Eine gewisse Sonderstellung nehmen die Funktionen 1. Grades

$$y = px + q, \quad x \in R^1,$$

ein. Sie sind nämlich in ihrem gesamten Definitionsbereich sowohl konvex als auch konkav.

Zu den einfachsten Eigenschaften konvexer Funktionen gehören die folgenden:

Satz 9.7: *Die Funktionen f_1 und f_2 seien in dem gleichen Intervall I konvex. Dann ist* **S.9.7**
ihre Summe $f_1 + f_2$ ebenfalls in I konvex. Die Funktion af_1 ist für $a > 0$ in I konvex, für $a < 0$ dagegen konkav. Analoge Aussagen lassen sich für konkave Funktionen formulieren.

Konvexe und konkave Funktionen spielen in zahlreichen praktischen Problemen eine Rolle. Hier seien nur einige genannt. Da sind z. B. die Krümmungslinien von Linsen und Spiegeln in der Optik; in der Ökonomie haben die sogenannten Isoquanten im Zusammenhang mit Produktionsfunktionen häufig die Eigenschaft der Konvexität. Für nicht wenige Funktionen, die den Verlauf von Prozessen aus den verschiedensten Bereichen der Realität modellieren, ist charakteristisch, daß sie monoton wachsend und konkav bzw. konvex sind.

Abschließend weisen wir noch auf zwei Eigenschaften hin, die Funktionen besitzen können.

Definition 9.9: *Eine Funktion* **D.9.9**

$$y = f(x), \quad x \in D_f,$$

heißt **gerade,** *wenn $D_f = [-a, a]$ bzw. $D_f = (-a, a)$ mit $a > 0$ gilt und wenn*

$$f(-x) = f(x) \quad \text{für alle positiven} \quad x \in D_f \tag{9.37}$$

gilt; entsprechend heißt sie **ungerade**, *wenn statt* (9.37)

$$f(-x) = -f(x) \quad \textit{für alle positiven} \quad x \in D_f \tag{9.38}$$

gilt. Der Funktionswert $f(0)$ *ist für beide Fälle uninteressant.*

- Als Beispiel sei hier die Funktion

$$y = x^n, \quad x \in R^1,$$

genannt. Sie ist für gerade Zahlen n selbst gerade und für ungerade Zahlen n ungerade.

D.9.10 **Definition 9.10:** *Eine Funktion* $y = f(x)$, $x \in D_f$, *heißt* **periodisch** *mit der Periode* λ, *wenn* λ *eine positive Zahl ist, mit der die Identität*

$$f(x + \lambda) = f(x) \tag{9.39}$$

für alle diejenigen $x \in D_f$ *erfüllt ist, für die auch gleichzeitig* $x + \lambda \in D_f$ *gilt. Dabei wird die kleinste positive Zahl* λ, *mit der* (9.39) *gilt,* **primitive Periode** *genannt.*

Periodische Funktionen ergeben sich bei der mathematischen Modellierung physikalischer Erscheinungen. So läßt sich z. B. die Bewegung gewisser Pendel durch solche Funktionen beschreiben. In der Technik treten periodische Funktionen ebenfalls auf, und zwar im Zusammenhang mit Schwingungsprozessen. Aber auch in der Ökonomie gibt es Erscheinungen, deren mathematische Beschreibung zu periodischen Funktionen führt (vgl. Lagerhaltungsproblem in [2]).

Abschließend wollen wir dem Praktiker noch einen konkreten Anhaltspunkt dafür geben, wo die Vielzahl der genannten Eigenschaften u. U. benötigt wird. Bei der Durchführung von Experimenten und bei statistischen Erhebungen ergeben sich u. a. Meß- und Zeitreihen. Dabei ist es häufig wünschenswert, sie durch formelmäßige Darstellung für alle x aus einem gewissen Intervall I zu ersetzen. Eine Methode dazu wird in Abschnitt 4.3. von Band 4 dargelegt. Sie setzt aber voraus, den Typ der Funktion vorher auszuwählen. Eben dazu muß man solche Eigenschaften wie Beschränktheit, Monotonie, Konvexität u. a. beachten. Mit der Differentialrechnung wird in Band 2 eine Methode bereitgestellt, mit deren Hilfe man die genannten Eigenschaften für eine große Klasse von Funktionen einfach nachprüfen kann.

9.4.   Grundfunktionen einer Variablen

Die Darlegungen über die Grundfunktionen sind sehr kurz gehalten. Wir müssen hier einfach voraussetzen, daß über solche Fragen wie: Was ist eine Potenz, was ist eine Wurzel, was ist ein Logarithmus, wie sind Sinus, Kosinus, Tangens und Kotangens definiert, Klarheit besteht und die Grundgesetze der Potenz-, Wurzel- und Logarithmenrechnung beherrscht werden sowie einige trigonometrische Umformungen bekannt sind. Für eine Wissensauffrischung verweisen wir auf die Literatur (siehe z. B. [5] und Band V dieser Reihe). Daher besteht das Anliegen dieses Abschnittes nur darin, wichtigste Angaben über einige Funktionenklassen zusammenzustellen.

1. *Potenzfunktionen* f:

$$y = x^\mu, \quad x \in D_f, \tag{9.40}$$

wobei μ eine beliebige, fixierte reelle Zahl ist. Der Definitionsbereich D_f dieser Funktion hängt ab von dem konkreten Wert von μ. Ist μ eine positive ganze Zahl, $\mu = n$, so gilt

$$y = x^n, \quad x \in D_f = (-\infty, +\infty). \tag{9.41}$$

Ist μ eine ganze, aber negative Zahl, $\mu = -n$, so gilt

$$y = x^{-n}, \quad x \in D_f = (-\infty, 0) \cup (0, +\infty). \tag{9.42}$$

Mit (9.41) bzw. (9.42) haben wir die einfachsten Fälle von ganzen bzw. gebrochenen rationalen Funktionen vorliegen (vgl. Abschnitt 9.5.). Ist μ eine rationale Zahl der Art $\mu = \dfrac{1}{q}$, wobei q eine natürliche Zahl > 0 ist, so erhalten wir die *Wurzelfunktion*

$$y = x^{\frac{1}{q}}, \quad x \in D_f = [0, +\infty). \tag{9.43}$$

Entsprechend gilt im Falle beliebiger rationaler Zahlen $\mu = \dfrac{p}{q}$:

$$y = x^{\frac{p}{q}}, \quad x \in D_f = (0, +\infty). \tag{9.44}$$

Ist schließlich μ eine irrationale Zahl, so gilt

$$y = x^\mu, \quad x \in D_f = (0, +\infty). \tag{9.45}$$

Es sei bemerkt, daß die Umkehrfunktionen – soweit sie existieren – von Potenzfunktionen selbst wieder Potenzfunktionen sind. So ist z. B. für $y = x^n$, $x \in [0, +\infty)$, die Umkehrfunktion durch $y = \sqrt[n]{x}$, $x \in [0, +\infty)$ gegeben (siehe Bild 9.6). Dabei zeigen sowohl Ausgangsfunktion als auch ihre Umkehrfunktion gleiches Monotonieverhalten (vgl. Satz 9.6, Teil c)). Insbesondere sind die beiden Funktionen $y = x^n$, $y = \sqrt[n]{x}$, $x \in [0, +\infty)$ streng monoton wachsend.

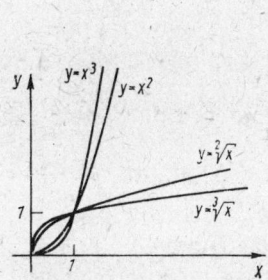

Bild 9.6.
Parabeln und Wurzelfunktionen

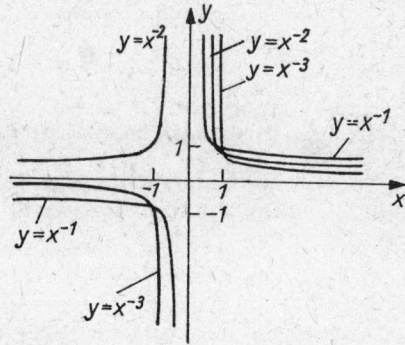

Bild 9.7.
Hyperbeln

Eine besonders einfache Funktion ist die Konstante

$$y = c, \quad x \in (-\infty, +\infty),$$

wobei c eine beliebige feste Zahl ist. Die graphische Darstellung dieser Funktion ist eine Gerade, die die y-Achse bei c schneidet und parallel zur x-Achse verläuft.

2. Exponentialfunktionen

$$y = a^x, \quad x \in (-\infty, +\infty); \tag{9.46}$$

hierbei setzen wir voraus, daß a eine fixierte reelle Zahl mit den Eigenschaften $a > 0$ und $a \neq 1$ ist.

Die Exponentialfunktionen (9.46) sind alle konvex; für $0 < a < 1$ sind sie streng monoton fallend, dagegen für $1 < a$ monoton wachsend.

Eine Sonderstellung nimmt in der Klasse der Funktionen (9.46) diejenige ein, die sich für $a = e$ ergibt, wobei e eine Konstante (auch Wachstumskonstante genannt) ist (e deutet auf den Anfangsbuchstaben von Euler hin). Ihr Wert beträgt 2,718 281 828 4 ... Diese Funktion ergibt sich im Zusammenhang mit gewissen Wachstums- und Zerfallsprozessen (vgl. Band 7/1, Abschnitte 1.2.1. und 2.3.2.).

3. Logarithmusfunktionen

$$y = \log_a x, \quad x \in (0, +\infty); \tag{9.47}$$

hierbei setzen wir voraus, daß a eine fixierte reelle Zahl mit den Eigenschaften $a > 0$ und $a \neq 1$ ist. Die Funktionen (9.46) und (9.47) nehmen gegenseitig die Rolle von Umkehrfunktionen ein (vgl. Bild 9.8), d. h. es gilt

$$\log_a a^x = x, \quad x \in (-\infty, +\infty). \tag{9.48}$$

Die Logarithmusfunktionen (9.47) sind für $0 < a < 1$ streng monoton fallend und konvex, für $1 < a$ dagegen streng monoton wachsend und konkav (vgl. Bild 9.8).

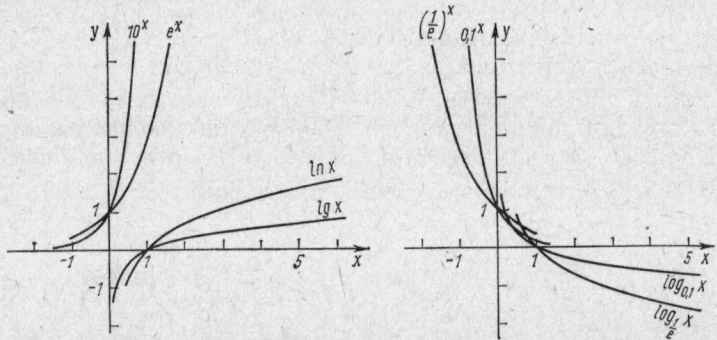

Bild 9.8. Exponential- und Logarithmusfunktionen

Für numerische Untersuchungen werden besonders folgende drei Arten von Logarithmusfunktionen herangezogen:

$$a = 10: \quad \lg x = \log_{10} x \qquad \text{(Briggsscher Logarithmus)}$$
$$a = 2: \quad \text{lb } x = \log_2 x \qquad \text{(binärer Logarithmus)}$$
$$a = e: \quad \ln x = \log_e x \qquad \text{(natürlicher Logarithmus)}$$

Die Werte dieser Funktionen findet man in Tabellen (siehe z. B. [4]).

Die Logarithmusfunktionen besitzen eine Reihe von Eigenschaften. Zwei davon seien hier genannt:

$$\log_a x_1 x_2 = \log_a x_1 + \log_a x_2, \quad \text{wenn} \quad x_1, x_2 > 0,$$
$$\log_a x^\mu = \mu \log_a x, \quad \text{wenn} \quad x > 0.$$

4. Trigonometrische Funktionen

$$y = \sin x, \quad x \in (-\infty, +\infty), \tag{9.49}$$

$$y = \cos x, \quad x \in (-\infty, +\infty), \tag{9.50}$$

$$y = \tan x, \quad x \neq (2k + 1)\frac{\pi}{2}, \quad k = 0, \pm 1, \pm 2, \ldots, \tag{9.51}$$

$$y = \cot x, \quad x \neq k\pi, \quad k = 0, \pm 1, \pm 2, \ldots \tag{9.52}$$

Diese Funktionen sind periodisch, wobei $y = \sin x$ und $y = \cos x$ die primitive Periode 2π haben, während die primitive Periode der beiden letzten Funktionen gleich π ist (vgl. Bild 9.9 und 9.10).

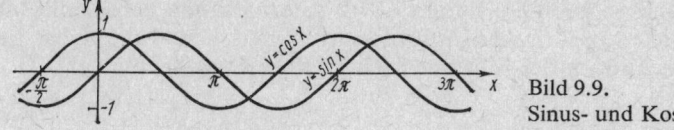

Bild 9.9.
Sinus- und Kosinusfunktion

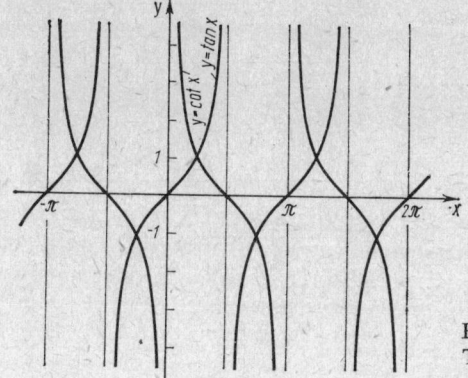

Bild 9.10.
Tangens- und Kotangensfunktion

5. Umkehrfunktionen der trigonometrischen Funktionen (auch *Arkusfunktionen* genannt)

$$y = \arcsin x, \quad x \in [-1, 1]; \qquad y = \arccos x, \quad x \in [-1, 1];$$
$$y = \arctan x, \quad x \in (-\infty, +\infty); \quad y = \operatorname{arccot} x, \quad x \in (-\infty, +\infty). \tag{9.53}$$

Zu diesen Funktionen und ihren Bezeichnungen sind einige Bemerkungen notwendig. Man sieht aus den Bildern 9.9 und 9.10 sofort, daß die trigonometrischen Funktionen nicht eineindeutig sind. Deshalb existieren zwar Umkehrabbildungen für sie, diese sind jedoch keine Funktionen. Wie kommt man dennoch zu der globalen Bezeichnung Umkehrfunktionen der trigonometrischen Funktionen? Man betrachtet hierzu die trigonometrischen Funktionen nur in solchen Intervallen, in denen sie eineindeutig sind. Hierzu wählt man z. B.

$$f_{1k}\colon\ y = \sin x, \quad x \in \left[-\frac{\pi}{2} + k\pi, \frac{\pi}{2} + k\pi\right], \quad k = 0, \pm1, \pm2, \ldots,$$

$$f_{2k}\colon\ y = \cos x, \quad x \in [k\pi, \pi + k\pi], \quad k = 0, \pm1, \pm2, \ldots,$$

$$f_{3k}\colon\ y = \tan x, \quad x \in \left(-\frac{\pi}{2} + k\pi, \frac{\pi}{2} + k\pi\right), \quad k = 0, \pm1, \pm2, \ldots,$$

$$f_{4k}\colon\ y = \cot x, \quad x \in (k\pi, \pi + k\pi), \quad k = 0, \pm1, \pm2, \ldots.$$

Bei fixiertem k ist nun jede der Funktionen f_{ik} ($i = 1, 2, 3, 4$) eineindeutig (vgl. Bild 9.9 und 9.10) und besitzt daher eine Umkehrfunktionen f_{ik}^{-1}. Unter den Funktionen (9.53) versteht man nun speziell die Umkehrfunktion f_{i0}^{-1} ($i = 1, 2, 3, 4$). Sie sind in den Bildern 9.11a und 9.11b dargestellt; außerdem zeigen diese Bilder noch f_{11}^{-1} sowie f_{31}^{-1} und f_{41}^{-1}.

Die hier unter 1. bis 5. genannten Funktionen werden wir im weiteren **Grund-funktionen** nennen. Diese wenigen Funktionen bilden die Ausgangselemente für die Konstruktion der sogenannten elementaren Funktionen (vgl. Abschnitt 9.5.). Letztere sind bereits so verschiedenartig, daß man mit ihnen in vielen Untersuchungen aus-kommt. Ergänzt man sie noch durch die zusammengesetzten Funktionen (vgl. Abschnitt 9.1., insbesondere (9.18) und (9.19)), so erhält man bereits die Menge der Funktionen, die vielen praktischen Anforderungen genügt und die daher im Mittel-punkt der Untersuchungen der folgenden Bände über Funktionen steht.

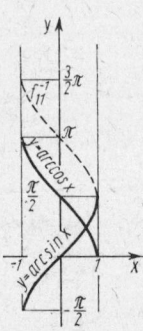

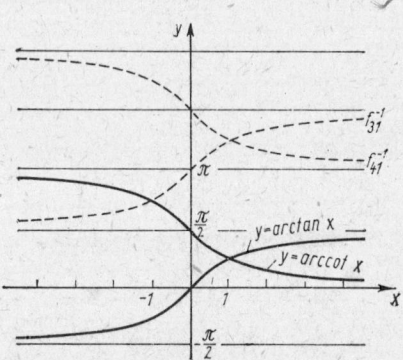

Bild 9.11a.
Arkussinus- und
Arkuskosinusfunktion

Bild 9.11b.
Arkustangens- und
Arkuskotangensfunktion

9.5.   Mittelbare und elementare Funktionen

Wie bereits im vorhergehenden Abschnitt angedeutet, gehen wir jetzt dazu über, aus den Grundfunktionen neue Funktionen zu konstruieren. Die einfachste Möglich-keit hierzu besteht darin, sie durch die vier Grundrechenarten miteinander zu „ver-knüpfen". Wie dabei vorzugehen ist, wurde bereits am Ende von Abschnitt 9.1. dargelegt. Unter den Funktionen, die auf diese Weise gebildet werden, seien einige erwähnt.

1. *Ganze rationale Funktionen*

$$y = a_0 + a_1 x + a_2 x^2 + \ldots + a_{n-1} x^{n-1} + a_n x^n, \quad x \in R^1; \tag{9.54}$$

hierbei ist n eine natürliche Zahl und a_i, $i = 0, 1, \ldots, n$, sind gewisse feste reelle Zahlen. Funktionen der Art (9.54) nennt man auch *Polynome vom Grade n* (wenn $a_n \neq 0$). Nehmen zwei Polynome $P(x)$ und $R(x)$ vom Grade n für mehr als n x-Werte gleiche Werte an: $P(x_i) = R(x_i)$, $i = 1, 2, \ldots, r$ $(r > n)$, dann sind sie identisch, d. h., dann gilt $P(x) \equiv R(x)$ für alle $x \in R^1$. Für Polynome sind häufig – ähnlich wie für beliebige andere Funktionen – die sog. Nullstellen (vgl. Abschnitt 9.1.) von beson-derem Interesse. Wie das Beispiel der Exponentialfunktion zeigt, besitzen durchaus nicht alle Funktionen Nullstellen. Dehnt man jedoch den Definitionsbereich der Polynome auf die Menge aller komplexen Zahlen aus, so gilt die Aussage (*Funda-mentalsatz der Algebra*):

Jedes Polynom n-ten Grades hat in der Menge der komplexen Zahlen wenigstens eine Nullstelle, wenn $n \geq 1$ ist. Ist $P(x)$ ein Polynom n-ten Grades und x_1 eine Nullstelle von $P(x)$, dann überzeugt man sich durch entsprechende Polynomdivision, daß die Darstellung

$$P(x) = (x - x_1)\, R(x)$$

gilt, wobei $R(x)$ ein Polynom nur noch $(n - 1)$-ten Grades ist. Eine analoge Darstellung kann man nun auch für $R(x)$ angeben. Setzt man diese Überlegung fort, so erhält man schließlich für $P(x)$ eine Darstellung der Form

$$P(x) = a_n(x - x_1)\,(x - x_2) \cdot \ldots \cdot (x - x_n),$$

die *Zerlegung des Polynoms in Elementarfaktoren* genannt wird; dabei sind die x_1, $x_2, \ldots, x_n$ genau alle Nullstellen von $P(x)$. Tritt eine Nullstelle x_i in dieser Zerlegung genau einmal auf, so wird x_i *einfache Nullstelle* von $P(x)$ genannt; tritt eine Nullstelle x_j jedoch n_j-mal auf, so heißt x_j *mehrfache Nullstelle* der *Vielfachheit* n_j. Daher kann die Zerlegung in Elementarfaktoren auch so geschrieben werden:

$$P(x) = a_n(x - x_1)^{n_1}\,(x - x_2)^{n_2} \cdot \ldots \cdot (x - x_k)^{n_k}; \tag{9.55}$$

dabei sind die $n_j, j = 1, 2, \ldots, k$, gewisse natürliche Zahlen mit $n_j \geqq 1$ und $\sum_{j=1}^{k} n_j = n$. Deshalb sagt man auch, daß ein Polynom n-ten Grades genau n Nullstellen hat, wobei man die mehrfachen Nullstellen entsprechend ihrer Vielfachheit zählt.

2. *Gebrochen rationale Funktionen* ergeben sich als Quotient zweier Polynome

$$y = \frac{P_n(x)}{R_m(x)} = \frac{a_0 + a_1 x + a_2 x^2 + \ldots + a_{n-1} x^{n-1} + a_n x^n}{b_0 + b_1 x + b_2 x^2 + \ldots + b_{m-1} x^{m-1} + b_m x^m}; \tag{9.56}$$

der Definitionsbereich besteht aus all denjenigen x, für die das Nennerpolynom verschieden von null ist. Im weiteren bezeichnen wir die rechte Seite von (9.56) kurz mit $Q(x)$. In Abhängigkeit davon, ob der Grad des Zählerpolynoms von $Q(x)$ größer oder kleiner als der des Nennerpolynoms ist, werden die gebrochen rationalen Funktionen weiter unterschieden: ist $n \geqq m$, so heißt die rationale Funktion (9.56) *unecht gebrochen*, dagegen wird sie für $n < m$ *echt gebrochen* genannt. Durch entsprechende Polynomdivision kann jede unecht gebrochen rationale Funktion als Summe eines Polynoms vom Grade $n - m$ und einer echt gebrochen rationalen Funktion dargestellt werden.

Die Nullstellen des Nennerpolynoms haben eine besondere Bedeutung für gebrochen rationale Funktionen, obwohl sie aus deren Definitionsbereich ausgeschlossen sind. Ist eine Nullstelle x_1 des Nennerpolynoms auch gleichzeitig Nullstelle des Zählerpolynoms von $Q(x)$, so wird dadurch eine sogenannte *Lücke* definiert. Ist dagegen x_1 eine Nullstelle der Vielfachheit m_1 des Nennerpolynoms, jedoch keine Nullstelle des Zählerpolynoms, so wird dadurch ein *Pol der Ordnung* m_1 definiert. Lücken und Pole sind ihrerseits noch detaillierter zu charakterisieren.

Es sei x_1 ein Pol von $Q(x)$. Ist seine Ordnung m_1 eine gerade Zahl, so nimmt $Q(x)$ in der Umgebung von x_1 nur beliebig große Werte gleichen Vorzeichens an; ist m_1 dagegen ungerade, so nimmt $Q(x)$ in der Umgebung von x_1 sowohl beliebig große positive als auch negative Werte an. Als einfachste Beispiele seien hierfür die gleichseitigen Hyperbeln $y = x^{-n}$, $x \neq 0$, genannt; sie haben für beliebiges $n \in \mathbf{N}^+$ in $x_1 = 0$ einen Pol der Ordnung n (für $n = 1, 2, 3$ siehe Bild 9.7). Die Bilder 9.12a und 9.12b zeigen die verschiedenen Möglichkeiten für Pole gerader und ungerader Ordnung.

Wenn x_1 eine Lücke von $Q(x)$ darstellt, dann gilt $P_n(x_1) = R_m(x_1) = 0$, und es seien n_1 bzw. m_1 die Vielfachheiten der Nullstelle x_1 von P_n bzw. R_m. Hier sind

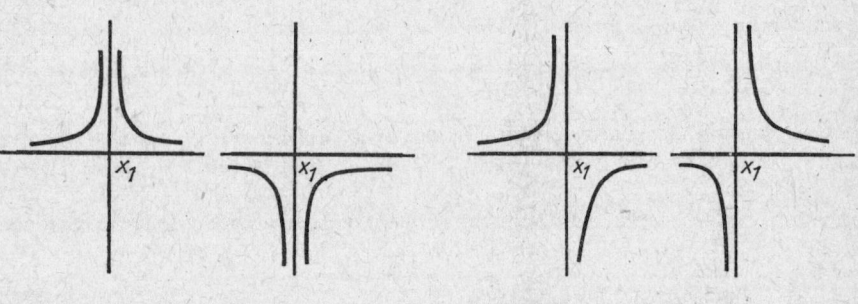

Bild 9.12a.
Pole gerader Ordnung

Bild 9.12b.
Pole ungerader Ordnung

folgende Fälle zu unterscheiden. Für $n_1 \geqq m_1$ liegt in x_1 eine sogenannte *hebbare Unstetigkeit* von $Q(x)$ vor; dabei verhält sich $Q(x)$ für $n_1 > m_1$ in der Umgebung von x_1 wie in der Umgebung einer Nullstelle von $Q(x)$. Für $n_1 < m_1$ verhält sich $Q(x)$ in der Umgebung von x_1 dagegen wie in der Umgebung eines Pols der Ordnung $m_1 - n_1$.

* *Aufgabe 9.12:* Von der gebrochen rationalen Funktion

$$y = \frac{x^2 - x - 12}{x^4 - 3x^3 - 4x^2}$$

sind Nullstellen, Pole und Lücken zu ermitteln. Für Nullstellen und Pole sind deren Ordnung anzugeben; die Lücken sind näher zu charakterisieren.

3. *Hyperbolische Funktionen*

$$y = \sinh x \quad \text{mit} \quad \sinh x = \frac{e^x - e^{-x}}{2}, \quad x \in (-\infty + \infty),$$

$$y = \cosh x \quad \text{mit} \quad \cosh x = \frac{e^x + e^{-x}}{2}, \quad x \in (-\infty, +\infty),$$

$$y = \tanh x \quad \text{mit} \quad \tanh x = \frac{e^x - e^{-x}}{e^x + e^{-x}}, \quad x \in (-\infty, +\infty),$$

$$y = \coth x \quad \text{mit} \quad \coth x = \frac{e^x + e^{-x}}{e^x - e^{-x}}, \quad x \in (-\infty, 0) \cup (0, +\infty).$$

(9.57)

Gelesen werden diese Funktionen als hyperbolischer Sinus, Kosinus, Tangens und Kotangens. Zwischen ihnen bestehen ähnliche Beziehungen wie zwischen den trigonometrischen Funktionen. Dabei ist zu beachten, daß sie im Zusammenhang mit dem hyperbolischen Kotangens für $x = 0$ nicht gelten, während sie sonst immer für alle

$x \in R^1$ gültig sind. Hier sei folgende Auswahl dieser Beziehungen genannt:

$$\cosh^2 x - \sinh^2 x = 1, \qquad \frac{\sinh x}{\cosh x} = \tanh x, \qquad \frac{\cosh x}{\sinh x} = \coth x,$$

$$\tanh x = \frac{\sinh x}{\sqrt{\sinh^2 x + 1}}, \qquad \coth x = \frac{\sqrt{\sinh^2 x + 1}}{\sinh x},$$

$$\cosh (x_1 \pm x_2) = \cosh x_1 \cosh x_2 \pm \sinh x_1 \sinh x_2,$$

$$\tanh (x_1 \pm x_2) = \frac{\tanh x_1 \pm \tanh x_2}{1 \pm \tanh x_1 \tanh x_2}, \qquad \sinh 2x = 2 \sinh x \cosh x,$$

$$\cosh 2x = \sinh^2 x + \cosh^2 x, \qquad \tanh 2x = \frac{2 \tanh x}{1 + \tanh^2 x},$$

$$\coth 2x = \frac{1 + \coth^2 x}{2 \coth x}.$$

Die Bilder 9.13a und 9.13b zeigen die Graphen der hyperbolischen Funktionen. Aus ihnen kann man auch Vorstellungen über das Monotonie- und Krümmungsverhalten dieser Funktionen gewinnen.

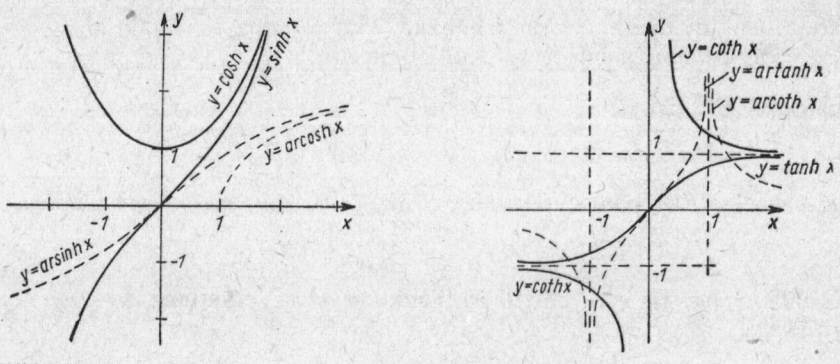

Bild 9.13a   Bild. 9.13b
Hyperbelfunktionen mit Umkehrfunktionen (Areafunktionen)

4. *Areafunktionen*

$$y = \operatorname{arsinh} x \quad \text{mit} \quad \operatorname{arsinh} x = \ln \left(x + \sqrt{x^2 + 1}\right), \qquad x \in (-\infty, +\infty),$$

$$y = \operatorname{arcosh} x \quad \text{mit} \quad \operatorname{arcosh} x = \ln \left(x + \sqrt{x^2 - 1}\right), \qquad x \in [1, +\infty),$$

$$y = \operatorname{artanh} x \quad \text{mit} \quad \operatorname{artanh} x = \frac{1}{2} \ln \frac{1 + x}{1 - x}, \qquad x \in (-1, 1), \qquad (9.58)$$

$$y = \operatorname{arcoth} x \quad \text{mit} \quad \operatorname{arcoth} x = \frac{1}{2} \ln \frac{x + 1}{x - 1}, \qquad x \in (-\infty, -1) \cup (1, +\infty).$$

Gelesen werden diese Funktionen als hyperbolischer Areasinus, Areakosinus, Areatangens und Areakotangens. Sie stellen die Umkehrfunktionen der hyperbolischen Funktionen dar und ergeben sich in der üblichen Weise. So erhält man z. B. nach Multiplikation von $y = \sinh x = \frac{1}{2} (e^x - e^{-x})$ mit $2 e^x$ die in e^x quadratische Gleichung $(e^x)^2 - 2y e^x - 1 = 0$; aus ihr folgt zunächst $e^x = y \pm \sqrt{y^2 + 1}$, wobei jedoch das Minuszeichen ausgeschlossen werden muß, weil $e^x > 0$ für alle $x \in R^1$ gilt; wendet man nun noch den Logarithmus auf beide Seiten an und vertauscht x und y, so erhält man die Umkehrfunktion $y = \text{arsinh } x$ in der angegebenen Form. Zum hyperbolischen Areakosinus muß allerdings bemerkt werden, daß er nur die Umkehrfunktion von $y = \cosh x$, $x \geqq 0$, darstellt; die Umkehrfunktion des „Zweiges" $y = \cosh x$, $x \leqq 0$, ist durch $y = -\ln\left(x + \sqrt{x^2 - 1}\right) = \ln\left(x - \sqrt{x^2 - 1}\right)$, $x \in [1, +\infty)$ gegeben. Die Graphen aller Areafunktionen erhält man durch entsprechende Spiegelung (vgl. Abschnitt 9.2. und Bilder 9.13a, 9.13b). Die Vorsilbe „Area" in der Bezeichnung dieser Funktionen kommt von dem Wort „Fläche" und wurde gewählt, weil die Areafunktionen bei der Berechnung der Flächen von Hyperbelsektoren auftreten.

Funktionen kann man nicht nur mittels der vier Grundrechenarten miteinander verknüpfen, sondern auch dadurch, daß man das Argument einer Funktion durch eine andere Funktion ersetzt. Auf diese Weise entsteht z. B. aus

$$y = \sqrt{u}, \quad u \in [0, +\infty), \quad \text{und} \quad u = 1 + x^2, \quad x \in (-\infty, +\infty),$$

die neue Funktion

$$y = \sqrt{1 + x^2}, \quad x \in (-\infty, +\infty).$$

Man spricht in diesem Zusammenhang von mittelbaren Funktionen. Sie können nicht völlig beliebig gebildet werden. Es gilt die

D.9.11 Definition 9.11: *Es seien*

$$y = f(u), \quad u \in D_f, \quad \text{und} \quad u = g(x), \quad x \in D_g,$$

zwei beliebige Funktionen. Wenn dabei $W_g \subseteqq D_f$ gilt, dann kann die neue Funktion

$$y = f(g(x)), \quad x \in D_g,$$

gebildet werden; sie wird **mittelbare Funktion** *oder* **Verkettung** *der Funktionen f und g genannt.*

Die Forderung $W_g \subseteqq D_f$ ist wesentlich, denn sonst kann es zu sinnlosen Termen kommen.

* *Aufgabe 9.13:* Man gebe für den Definitionsbereich D_f der Funktion $u = 1 - x^2$, $x \in D_f$, ein maximales Intervall I derart an, daß die mittelbare Funktion $y = \ln(1 - x^2)$, $x \in I$, sinnvoll ist.

Jetzt können wir den Begriff der elementaren Funktion einführen.

D.9.12 Definition 9.12: *Jede Funktion, die sich durch endlich viele Operationen der Grundrechenarten sowie durch Verkettung aus den Grundfunktionen darstellen läßt, nennt man* **elementare Funktion**.

Außerhalb der Menge der elementaren Funktionen liegt u. a. noch die Menge der zusammengesetzten Funktionen (vgl. Abschnitt 9.1.). Die Vereinigung beider Mengen erfaßt zwar auch noch nicht alle existierenden Funktionen, ist aber dennoch bereits so umfangreich, daß sie für viele praktische Probleme ausreicht.

9.6. Interpolation (Newton)

Allgemein besteht die Interpolation darin, eine gegebene Funktion f durch Vertreter einer gewissen Klasse von Funktionen (z. B. Polynome eines gewissen Grades oder trigonometrische Funktionen mit unterschiedlichen Perioden) so anzunähern, daß f und ihre Näherungs- oder Interpolationsfunktion in gegebenen Punkten gleich sind (ausführlichere Behandlung dieses Gebietes siehe [2]). Bevorzugt werden Polynome als Interpolationsfunktionen verwendet, denn sie erweisen sich in vielen Beziehungen als besonders einfach. So sind z. B. zur Berechnung der Funktionswerte eines Polynoms nur die Grundrechenarten Addition, Subtraktion und Multiplikation erforderlich.

Dieser Abschnitt ist der Interpolation durch Polynome gewidmet. Die dabei bestehende Aufgabe läßt sich wie folgt formulieren: Gegeben seien $n + 1$ Zahlenpaare (x_i, y_i), $i = 0, 1, 2, \ldots, n$; es ist ein Polynom

$$P_n(x) = a_0 + a_1 x + a_2 x^2 + \ldots + a_n x^n \tag{9.59}$$

zu bestimmen, das diese Zahlenpaare enthält. Mit anderen Worten, für $P_n(x)$ soll gelten

$$P_n(x_i) = y_i, \qquad i = 0, 1, \ldots, n. \tag{9.60}$$

Hierbei werden die x_i, $i = 0, 1, \ldots, n$, *Stützstellen* und die y_i, $i = 0, 1, \ldots, n$, *Stützwerte* genannt. Wir setzen voraus, daß die Stützstellen alle paarweise verschieden sind. Man beachte schließlich noch, daß der Grad des gesuchten Polynoms (9.59) zunächst gleich n, d. h. um eins kleiner als die Anzahl der Stützstellen, gesetzt wird.

Zu einer solchen Aufgabenstellung kann man auf verschiedenen Wegen gelangen. Zwei Möglichkeiten davon seien hier genannt. Eine ergibt sich, wenn man zu einer Meßreihe (vgl. etwa (9.16)) ein entsprechendes Interpolationspolynom konstruieren will. Eine andere erhält man, wenn eine gegebene Funktion $y = f(x)$, $x \in D_f$, durch ein Interpolationspolynom angenähert werden soll. In diesem Falle muß man sich aber erst eine Wertetabelle schaffen; ihr kann man dann die Zahlenpaare (x_i, y_i), $i = 0, 1, \ldots, n$, entnehmen. Es kann gezeigt werden: Für die gestellte Aufgabe existiert immer genau ein Interpolationspolynom der Art (9.59).

Das Interpolationspolynom kann auf verschiedenen Wegen konstruiert werden. Dabei ergeben sich Formen des Polynoms, die sich von (9.59) zwar äußerlich unterscheiden, sich jedoch alle wieder auf (9.59) zurückführen lassen. Eine besonders elegante Form geht auf Newton zurück. Erwähnt sei hier noch das Interpolationspolynom von Lagrange.

Nach Newton wird das Interpolationspolynom für die Stützzahlenpaare (x_i, y_i), $i = 0, 1, \ldots, n$, in der Form

$$\begin{aligned} P_n(x) = c_0 + c_1(x - x_0) + c_2(x - x_0)(x - x_1) + \ldots \\ + c_n(x - x_0)(x - x_1) \ldots (x - x_{n-1}) \end{aligned} \tag{9.61}$$

angesetzt. Dabei sind c_i, $i = 0, 1, \ldots, n$, zunächst noch unbekannte Zahlen. Zu ihrer Bestimmung werden die Forderungen (9.60) benutzt. Hiernach ergibt sich nämlich folgendes gestaffeltes lineares algebraisches Gleichungssystem:

$$\begin{aligned} i = 0: \quad & y_0 = c_0 \\ i = 1: \quad & y_1 = c_0 + c_1(x_1 - x_0) \\ i = 2: \quad & y_2 = c_0 + c_1(x_2 - x_0) + c_2(x_2 - x_0)(x_2 - x_1) \\ & \cdots\cdots\cdots\cdots\cdots\cdots\cdots\cdots\cdots\cdots\cdots\cdots\cdots \\ i = n: \quad & y_n = c_0 + c_1(x_n - x_0) + c_2(x_n - x_0)(x_n - x_1) + \ldots \\ & \qquad + c_n(x_n - x_0)(x_n - x_1) \ldots (x_n - x_{n-1}). \end{aligned} \tag{9.62}$$

Dieses Gleichungssystem kann sukzessive – beginnend bei der ersten Gleichung und fortschreitend bis zur letzten – gelöst werden. Dabei erhält man die Koeffizienten $c_0, c_1, \ldots, c_n$ als sogenannte *Steigungen* oder dividierte Differenzen. Allgemein unterscheidet man 1., 2., ... Steigungen. Sie werden rekursiv wie folgt definiert:

1. Steigungen:
$$[x_i x_{i+1}] = \frac{y_i - y_{i+1}}{x_i - x_{i+1}},$$

2. Steigungen:
$$[x_i x_{i+1} x_{i+2}] = \frac{[x_i x_{i+1}] - [x_{i+1} x_{i+2}]}{x_i - x_{i+2}},$$

. . . .

k. Steigungen:
$$[x_i x_{i+1} \ldots x_{i+k}] = \frac{[x_i x_{i+1} \ldots x_{i+k-1}] - [x_{i+1} x_{i+2} \ldots x_{i+k}]}{x_i - x_{i+k}}. \qquad (9.63)$$

Mit diesen Bezeichnungen gelten für die c_i, $i = 1, 2, \ldots, n$, die Formeln $c_1 = [x_0 x_1]$,

$$c_i = [x_0 x_1 \ldots x_i] = \frac{[x_0 x_1 \ldots x_{i-1}] - [x_1 x_2 \ldots x_i]}{x_0 - x_i}, \quad i = 2, 3, \ldots, n. \quad (9.64)$$

Somit nimmt das Polynom (9.61) die Form an

$$P_n(x) = y_0 + [x_0 x_1] (x - x_0) + [x_0 x_1 x_2] (x - x_0) (x - x_1) + \ldots$$
$$+ [x_0 x_1 \ldots x_n] (x - x_0) (x - x_1) \ldots (x - x_{n-1}). \qquad (9.65)$$

* *Aufgabe 9.14:* Man zeige – ausgehend von (9.63) –, daß tatsächlich die folgende Formel gilt

$$c_2 = \frac{[x_0 x_1] - [x_1 x_2]}{x_0 - x_2}.$$

Das Polynom der Form (9.61) wird *Newtonsches Interpolationspolynom* genannt. Es hat einen großen Vorteil, denn es gilt

S.9.8 Satz 9.8: *Fügt man den Stützpaaren (x_i, y_i), $i = 0, 1, \ldots, n$, unter Beibehaltung ihrer Reihenfolge k neue Stützpaare (x_{n+j}, y_{n+j}), $j = 1, 2, \ldots, k$, hinzu (um etwa den Grad des Interpolationspolynoms zu erhöhen), so ändern sich die Koeffizienten $c_0 = y_0$, $c_i = [x_0 x_1 \ldots x_i]$, $i = 1, 2, \ldots, n$, nicht, und es müssen lediglich die Koeffizienten $c_{n+j} = [x_0 x_1 \ldots x_{n+j}]$, $j = 1, 2, \ldots, k$, neu berechnet werden.*

Dieses Vorgehen wird im Beispiel 9.11 demonstriert. Es sei noch erwähnt, daß durch die Hinzunahme neuer Stützpaare der Grad des Polynoms durchaus nicht immer erhöht werden kann. Das ist nur dann möglich, wenn die neuen Stützpaare nicht zu dem bereits ermittelten Interpolationspolynom gehören.

Beispiel 9.11: Für die Stützpaare $(0; 7)$, $(3; -2)$, $(4; 115)$ und $(-2; 73)$ ist ein Newtonsches Interpolationspolynom zu ermitteln. Das entsprechende Gleichungssystem (9.62) lautet

$$i = 0: \quad 7 = c_0,$$
$$i = 1: \quad -2 = c_0 + 3c_1,$$
$$i = 2: \quad 115 = c_0 + 4c_1 + 4(4 - 3) c_2 = c_0 + 4c_1 + 4c_2,$$
$$i = 3: \quad 73 = c_0 - 2c_1 - 2(-5) c_2 - 2(-5) (-6) c_3$$
$$= c_0 - 2c_1 + 10c_2 - 60c_3.$$

Löst man dieses lineare Gleichungssystem schrittweise, beginnend mit der ersten Gleichung, so erhält man $c_0 = 7$, $c_1 = -3$, $c_2 = 30$, $c_3 = 4$. Das gesuchte Newtonsche Polynom lautet daher

$$P_3(x) = 7 - 3x + 30x(x - 3) + 4x(x - 3)(x - 4).$$

Nun nehmen wir an, daß noch ein weiteres Stützpaar $(1; 4)$ bekannt sei, und benutzen es, um den Grad des Newtonschen Interpolationspolynoms um eins zu erhöhen. Um dabei die bisherigen Ergebnisse verwenden zu können, verfahren wir gemäß Satz 9.8 und fügen die dem neuen Stützpaar $(1; 4)$ entsprechende Gleichung

$$i = 4: \quad 4 = c_0 + c_1 - 2c_2 - 2(-3)c_3 - 2(-3)(1 + 2)c_4$$
$$= c_0 + c_1 - 2c_2 + 6c_3 + 18c_4$$

dem obigen Gleichungssystem hinzu. Hieraus folgt $c_4 = \dfrac{1}{18}(4 - c_0 - c_1 + 2c_2 - 6c_3)$;

unter Verwendung der bereits berechneten Werte für c_0 bis c_3 ergibt sich $c_4 = 2$. Somit erhalten wir das neue Newtonsche Interpolationspolynom vierten Grades:

$$P_4(x) = P_3(x) + 2x(x - 3)(x - 4)(x + 2)$$
$$= 7 - 3x + 30x(x - 3) + 4x(x - 3)(x - 4)$$
$$+ 2x(x - 3)(x - 4)(x + 2).$$

Wir bemerken noch, daß die Reihenfolge der Stützpaare Einfluß auf die äußere Form des Newtonschen Interpolationspolynoms hat. Ordnet man beispielsweise die obigen Stützpaare in der Reihenfolge fallender x-Werte an, d. h. geht man von $(4; 115)$, $(3; -2)$, $(0; 7)$ und $(-2; 73)$ aus, so erhält man

$$\tilde{P}_3(x) = 115 + 117(x - 4) + 30(x - 4)(x - 3) + 4(x - 4)(x - 3)x.$$

Selbstverständlich sind die beiden Polynome $\tilde{P}_3(x)$ und $P_3(x)$ identisch. Das kann man u. a. dadurch nachprüfen, daß man alle Klammern in beiden Polynomen auflöst.

Aufgabe 9.15: Man nehme im Beispiel 9.11 das Stützpaar $(2, -43)$ anstelle von $(1, 4)$ * hinzu und zeige, daß sich dabei der Grad des Polynoms $P_3(x)$ nicht erhöht. Worin liegt die Ursache dafür?

Aufgabe 9.16: Man verwende die Stützpaare $(4, 115)$, $(3, -2)$, $(1, 4)$, $(0, 7)$ und * $(-2, 73)$ in der angegebenen Reihenfolge zur Konstruktion des entsprechenden Newtonschen Interpolationspolynoms $\hat{P}_4(x)$. Weiter überprüfe man, daß dieses Polynom identisch gleich dem in Beispiel 9.11 ermittelten Polynom $P_4(x)$ ist.

Ein einfacher Spezialfall des Newtonschen Interpolationspolynoms ergibt sich, wenn der Abstand zwischen zwei beliebigen benachbarten Stützstellen gleich ist, d. h. wenn

$$x_i - x_{i-1} = h = \text{const} \quad \text{für alle} \quad i = 1, 2, \dots, n \tag{9.66}$$

gilt. Man spricht dann von *äquidistanten Stützstellen* und ordnet sie in wachsender Reihenfolge: $x_0 < x_1 < \dots < x_n$. Für äquidistante Stützstellen lassen sich die zum Newtonschen Interpolationspolynom führenden Berechnungen vereinfachen. Insbesondere können die Steigungen im Prinzip durch einfache Differenzen ersetzt werden. Aus (9.66) folgen nämlich die Gleichungen

$$x_i = x_0 + ih \quad \text{bzw.} \quad x_i - x_0 = ih, \quad i = 1, 2, \dots, n; \tag{9.67}$$

benutzt man außerdem die für Differenzen üblichen Bezeichnungen

$$\Delta^1 y_i = y_{i+1} - y_i, \quad i = 0, 1, \ldots, n,$$

$$\Delta^j y_i = \Delta^{j-1} y_{i+1} - \Delta^{j-1} y_i, \quad i = 0, 1, \ldots, n; \quad j = 2, 3, \ldots,$$

so ergibt sich für die Koeffizienten des Newtonschen Interpolationspolynoms

$$c_i = \frac{1}{i!} \frac{1}{h^i} \Delta^i y_0, \quad i = 1, 2, \ldots, n. \tag{9.68}$$

Mit diesen Koeffizienten lautet das Newtonsche Interpolationspolynom (9.61) jetzt

$$P_n(x) = y_0 + \frac{1}{h} \Delta^1 y_0 (x - x_0) + \frac{1}{2! h^2} \Delta^2 y_0 (x - x_0)(x - x_1) + \ldots$$

$$+ \frac{1}{n! h^n} \Delta^n y_0 (x - x_0)(x - x_1) \ldots (x - x_{n-1}). \tag{9.69}$$

Die Koeffizienten dieses Polynoms sind bekannt, wenn die Differenzen $\Delta^i y_0$, $i = 1, 2, \ldots, n$, bekannt sind. Zu ihrer Berechnung verwendet man gewöhnlich ein einfaches Differenzenschema (siehe [2] bzw. Rechenschema in der Lösung von Aufgabe 9.17).

* *Aufgabe 9.17:* Man verwende die Stützpaare $(-2, 73)$, $(-1, 10)$, $(0, 7)$, $(1, 4)$, $(2, -11)$ und $(3, -2)$ in der angegebenen Reihenfolge zur Konstruktion des entsprechenden Newtonschen Interpolationspolynoms.

9.7.   Darstellung von Funktionen mittels Parameter

Auf die Darstellung von Funktionen mittels Parameter wurde bereits in Abschnitt 9.1. kurz hingewiesen. Allgemein versteht man darunter folgendes. Es seien g und h zwei Funktionen mit gleichem Definitionsbereich D. Dann ist durch

$$x = g(t), \quad y = h(t), \quad t \in D, \tag{9.70}$$

zunächst i. a. noch keine Funktion, sondern erst eine Abbildung definiert. Sie besteht aus allen geordneten Paaren (x, y), bei denen x und y die durch (9.70) gegebenen Bilder derselben Hilfsvariablen $t \in D$ sind.

* *Aufgabe 9.18:* Man zeige, daß für die Funktionen $g(t) = \sin t$, $h(t) = \frac{1}{4}\left(t - \frac{\pi}{2}\right)$, $t \in R^1$, durch die Menge aller Paare (x, y) mit $x = g(t)$, $y = h(t)$, d. h. $x = \sin t$, $y = \frac{1}{4}\left(t - \frac{\pi}{2}\right)$, $t \in R^1$, zwar eine Abbildung, jedoch keine Funktion gegeben ist.

Sind nun dagegen die Funktionen g und h von der Art, daß jedem nach (9.70) möglichen x-Wert genau ein y-Wert zugeordnet ist, dann ist mit (9.70) eine neue Funktion f definiert. Wir werden diese Voraussetzungen bezüglich g und h immer als erfüllt betrachten. Dazu genügt es z. B. zu fordern, daß g eine eineindeutige Funktion ist. Man nennt dann (9.70) *Parameterdarstellung der Funktion f* und die Hilfsvariable t *Parameter.*

Allgemein kann man für jede Funktion beliebig viele Parameterdarstellungen angeben.

Zur Erläuterung dieser Feststellung erwähnen wir folgendes. Es sei eine Funktion f in der Form $y = f(x)$, $x \in D_f$, gegeben. Weiter sei w, $x = w(t)$, $t \in D_w$, irgendeine Funktion mit der Eigenschaft, daß $D_f \supseteq W_w$ gilt. Der Einfachheit wegen wollen wir annehmen, daß $W_w = D_f$ und daß w eine streng monotone Funktion ist. Dann ist durch

$$x = w(t), y = h(t) \quad \text{mit} \quad h(t) = f(w(t)), \quad t \in D_w, \tag{9.71}$$

immer eine Parameterdarstellung der Ausgangsfunktion f gegeben. Da es aber beliebig viele Funktionen w mit den geforderten Eigenschaften gibt (man wähle etwa $w(t) = qt$ mit beliebigen $q > 0$), so haben wir mit (9.71) im Prinzip beliebig viele Parameterdarstellungen der ursprünglichen Funktion f angegeben.

Aufgabe 9.19: Man zeige, daß durch die Parameterdarstellungen   *

$$x = r \cos \alpha, \quad y = -r \sin \alpha, \quad \alpha \in (0, \pi), \tag{9.72}$$

und

$$x = r \frac{2u}{u^2 + 1}, \quad y = r \frac{u^2 - 1}{u^2 + 1}, \quad u \in (-1, +1), \tag{9.73}$$

die gleiche Funktion gegeben wird, und ermittle deren Graph.

In der Praxis besteht das Problem jedoch häufig nicht darin, zu einer gegebenen Funktion gewisse Parameterdarstellungen anzugeben. Vielmehr ergeben sich solche Parameterdarstellungen nicht selten einfach bei der mathematischen Modellierung (siehe auch Aufgabe 9.23 in Abschnitt 9.8.). So ist z. B. die Bewegungskurve der Punktmasse eines mathematischen Pendels eine Kreislinie bzw. ein Teil von ihr. Daher führt ihre Modellierung zu Parameterdarstellungen der Form (9.72) oder auch (9.73).

Abschließend sei noch bemerkt, daß die Parameterdarstellung von Funktionen erweitert werden kann auf Parameterdarstellung von Kurven in der Ebene sowie von Kurven und Flächen im Raum. Dabei müssen z. B. diese Kurven in der Ebene in der Vorgabe durch rechtwinklige Koordinaten x, y durchaus keine Funktionen sein. Mit anderen Worten, durch Parameter können nicht nur eindeutige, sondern – in einer Reihe von Fällen – auch mehrdeutige Abbildungen dargestellt werden. Einige Einzelheiten zu dieser Thematik findet man in Band 6. Wir bemerken hier nur, daß dabei häufig die sogenannten *Polarkoordinaten* ein wesentliches Hilfsmittel sind, und betrachten zur Erläuterung das folgende

Beispiel 9.12: Wir stellen uns einmal vor, ein Punkt P bewege sich mit konstanter Geschwindigkeit entlang einer Geraden, wobei die Bewegung zum Zeitpunkt t_0 im Punkt P_0 beginnen möge (vgl. [10]). Wenn dabei die Gerade ihrerseits – ausgehend von der horizontalen Lage $P_0 H$ – mit konstanter Geschwindigkeit in einer Ebene um den Punkt P_0 gedreht wird, so ergibt sich z. B. eine Kurve, wie sie Bild 9.14 zeigt.

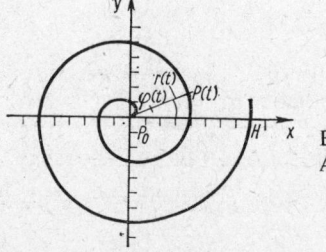

Bild 9.14.
Archimedische Spirale

Will man die Lage des Punktes auf der Kurve in jedem Augenblick $t > t_0$ eindeutig beschreiben, so ist das mit den rechtwinkligen x,y-Koordinaten nicht mehr möglich. Denn die Abbildung $A \subseteqq R^1 \times R^1$, die aus allen Paaren (x, y) besteht, wobei x und y die rechtwinkligen Koordinaten der Kurvenpunkte sind, ist offensichtlich nicht mehr eindeutig. Hier helfen folgende Betrachtungen. Die Lage des Punktes P ist in jedem Augenblick $t > t_0$ eindeutig bestimmt durch seinen Abstand $r(t)$ von P_0 und durch den Winkel $\varphi(t)$, den die Strecke $\overline{P_0 P}$ mit der Horizontalen $\overline{P_0 H}$ bildet:

$$r = r(t), \quad \varphi = \varphi(t), \quad t \geqq t_0; \tag{9.74}$$

dabei muß der Winkel $\varphi(t)$ allerdings nicht nur von 0 bis 2π, sondern – entsprechend der Häufigkeit der Drehungen um P_0 – von 0 bis $+\infty$ gerechnet werden.

Mit (9.74) ist ein Beispiel für eine Parameterdarstellung einer Kurve in Polarkoordinaten gegeben.

9.8.   Anwendungen von Funktionen

Schon in den vorangegangenen Abschnitten wurden einige ausgewählte Aufgabenstellungen der Praxis betrachtet, deren mathematische Modellierung zu Funktionen führte (siehe Aufgabe 8.15, Beispiele 9.2 bis 9.4 und 9.6). Das Anliegen dieses Abschnittes besteht darin, durch weitere praktische Probleme zu zeigen, wie vielfältig die Anwendungsmöglichkeiten für Funktionen sind. Dabei werden wir in diesem Rahmen natürlich teilweise stark vereinfachende Voraussetzungen machen müssen.

Beispiel 9.13: Wir wenden uns den bekannten Hebelgesetzen zu und betrachten hierzu die Bilder 9.15a und 9.15b. Dabei seien die Längen l_1 und l_2 jeweils bekannt und konstant, wogegen die Kraft Q zwar auch bekannt, aber variabel sein möge. Gesucht ist dann eine solche Kraft P, die den Hebel im Gleichgewicht hält. Hierfür ist eine Funktion aufzustellen.

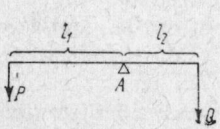   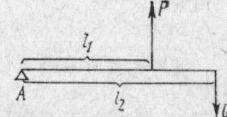

Bild 9.15a.   Bild 9.15b.
Hebel erster Art   Hebel zweiter Art

Dazu benutzen wir das bekannte Hebelgesetz und bezeichnen die Größen der Kräfte P bzw. Q entsprechend mit p bzw. q. Dieses Gesetz besagt: Damit ein Hebel sich im Gleichgewicht befindet, müssen die Produkte aus Kraft mal entsprechender Länge des „Kraftarmes" gleich sein (bei entsprechend gerichteten Kräften). Somit ergibt sich für Hebel beider Arten als Gleichgewichtsbedingung $pl_1 = ql_2$ oder

$$p = f(q) \quad \text{mit} \quad f(q) = \frac{l_2}{l_1} q, \quad q \geqq 0. \tag{9.75}$$

In der Praxis findet das Hebelgesetz in seiner mathematischen Darstellung in Form der Funktion (9.75) vielfältige Anwendung. Genannt seien hier Seilwinden und Flaschenzüge. Bei beiden nutzt man unterschiedliche Radien für die Angriffspunkte von Last und Kraft aus (vgl. Bild 9.16). Für Bild 9.16 gilt dann z. B.

$$qr = pR \quad \text{oder} \quad p = \frac{r}{R} q.$$

So kann man durch entsprechende Wahl der Radien r und R erreichen, daß die Größe q der Last Q in eine Kraft gewünschter Größe p „übersetzt" (transformiert) wird.

Aufgabe 9.20: Für den in Bild 9.17 dargestellten Flaschenzug stelle man die Abhängigkeit zwischen der Größe q der Last Q, den Radien r sowie R einerseits und der Größe p der Kraft P andererseits als Funktion dar. Dabei soll P selbstverständlich so gewählt werden, daß Gleichgewicht herrscht. Hinweis: Man beachte, daß bei jeder Aufhängung einer Last über eine Rolle diese Kraft gewissermaßen halbiert wird (vgl. Bild 9.18).

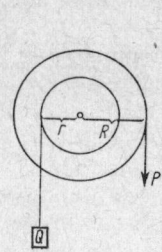

Bild 9.16.
Grundprinzip der Seilwinde

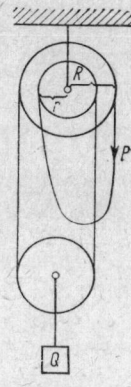

Bild 9.17.
Prinzip des
Flaschenzuges

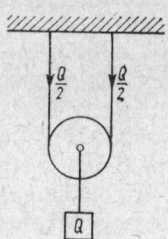

Bild 9.18.
Halbierung der
Wirkung einer Last

Beispiel 9.14: Aus einem rechteckigen Stück Blech soll ein Kasten ohne Deckel hergestellt werden. Dazu muß an jeder der vier Ecken entsprechend Material ausgeschnitten werden (vgl. Bild 9.19). Danach werden die entsprechenden Teile hochgebogen und verschweißt. Für die Abhängigkeit des Volumens des so entstehenden Behälters von den Maßen des Bleches und den vorgenommenen Abschnitten ergibt sich die Funktion

$$V = f(a, b, c) \quad \text{mit} \quad f(a, b, c) = (a - 2c)(b - 2c) c.$$

Hierbei bezeichnen a, b und c die Längen wie in Bild 9.19. Als Definitionsbereich muß selbstverständlich die Menge alle (a, b, c) mit $a, b, c > 0$ und $2c < \min(a, b)$ betrachtet werden.

Aufgabe 9.21: Zwei Triebräder seien gegeben (vgl. Bild 9.20). Die Abhängigkeit der Länge l des Treibriemens von den Radien r und R der Triebräder und deren Abstand d ist (analytisch) durch eine Funktion darzustellen (vgl. [10]).

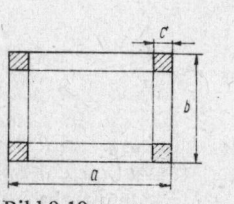

Bild 9.19.
Zuschnitt eines Blechkastens

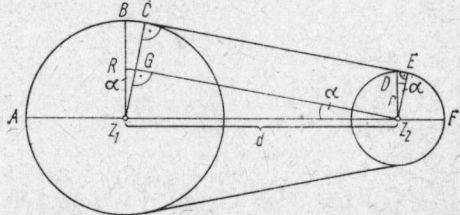

Bild 9.20.
Länge eines Treibriemens

Beispiel 9.15: Bei ökonomischen Untersuchungen spielt häufig die Fondsausnutzung eine Rolle. Sie stellt das Verhältnis des erzielten Nutzens zum Umfang der eingesetzten Fonds dar. Zur Messung der Fondsausnutzung werden verschiedene Kennziffern verwendet. Eine davon ist die Grundfondsquote, die hier mit q bezeichnet wird. Sie ist definiert als der Quotient von Produktionsvolumen y zu den Grundfonds x, die zur Produktion von y eingesetzt werden:

$$q = \frac{y}{x}.$$

Nimmt man nun an, daß die Grundfondsquote für ein gewisses Planungszeitintervall und im Rahmen gewisser Grenzen für die eingesetzten Grundfonds ($a \leqq x \leqq b$) konstant ist, so ergibt sich mit

$$y = qx, \quad a \leqq x \leqq b, \quad a > 0, \tag{9.76}$$

eine Funktion. Ihre Zuordnungsvorschrift lautet $y = qx$, ihr Argument ist x, und für ihren Definitionsbereich D gilt: $D = [a, b]$.

* *Aufgabe 9.22:* Ein Betrieb produziert k verschiedene Erzeugnisse $E_1, \ldots, E_k$. Beim Verkauf einer Mengeneinheit (ME) des Erzeugnisses E_i erzielt er einen Gewinn von c_i Werteinheiten ($i = 1, 2, \ldots, k$). Wie groß ist der Gesamtgewinn, wenn x_1 ME von E_1, x_2 ME von $E_2, \ldots, x_k$ ME von E_k verkauft werden?

Mit dieser Aufgabe haben wir insbesondere den Ökonomen an eine ganze Klasse von praktischen Problemen herangeführt, deren mathematische Modellierung eng mit dem Begriff der Funktion verknüpft ist. Es handelt sich um Optimierungsaufgaben und insbesondere um Probleme der linearen Optimierung (siehe Band 14). Aber nicht nur hier, sondern z. B. auch bei Lagerhaltungs- und Standortproblemen (Spezialfall: Steiner-Weber-Problem) führt die mathematische Modellierung zu Funktionen (vgl. [2]).

In den Beispielen dieses Abschnittes wurden nur solche Probleme betrachtet, deren Modellierung zu Funktionen in analytischer Darstellung führte. Damit beim Leser nicht der Eindruck entsteht, das müsse immer so sein, erinnern wir noch einmal an die Vielfalt der Möglichkeiten, Funktionen vorzugeben (siehe Abschnitt 9.1.). An dieser Stelle sei hierzu einerseits noch einmal das Beispiel der tabellarischen Darstellung (9.14) einer Funktion erwähnt, die in einem ganz konkreten Sachverhalt auftritt, und andererseits auf folgende Aufgabe verwiesen.

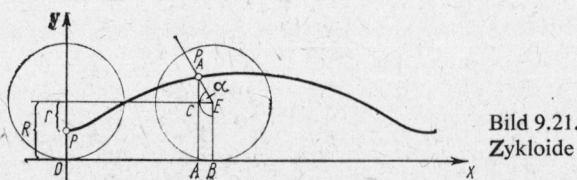

Bild 9.21.
Zykloide

* *Aufgabe 9.23:* Auf einer Kreisfläche möge ein Punkt P markiert sein. Der Kreis möge entlang einer Geraden rollen. Für die Kurve, die der markierte Punkt dabei beschreibt (siehe Bild 9.21), ist eine Parameterdarstellung zu ermitteln. Als Parameter verwende man den Winkel α.

9.9. Funktionsleitern und Netze

In diesem Abschnitt wird eine Einführung in das Gebiet der Funktionsleitern
und Funktionsnetze gegeben. Diese beiden Begriffe sind ihrerseits Elemente der
Nomographie. Die Nomographie ist die Lehre der theoretischen Grundlagen, der
Konstruktion und praktischen Nutzung solcher graphischer Darstellung der Beziehungen zwischen mehreren Veränderlichen, die es gestatten, zusammengehörige
Werte bequem abzulesen. Sie hat sich seit Mitte des vorigen Jahrhunderts als eigen-
ständige Theorie entwickelt. Eine wesentliche Ursache für diese Entwicklung war das
Bedürfnis, komplizierte Formeln, die sich bei praktischen Untersuchunegn ergaben,
schnell, übersichtlich und mit der notwendigen Genauigkeit numerisch auszuwerten.
Dabei erwiesen sich unter den Bedingungen noch nicht vorhandener Rechenautomaten eben gerade die Nomogramme als ein wichtiges Hilfsmittel.

Allgemein versteht man unter einem *Nomogramm* die graphische Darstellung eines
funktionalen Zusammenhangs. Da das Ziel solcher Darstellungen überwiegend
darin besteht, auf diesem Wege numerische Resultate zu erhalten, wird ein Nomogramm auch als eine graphische Rechentafel für eine funktionale Beziehung zwischen
zwei oder mehreren Veränderlichen $F(x_1, x_2, \ldots, x_n) = 0$ bezeichnet. Sie ist i. allg.
so gestaltet, daß man durch eine sogenannte Ablesevorschrift aus gegebenen Werten
für $n - m$ Variable die Werte der restlichen m Variablen ablesen kann. Damit ist ein
Nomogramm in gewisser Weise ein graphisches Analogon zu einer Zahlentafel.
Einfachstes Beispiel eines Nomogramms ist die graphische Darstellung einer Funktion
von einer unabhängigen Variablen im rechtwinkligen Koordinatensystem.

Funktionsleitern und -netze sind Spezialfälle bzw. Bestandteile von Nomogrammen. Zu den häufig angewandten Nomogrammen gehören: Fluchtlinientafeln, Netz-
tafeln sowie kombinierte Fluchtlinien-Netztafeln. Eine Darstellung der theoretischen
Grundlagen hierüber findet man in geraffter Form in [21], wobei hier ein sehr ausführlicher Teil mit vielen Aufgaben und Anwendungen enthalten ist. Eine Reihe
sofort verwendbarer Nomogramme findet der Ingenieur in [19]. Schließlich sei auch
noch auf die für den Praktiker bestimmte Darstellung in [18] verwiesen.

Wir werden uns hier nur mit Funktionsleitern und Funktionsnetzen beschäftigen.
Dabei wird einerseits dargelegt, was man darunter versteht, welches ihre wesentlichen
Merkmale und Eigenschaften sind und wie man sie nutzt; andererseits wird die Frage
beantwortet, wie sie konstruiert werden. Es sei jedoch hier bereits vermerkt, daß
insbesondere diese letzte Frage für Nomogramme wie Fluchtlinientafeln und Netz-
tafeln nicht so einfach beantwortet werden kann (vgl. [21] und [18]).

Wenden wir uns den Funktionsleitern zu. Wurde das vorangegangene Material
systematisch durchgearbeitet und wurden insbesondere die Aufgaben 8.12, 9.3, 9.5
und 9.6 gelöst, so sind dabei im Prinzip bereits einfachste Leitern konstruiert worden.
Wie mußte nämlich z. B. bei der Lösung der Aufgabe 9.3 vorgegangen werden?
Es wurden zwei senkrecht aufeinanderstehende Geraden als Achsenkreuz benötigt.
Bevor man diese beiden Geraden jedoch zeichnete, wird man sich auf Grund der
Wertetabelle überlegt haben, wo etwa der Graph der Funktion liegen wird. Diese
Überlegung wird schließlich auch Ausgangspunkt gewesen sein für die Wahl des
,,Maßstabes" auf den beiden Koordinatenachsen. Uns schien dabei ein Verhältnis
am geeignetsten, bei dem für eine Einheit der x- bzw. y-Größe auf den Achsen 0,9 LE
(Längeneinheiten) gewählt werden. Denn dadurch konnte einerseits die graphische
Darstellung (siehe Bild. 9.1) für den Leser hinreichend übersichtlich gestaltet und
andererseits verhindert werden, daß sie unnötig viel Platz verbraucht. Das von uns
verwendete Verhältnis kann auch so geschrieben werden:

$$X = lx \quad \text{mit} \quad l = 0,9 \, \text{LE}, \tag{9.77}$$

d. h., X gibt die Länge der Strecke in LE an, die auf der x-Achse für x Einheiten abgetragen werden sollen (siehe Bild L.9.1). Das Bild 9.22 zeigt ein erstes einfaches Beispiel einer Leiter, wobei $X = lx$ mit $l = 1,6$ cm gewählt wurde.

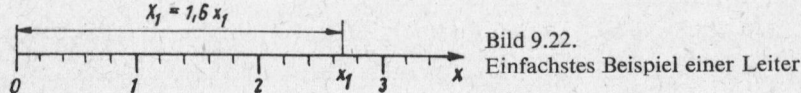

Bild 9.22.
Einfachstes Beispiel einer Leiter

Diese konkreten Betrachtungen werden wie folgt verallgemeinert:

D.9.13 **Definition 9.13:** *Eine orientierte Gerade mit einem Anfangspunkt A, die entsprechend einer Formel*

$$X = l_x(x - x_0) \tag{9.78}$$

unterteilt ist, wird **reguläre Leiter** *(oder auch* **Skala***) genannt. Die Gerade selbst heißt* **Träger** *der Leiter, und* l_x *wird* **Maßstabsfaktor** *genannt. Hierbei entspricht dem Anfangspunkt A der Wert x_0.*

Dieser Definition seien zunächst folgende Bemerkungen angefügt:

1. Die Unterteilung entsprechend (9.78) wird auf der regulären Leiter für gewisse ausgewählte Werte von x durch kleine senkrechte Striche, die sogenannten *Teilungsstriche*, markiert.

2. An die Teilungsstriche der Leiter werden nicht die Werte von X, sondern immer die Werte von x geschrieben. Die Ursache hierfür liegt in dem Verwendungszweck von Leitern. Die Formel (9.78) dient nur dazu, die Unterteilung der Leiter vornehmen zu können.
Man vergleiche hierzu etwa die Verwendung der Formel (9.77) und die reguläre Leiter auf der x-Achse in Bild L.9.1. Der Abstand zwischen zwei Teilungsstrichen bzw. jedes Teilungsstriches vom Anfangspunkt (dem Koordinatenursprung) ist dabei für die Verwendung der Leiter im Prinzip völlig uninteressant. Wichtig sind dort nur die Werte der Variablen x, die diesen Teilungsstrichen entsprechen, und deshalb stehen sie auch an ausgewählten Teilungsstrichen.
Die Eintragung ausgewählter Werte der Variablen x an die Teilungsstriche nennt man *Bezifferung* der Leiter. Um dabei sowohl hinreichende Genauigkeit zu garantieren als auch Übersichtlichkeit zu wahren, werden zwar hinreichend viele Teilungsstriche eingetragen, ohne sie jedoch alle zu beziffern (vgl. Bild 9.22).

3. Die vorangegangenen Bemerkungen gestatten den Hinweis, daß der Maßstabsfaktor l_x als *Zeicheneinheit* oder Einslänge aufgefaßt werden kann. Er entspricht nämlich gerade dem Zuwachs der Variablen x um eins. Mit anderen Worten, wenn $x_2 - x_1 = 1$ ist, dann unterscheiden sich die ihnen nach (9.78) entsprechenden Werte X_1 und X_2 genau um l_x: $X_2 - X_1 = l_x$.

* *Aufgabe 9.24:* Der Leser möge sich wenigstens ein Beispiel einer regulären Leiter überlegen, die ihm im Alltag bereits begegnet ist oder ihm des öfteren dort begegnet.

Praktische Probleme (vgl. Beispiel 9.16) haben es erforderlich gemacht, die reguläre Leiter dahingehend zu verallgemeinern, daß in (9.78) die Variablen x und x_0 durch eine streng monotone Funktion f ersetzt werden:

Definition 9.14: *Es sei* $f(x)$, $x \in D_f$, *eine streng monotone Funktion* f. *Wird eine* **D.9.14** *orientierte Gerade mit einem Anfangspunkt A gemäß der Formel*

$$X = l_x(f(x) - f(x_0)) \tag{9.79}$$

unterteilt und mit den Werten der Variablen x *entsprechend beziffert, wobei dem Punkt A der Wert* x_0 *entspricht, so erhält man eine* **Funktionsleiter** *oder auch* **Funktionsskala**. *Die Gerade heißt* **Träger** *der Funktionsleiter,* f *wird ihre* **erzeugende Funktion** *und* l_x *der* **Maßstabsfaktor** *genannt. Schließlich wird* x *das* **Argument** *der Funktionsleiter genannt, und der einem Wert des Arguments entsprechende Punkt heißt sein* **Bildpunkt**.

Zu dieser Definition gelten Bemerkungen, die denen zur Definition 9.13 entsprechen. Insbesondere sei erwähnt, daß auch hier die Bezifferung weder nach den Werten der Größe X noch nach den Funktionswerten $f(x)$, sondern wiederum nach den Werten der Variablen x erfolgt. Die Begründung hierfür liegt ebenfalls im Verwendungszweck von Funktionsleitern (siehe Beispiel 9.16 und Aufgabe 9.26). Zur Unterteilung und Bezifferung sei ergänzend gesagt, daß sie gewöhnlich so vorgenommen werden, daß die Differenz Δx zweier aufeinanderfolgender Argumente den Wert 10^n, $2 \cdot 10^n$ bzw. $5 \cdot 10^n$ hat (wobei n eine ganze Zahl ist); dabei wird dann jeder zehnte, jeder fünfte bzw. jeder zweite Teilstrich beziffert. Häufig ist es aus Gründen der Übersichtlichkeit und Genauigkeit zweckmäßig, für verschiedene Abschnitte ein und derselben Funktionsleiter unterschiedliche Unterteilungen vorzunehmen (siehe Beispiel 9.16 und Aufgabe 9.26). Der Maßstabsfaktor l_x ist natürlich wieder gleich der Zeicheneinheit. Präzisierend muß jedoch bemerkt werden, daß l_x jetzt nicht mehr der Differenz der Argumente, sondern der Differenz zweier Funktionswerte um eins entspricht. Mit anderen Worten, wenn $f(x_2) - f(x_1) = 1$ ist, dann ergibt sich $X_2 - X_1 = l_x$, wobei X_i die Bildpunkte von x_i ($i = 1, 2$) sind. Ergänzend sei noch erwähnt, daß die durch Definition 9.14 eingeführten Funktionsleitern geradlinig sind, weil ihr Träger eine Gerade ist. In der Praxis (man denke z. B. an die verschiedenen Meßinstrumente der Elektrotechnik oder an Manometer) werden auch Funktionsleitern benutzt, deren Träger eine ebene Kurve, jedoch keine Gerade ist. Man spricht dann von gekrümmten oder krummlinigen Funktionsleitern (siehe Bild 9.23).

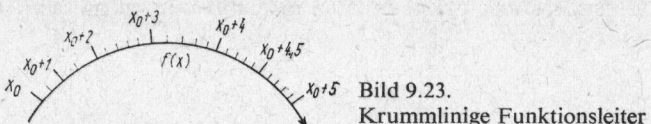

Bild 9.23.
Krummlinige Funktionsleiter

Funktionsleitern werden auch als geometrischer Ort von Bildpunkten definiert. Das kann man zwar machen, doch wird damit das Wesen der Funktionsleiter ungenügend zum Ausdruck gebracht. Treffender ist es, eine Funktionsleiter als Abbildung $\{(x, X)\}$ aufzufassen, d. h., sie als die Menge der geordneten Paare (x, X) zu betrachten, bei denen x einen gewissen Zahlenbereich durchläuft und X der Punkt auf dem Träger der Funktionsleiter ist, der sich für x gemäß (9.79) ergibt. Damit ist gleichzeitig eine weitere Begründung für die Bezifferung der Funktionsleitern mit den Werten von x gegeben.

Schließlich sei noch erläutert, warum die erzeugende Funktion streng monoton sein muß. Würden wir als erzeugende Funktion eine nicht streng monotone Funktion (siehe z. B. f aus Bild 9.4 für $x \in [x_1, x_2]$) zulassen, so gibt es mindestens zwei verschiedene Argumente $\check{x}$ und $\hat{x}$ derart, daß ihnen ein und derselbe Bildpunkt auf der

Funktionsleiter entspricht. Um mit Funktionsleitern jedoch arbeiten und sie anwenden zu können, muß nicht nur jedem Wert des Arguments eindeutig ein Bildpunkt entsprechen, sondern auch umgekehrt, zu jedem Bildpunkt auf der Funktionsleiter darf es nur einen Wert des Arguments geben. Mit anderen Worten, die Abbildung (x, X) muß für alle $x \in D_f$ eineindeutig sein. Und gerade das garantiert uns die strenge Monotonie der Funktion f (vgl. Satz 9.2 und Satz 9.6, Teil b)).

Beispiel 9.16: Für einen geradlinigen Träger ist mit der erzeugenden Funktion $f(x) = x^2, 0 \leq x \leq 7$, eine Funktionsleiter zu konstruieren, die etwa 100 mm lang sein soll; die Unterteilung ist so zu wählen, daß der Abstand λ zwischen den Teilstrichen etwa der Bedingung 2 mm $\leq \lambda \leq$ 4 mm genügt. Schließlich wollen wir uns überlegen, wozu eine solche Funktionsleiter genutzt werden kann.

Die Funktionswerte liegen im Intervall [0, 49]. Dieses Intervall soll etwa die Länge von 100 mm der Funktionsleiter ausfüllen. Daher ergibt sich für den Maßstabsfaktor l_x die Beziehung

$$l_x \approx \frac{100}{49} \text{ mm}.$$

Wir wählen $l_x = 2$ mm. Damit folgt wegen $x_0 = 0$ und $f(0) = 0$ für die Funktionsleiter die Unterteilungsformel

$$X = 2x^2. \tag{9.80}$$

Nun muß die Wertetabelle der Argumente für die Unterteilung und Bezifferung so aufgestellt werden, daß dabei 2 mm $\leq \lambda \leq$ 4 mm gilt. Im gegebenen Falle reduziert sich diese Aufgabe darauf, zu ermitteln, wo Δx gleich $5 \cdot 10^{-1}, 2 \cdot 10^{-1}$ bzw. 10^{-1} gesetzt werden muß. Es seien x und $x + \Delta x$ zwei beliebige aufeinanderfolgende Argumente und X_1, X_2 die ihnen entsprechenden benachbarten Bildpunkte. Dann gilt

$$\lambda = X_2 - X_1 = l_x(x + \Delta x)^2 - l_x x^2 = l_x(2x \, \Delta x + \Delta x^2).$$

Daher muß also gelten

$$2 \leq 2(2x \, \Delta x + \Delta x^2) \leq 4 \quad \text{oder} \quad 1 \leq 2x \, \Delta x + \Delta x^2 \leq 2.$$

Setzt man hier nun nacheinander für Δx die Werte $5 \cdot 10^{-1}, 2 \cdot 10^{-1}$ sowie 10^{-1} ein, so ergibt sich, daß folgende Ungleichungen etwa beachtet werden müssen:

$$0{,}75 \leq x \leq 1{,}75 \quad \text{für} \quad \Delta x = 5 \cdot 10^{-1},$$
$$2{,}4 \ \leq x \leq 5 \quad \text{für} \quad \Delta x = 2 \cdot 10^{-1},$$
$$5 \ \ \leq x \leq 10 \quad \text{für} \quad \Delta x = 10^{-1}.$$

Jetzt sind wir in der Lage, die Funktionsleiter zu konstruieren (siehe Bild 9.24).

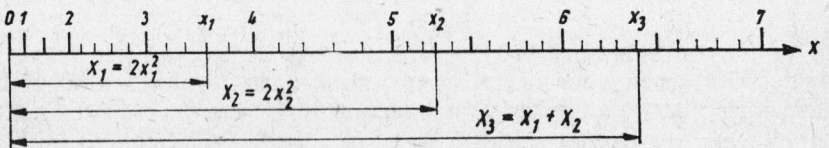

Bild 9.24. Funktionsleiter für $f(x) = x^2, 0 \leq x \leq 7$

Wozu kann die konstruierte Funktionsleiter genutzt werden? Da die Unterteilungsformel (9.80) auf Grund der Monotonie der erzeugenden Funktion f zwischen den Argumenten $x \in [0, 7]$ und deren Bildpunkten auf der Funktionsleiter eine eineindeutige Abbildung erzeugt, kann die konstruierte Funktionsleiter in folgender Weise genutzt werden. Es seien x_1 und x_2 zwei beliebige Argumente $0 \leqq x_1, x_2 \leqq 7$ mit der Eigenschaft, daß die Summe der zugehörigen Bildpunkte $X_1 + X_2$ ebenfalls auf der Funktionsleiter liegt. Dabei wird unter der Summe zweier Bildpunkte $X_1 + X_2$ der Bildpunkt verstanden, den man wie folgt erhält. Die beiden Strecken $0x_1$ und $0x_2$ werden addiert und die so erhaltene Gesamtstrecke auf der Funktionsleiter bei 0 beginnend abgetragen; ihr Endpunkt markiert den Bildpunkt $X_1 + X_2$ (siehe Bild 9.24). Dann entspricht diesem Bildpunkt ein gewisses $x_3 \in [0, 7]$ derart, daß $X_1 + X_2 = 2x_3^2$ ist. Andererseits gilt jedoch $X_1 + X_2 = 2x_1^2 + 2x_2^2$. Somit folgt: $x_3^2 = x_1^2 + x_2^2$ oder

$$x_3 = \sqrt{x_1^2 + x_2^2}.$$

Wenn wir also zwei Argumente $x_1, x_2 \in [0, 7]$ mit der oben genannten Eigenschaft haben, so können wir bei $X_1 + X_2$ ohne jede weitere Rechnung den Wert $x_3 = \sqrt{x_1^2 + x_2^2}$ ablesen. Formeln dieser Art treten u. a. bei der Berechnung der Länge der Hypotenuse eines rechtwinkligen Dreiecks auf. Wenn z. B. die Katheten eines solchen Dreiecks 3,6 m und 5,3 m lang sind, so folgt (vgl. Bild 9.24) sofort $6,4 < x_3 < 6,5$, und wir lesen näherungsweise $x_3 \approx 6,4$ m ab. In analoger Weise entwickelt man eine Formel für $\sqrt{x_1^2 - x_2^2}$.

Aufgabe 9.25: Mit a, b seien die Katheten und mit c die Hypotenuse von recht- * winkligen Dreiecken bezeichnet. Dann ermittle man unter Verwendung der in Beispiel 9.16 konstruierten Funktionsleiter die jeweils fehlenden Längen für die drei rechtwinkligen Dreiecke mit

a	4,8 km		26 m	300 m
b	2,4 km	3,8 m		400 m
c		6,9 m	67 m	

Als Hinweis sei vermerkt, daß bei den beiden letzten Dreiecken zusätzliche Überlegungen angestellt werden müssen.

Neben der regulären Leiter zeichnet man für geradlinige Träger nach dem Typ der erzeugenden Funktion einige weitere Funktionsleitern aus. Dazu gehören die logarithmische sowie die projektive Funktionsleiter. Erstere hat die erzeugende Funktion

$$f(x) = \log_c x, \quad 0 < a \leqq x \leqq b < +\infty,$$

wobei a, b, c gegebene fixierte Zahlen ($c > 0, c \neq 1$) sind; für die projektive Funktionsleiter lautet die erzeugende Funktion

$$f(x) = \frac{ax + b}{x + c}, \quad x \in I,$$

wobei a, b und c fixierte Zahlen mit $ac \neq b$ sind und I ein Intervall ist, das $x = -c$ nicht enthält.

Aufgabe 9.26: Man konstruiere für einen geradlinigen Träger mit der erzeugenden * Funktion $f(x) = \lg x, 1 \leqq x \leqq 10$, eine Funktionsleiter, die 125 mm lang sein soll.

Die Unterteilung ist so zu wählen, daß der Abstand λ zwischen den Teilstrichen etwa der Bedingung $0,5 \text{ mm} \leq \lambda \leq 1,25 \text{ mm}$ genügt. Schließlich soll eine Anwendungsmöglichkeit für eine solche Funktionsleiter aufgezeigt werden.

Es wurde von uns schon im Beispiel 9.16 auf mögliche Anwendungen einer einzelnen Funktionsleiter hingewiesen. Dennoch ist die praktische Bedeutung, die eine Funktionsleiter für sich allein hat, begrenzt. Diese Grenzen lassen sich überwinden, wenn man zwei oder mehrere Funktionsleitern miteinander kombiniert. Die wesentlichsten Formen solcher Kombinationen sind Doppelleitern, Rechenstab und Fluchtlinientafeln. Bezüglich der letzteren verweisen wir auf die o. g. Literatur zur Nomographie. Das Prinzip der beiden ersteren sei hier kurz erläutert.

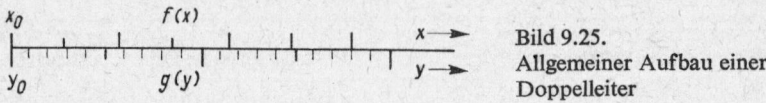

Bild 9.25.
Allgemeiner Aufbau einer
Doppelleiter

Eine *Doppelleiter* entsteht, wenn zwei Funktionsleitern (mit geradlinigem Träger) so aneinandergelegt werden, daß ihre Orientierungen übereinstimmen und die Anfangspunkte zusammenfallen (siehe Bild 9.25). Sind f und g die erzeugenden Funktionen dieser beiden Leitern und

$$X = l_x[f(x) - f(x_0)] \quad \text{bzw.} \quad Y = l_y[g(y) - g(y_0)] \tag{9.81}$$

ihre Unterteilungsformeln, so ergibt sich für gleiche Punkte der Doppelleiter dann für x und y der funktionale Zusammenhang

$$l_y[g(y) - g(y_0)] = l_x[f(x) - f(x_0)]. \tag{9.82}$$

Kann speziell $l_y = l_x$ gewählt werden, so nimmt (9.82) die einfachere Form

$$g(y) - g(y_0) = f(x) - f(x_0)$$

an. Ist darüber hinaus auch noch $g(y_0) = f(x_0)$, so wird (9.82) besonders einfach; sie drückt den funktionalen Zusammenhang

$$g(y) = f(x) \tag{9.83}$$

aus. Haben wir eine solche Doppelleiter, so können wir zu jedem Argument x sofort denjenigen Wert des Arguments y ablesen, so daß für beide (9.83) gilt. Diese Werte stehen einfach nebeneinander auf der Doppelleiter. Umgekehrt kann natürlich auch für jedes y das entsprechende x angegeben werden.

Die einfachste Anwendung von Doppelleitern besteht darin, daß man streng monotone Funktionen h auf einer Doppelleiter darstellt. Dazu kann man entsprechend (9.82) bzw. (9.81) wählen: $f(x) = h(x)$, $g(y) = y$, $y_0 = f(x_0)$ und $l = l_x = l_y$; danach wird die Doppelleiter mit diesen Größen gemäß (9.81) unterteilt. Natürlich können f und g auch anders gewählt werden. So ist für $f(x) = x$ und $g(y) = h^{-1}(y)$ mit $g(y) = f(x)$ auch wieder der funktionale Zusammenhang $y = h(x)$ dargestellt.

Beispiel 9.17: Es ist die Funktion $y = x^2$, $0 \leq x \leq 7$, durch eine Doppelleiter darzustellen, die etwa 100 mm lang werden soll. Um die bereits in Beispiel 9.16 konstruierte Leiter anwenden zu können, wählen wir $g(y) = y$, $f(x) = x^2$, $l_x = l_y = 2 \text{ mm}$ und benutzen dann die Unterteilungsformel (9.81). Dabei erhalten wir für $g(y) = y$, $0 \leq y \leq 49$, eine reguläre Leiter. Sie ist gemäß

$$Y = 2y$$

unterteilt. Für $f(x) = x^2, 0 \leq x \leq 7$, ergibt sich genau die Funktionsleiter von Beispiel 9.16. Trägt man sie nun beide auf der gleichen Trägergeraden in der oben beschriebenen Weise ab, so erhält man die gewünschte Darstellung von $y = x^2, 0 \leq x \leq 7$, durch eine Doppelleiter. Sie ist im Bild 9.26 zu sehen.

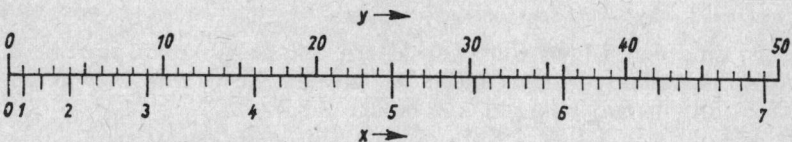

Bild 9.26. Doppelleiter mit $X = 2x^2$ und $Y = 2y$

Aufgabe 9.27: Es ist die Funktion $y = \sqrt{x}$, $0 \leq x \leq 36$, durch eine Doppelleiter darzustellen, die etwa 100 mm lang werden soll. Hierzu ein Hinweis: Neben der Konstruktion mittels entsprechender Unterteilungsformeln gibt es eine Konstruktion, die an Vorhergehendes anknüpft und ohne jede Rechnung auskommt.

Der *Rechenstab* geht in zweifacher Hinsicht über die Doppelleiter hinaus. Zum einen stellt er eine Kombination von mindestens drei (geradlinigen) Funktionsleitern dar. Zum anderen können diese gegeneinander verschoben werden. Das wird dadurch erreicht, daß zwei der Funktionsleitern auf einem festen Träger (dem Stabkörper T_f) angeordnet sind, während die dritte auf einem beweglichen Träger (der

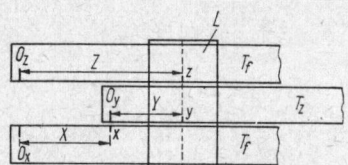

Bild 9.27.
Prinzip des Rechenstabs

Zunge T_z) aufgetragen ist (siehe Bild 9.27). Die im Bild 9.27 angedeuteten Funktionsleitern seien nach den Formeln

$$X = l_x[f(x) - f(x_0)]$$
$$Y = l_y[g(y) - g(y_0)]$$
$$Z = l_z[h(z) - h(z_0)]$$

unterteilt. Im allgemeinen strebt man hierbei an, daß $l_x = l_y = l_z$ ist. Dann entspricht jeder Beziehung $Z = X \pm Y$ zwischen den Bildpunkten (vgl. Bild 9.27) der funktionale Zusammenhang zwischen Variablen x, y, z:

$$h(z) - h(z_0) = f(x) - f(x_0) \pm [g(y) - g(y_0)]. \qquad (9.84)$$

Der Rechenstab ist bereits so konstruiert, daß der Bildpunkt 0_z von z_0 genau über dem Bildpunkt 0_x von x_0 liegt. Daher besagt die Formel (9.84) genauer folgendes: Wird der Bildpunkt 0_y von y_0 über den Bildpunkt X des Wertes x gestellt, dann genügt dieser Wert zusammen mit jedem Wertepaar y und z, welches übereinanderliegenden Bildpunkten Y und Z entspricht, dem funktionalen Zusammenhang (9.84). Um das Ablesen übereinanderliegender Bildpunkte zu erleichtern, ist der Rechenstab noch mit einem beweglichen Läufer L versehen, der eine entsprechende Markierungslinie trägt (siehe Bild 9.27). Besonders einfach wird der funktionale Zusammenhang (9.84), wenn $h(z_0) = f(x_0) = g(y_0) = 0$ gilt. Dann folgt nämlich

$$h(z) = f(x) \pm g(y).$$

Ein Spezialfall hiervon wiederum ergibt sich, wenn $h = f = g$ gilt:

$$f(z) = f(x) \pm f(y). \tag{9.85}$$

Hierbei ist eine der beiden Funktionsleitern auf dem Stabkörper überflüssig. Die bekannteste Anwendung dieses Falles ist mit dem logarithmischen Rechenstab gegeben. Für ihn gilt $f(u) = \lg u$. Dann besagt (9.85)

$$\lg z = \lg x \pm \lg y, \quad x, y, z > 0,$$

und stellt somit den funktionalen Zusammenhang

$$z = xy^{\pm 1}$$

dar. Der logarithmische Rechenstab kann also benutzt werden, um die Multiplikation oder Division zweier Zahlen auszuführen.

Betrachten wir nun noch die *Funktionsnetze*. Jedem Leser ist sicher ein einfaches Beispiel von Funktionsnetzen in Form des handelsüblichen Millimeterpapiers bekannt. Ihr wesentlicher Unterschied gegenüber den Funktionsleitern besteht darin, daß bei ihnen jedem Wert eines Arguments nicht ein Bildpunkt, sondern eine eindeutig bestimmte Bildkurve zugeordnet ist. Allgemein bestehen nun Funktions-

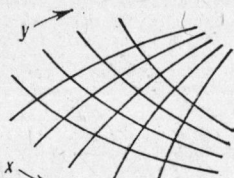

Bild 9.28.
Funktionsnetze

netze aus zwei sich schneidenden Kurvenscharen (siehe Bild 9.28), die jede für sich eine Variable x bzw. y repräsentieren. Dabei erfolgt die Bezifferung der Kurven einer Schar entsprechend der Werte der Variablen, deren Bilder sie sind (vgl. etwa mit den Gradnetzen in Atlanten). Häufig verwendet werden Netze aus rechtwinklig zueinander verlaufenden Geradenscharen. Sie werden Funktionspapier genannt.

D.9.15 **Definition 9.15:** *Für zwei streng monotone Funktionen f und g seien entsprechend der Unterteilungsformel*

$$X = l_x[f(x) - f(x_0)], \quad Y = l_y[g(y) - g(y_0)] \tag{9.86}$$

auf geradlinigen Trägern zwei Funktionsleitern konstruiert. Stellt man diese beiden Leitern senkrecht so zueinander, daß die Bildpunkte X_0 und Y_0 sich decken, und zieht durch jeden Teilstrich einer Leiter eine Gerade, die senkrecht zu ihr ist, so erhält man ein sogenanntes **Funktionspapier.**

Funktionspapiere unterscheidet man nach den Funktionen, die ihrer Konstruktion (siehe (9.86)) zugrunde liegen. Sind f und g in (9.86) lineare Funktionen, so spricht man von *Millimeterpapier*; ist f eine lineare Funktion und g die Logarithmusfunktion, so erhält man das sogenannte *Exponentialpapier*; ist dagegen f die Logarithmusfunktion und g eine lineare Funktion, so erhält man das sogenannte *Logarithmenpapier*; sind schließlich beide Leiter logarithmisch unterteilt, so ergibt sich das sogenannte *doppellogarithmische Papier.*

Eine wesentliche Anwendung von Funktionspapieren besteht darin, funktionale Zusammenhänge zwischen Meßgrößen sichtbar zu machen. In diesem Zusammenhang seien folgende Eigenschaften einiger der genannten Funktionspapiere erwähnt.

Satz 9.9: *Exponentialfunktionen der Form* $y = ba^x$ *ergeben im Exponentialpapier* **S.9.9** *Geraden und umgekehrt, Geraden im Exponentialpapier entsprechen gewisse Exponentialfunktionen* (s. a. Beispiel 9.18).

Satz 9.10: *Logarithmusfunktionen der Form* $y = a \lg x + b$ *ergeben im Logarithmen-* **S.9.10** *papier Geraden und umgekehrt, Geraden im Logarithmenpapier entsprechen gewisse Logarithmusfunktionen.*

Hat man also im Ergebnis eines Experiments eine Meßreihe der Art (9.15) erhalten und ergibt sich bei der Darstellung der Wertepaare einer solchen Meßreihe in einem Exponentialpapier näherungsweise eine Gerade, so kann man schlußfolgern, daß der funktionale Zusammenhang zwischen den Meßgrößen eine Exponentialfunktion darstellt.

Beispiel 9.18: Gegeben sei die Meßreihe:

x	2	2,5	3	3,5	4	4,5	5
y	3,5	4,4	5,5	7,0	8,9	11,0	14

$$(9.87)$$

Auf Grund sachlicher Zusammenhänge möge die Annahme berechtigt erscheinen, daß y exponentiell von x abhängt. Diese Annahme ist mittels eines geeigneten Funktionspapiers zu überprüfen.

Wegen der oben genannten Eigenschaften wählen wir ein Exponentialpapier mit den Unterteilungsformeln

$$X = 10x, \qquad 0 \leq x, \tag{9.88}$$

$$Y = 50 \lg y, \qquad 1 \leq y. \tag{9.89}$$

Es ist in Bild 9.29 dargestellt. Nun überzeugen wir uns zunächst davon, daß jeder Geraden

$$Y = aX + b \tag{9.90}$$

in dem konstruierten Funktionspapier tatsächlich ein gewisser exponentieller Zusammenhang zwischen x und y entspricht. Hierzu werden (9.88) und (9.89) in (9.90) eingesetzt. Danach ergibt sich

$$50 \lg y = 10ax + b,$$

woraus nach den Umformungen

$$\lg y = 0,2ax + 0,02b,$$

$$y = 10^{0,2ax+0,02b}$$

die Zuordnungsvorschrift

$$y = C \, 10^{kx} \quad \text{mit} \quad C = 10^{0,02b}, \quad k = 0,2a$$

folgt. Damit ist diese Eigenschaft des Exponentialpapiers bewiesen. Jetzt werden die Punkte der Meßreihe (9.87) in das konstruierte Funktionspapier eingetragen; danach kann man sich davon überzeugen, daß die Annahme über den exponentiellen Zu-

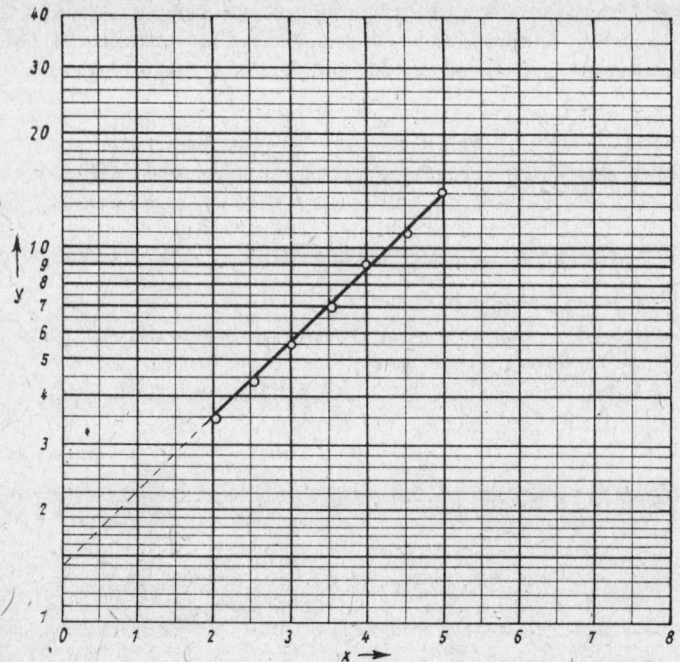

Bild 9.29. Exponentialpapier mit Meßreihe und angenäherter empirischer Funktion

sammenhang zwischen den Meßgrößen x und y berechtigt war (siehe Bild 9.29). Schreibt man ihn in der Form

$$y = C \, 10^{kx}, \tag{9.91}$$

so kann man aus Bild 9.29 sogar die Werte für C und k näherungsweise ablesen. Verlängert man nämlich die Strecke, die die Meßpunkte näherungsweise verbindet, bis zur y-Achse, so schneidet sie diese bei 1,4. Damit folgt aber $C = 1,4$. Setzt man diesen gefundenen Wert sowie $x = 5$ und $y = 14$ in (9.91) ein, so findet man $k = 0,2$. Damit lautet der gesuchte funktionale Zusammenhang für die Meßgrößen x und y

$$y = 1,4 \cdot 10^{0,2x}.$$

* *Aufgabe 9.28:* Man konstruiere ein doppellogarithmisches Funktionspapier für $1 \leqq x \leqq 300$ und $1 \leqq y \leqq 50$. Dabei möge der Maßstabsfaktor für beide Funktionsleitern gleich sein und so gewählt werden, daß die x-Funktionsleiter etwa 60 mm lang wird. Als erzeugende Funktion diene in beiden Fällen die dekadische Logarithmusfunktion.

Es sei erwähnt, daß Geraden

$$Y = aX + b$$

im doppellogarithmischen Papier der Aufgabe 9.28 Potenzfunktionen der Art

$$y = cx^a \quad \text{mit} \quad c = 10^{\frac{b}{l}}$$

darstellen, wobei l der Maßstabsfaktor ist.

Abschließend weisen wir darauf hin, daß die Konstruktion und Nutzung von Funktionsleitern, Funktionsnetzen und anderen Nomogrammen immer verbunden werden muß mit Genauigkeitsbetrachtungen. Einzelheiten hierzu findet man z. B. in [21]. Wir empfehlen jedoch, sich hierfür erst mit den Grundlagen der Differentialrechnung aus Band 2 vertraut zu machen.

10. Zahlenfolgen

Das Ziel dieses Kapitels besteht darin, für ein neues mathematisches Objekt, nämlich die Zahlenfolge, die wesentlichsten Aussagen und Eigenschaften darzulegen. Insofern besteht hier Analogie zum Kapitel 9. über Funktionen. Aber natürlich ergeben sich für das neue mathematische Objekt „Zahlenfolge" auch Probleme, die sich von den bisher für Funktionen untersuchten grundlegend unterscheiden. Die neuen Probleme führen ihrerseits zu neuen Begriffen, Aussagen usw. Als wesentlichste Begriffe seien vorab bereits genannt: Nullfolgen, Grenzwert, Konvergenz und Häufungspunkt. Unter ihnen wiederum sind Grenzwert und Konvergenz von fundamentaler Bedeutung für das Verständnis der gesamten Differential- und Integralrechnung und damit für zahlreiche angewandte Problemstellungen. Die Beziehungen des vorliegenden Kapitels selbst zu praktischen Problemen sind jedoch nicht so unmittelbar wie die des Kapitels über Funktionen. Es hat ausgesprochenen Grundlagencharakter. Das macht sich auch in der Darlegungsweise bemerkbar. Gerade deshalb hoffen wir, mit den vorangegangenen Darlegungen beim Leser so viel Verständnis für die notwendige mathematische Kleinarbeit geweckt zu haben, daß er bereit ist, mit uns gemeinsam die folgenden Stufen der Abstraktionen Schritt für Schritt zu ersteigen.

Trotz der obigen Bemerkungen über den Grundlagencharakter dieses Kapitels haben Zahlenfolgen natürlich auch eine vielfältige Bedeutung für praktische Untersuchungen. Auf einige wird in Abschnitt 10.9. hingewiesen.

Zur Vorbereitung auf die folgenden Ausführungen empfehlen wir, das Rechnen mit Beträgen und Ungleichungen zu wiederholen (siehe Abschnitt 5.2.).

10.1. Zahlenfolgen als Spezialfall von Abbildungen und einige ihrer besonderen Vertreter

Im Beispiel 8.7 (Abschnitt 8.4.) wurden Zahlenfolgen bereits als Spezialfall von Abbildungen eingeführt. Danach sind Zahlenfolgen geordnete Paare (n, a) reeller Zahlen. Das Wesen der Spezialisierung, die beim Übergang von Abbildungen zu Zahlenfolgen vorgenommen wurde, besteht in folgenden drei Merkmalen:

1. Der Definitionsbereich der Abbildung ist gleich N^+, wobei wir mit N^+ die Menge der natürlichen Zahlen 1, 2, ... bezeichnen.

2. Die Abbildung ist eindeutig.

3. Der Wertebereich ist eine Teilmenge von R^1.

Die im Beispiel 8.7 angegebene Schreibweise bringt zwei dieser drei Merkmale zum Ausdruck. Sie ist jedoch zu umfangreich und wird daher nicht verwendet. Es ist u. a. üblich, eine Zahlenfolge allgemein durch das Symbol

$$\{a_n\}, a_n = f(n), \tag{10.1}$$

oder konkret z. B. in der Form $\{a_n\}$, $a_n = (1 + n)^{-1}$, anzugeben. Dabei schließt diese Schreibweise ein, daß der Definitionsbereich der Funktion f gleich N^+ ist, d. h., daß $n = 1, 2, \ldots$ gilt. Der Index n besagt, daß es sich bei a_n um das Bild des Originals n handelt. Das kommt auch allgemein in der Formel $a_n = f(n)$ bzw. konkret z. B. in $a_n = (1 + n)^{-1}$ zum Ausdruck. Da n hierbei eine beliebige natürliche Zahl größer 0 ist, nennt man a_n das *allgemeine Glied* der Zahlenfolge.

In Übereinstimmung damit, daß in (10.1) $n = 1, 2, \ldots$ gilt, wird a_1 das erste, a_2 das zweite, $\ldots$, a_i das *i-te Glied* usw. der Zahlenfolge (10.1) genannt. Dementsprechend schreibt man (10.1) mitunter auch ausführlicher als

$$a_1, a_2, \ldots, a_n, \ldots \qquad (10.2)$$

Damit ist für Zahlenfolgen gegenüber den Abbildungen i. allg. noch ein Merkmal charakteristisch (jedoch nicht unbedingt erforderlich): ihre Zahlenpaare (n, a) bzw. kurz a_n sind in der Reihenfolge der Werte von n angeordnet.

Wir nennen zwei einfache Vertreter von Zahlenfolgen.

Beispiel 10.1:

1. Es seien a und d zwei beliebige reelle Zahlen, $d \neq 0$. Die Folge

$$\{a_n\}, a_n = a + (n - 1) d,$$

lautet in der ausführlichen Schreibweise (10.2)

$$a, \quad a + d, \quad a + 2d, \ldots, \quad a + (n - 1) d, \ldots$$

Sie wird *arithmetische Zahlenfolge* genannt und ist dadurch charakterisiert, daß die Differenz zweier beliebiger benachbarter Glieder konstant ist: $a_{j+1} - a_j = d$, $j = 1, 2, \ldots$

2. Es seien a und q zwei beliebige reelle, von Null verschiedene Zahlen. Die Folge

$$\{a_n\}, a_n = aq^{n-1},$$

lautet in der ausführlichen Schreibweise (10.2)

$$a, aq, aq^2, \ldots, aq^{n-1}, \ldots$$

Sie wird *geometrische Zahlenfolge* genannt und ist dadurch charakterisiert, daß der Quotient zweier beliebiger benachbarter Glieder konstant ist:

$$\frac{a_{j+1}}{a_j} = q, \quad j = 1, 2, \ldots$$

Als weiteren speziellen Vertreter der Zahlenfolgen nennen wir die *alternierende Folge*. Für sie ist charakteristisch, daß benachbarte Glieder jeweils unterschiedliche Vorzeichen besitzen:

$$\text{sgn } a_j = -\text{sgn } a_{j+1}, \quad \text{was gleichbedeutend mit } a_j a_{j+1} < 0, \quad j = 1, 2, \ldots, \text{ ist.}$$

Beispiel 10.2: Wenn in der geometrischen Folge $q < 0$ ist, so erhält man eine alternierende Folge. Tatsächlich, es gilt nämlich in diesem Falle

$$a_j a_{j+1} = a^2 q^{2j} q^{-1} < 0, \quad j = 1, 2, \ldots$$

Aufgabe 10.1: Man schreibe die ersten 5 Glieder der geometrischen Folge   *

$$\{a_n\}, \quad a_n = \left(-\frac{1}{2}\right)^n,$$

auf.

Aufgabe 10.2: Der bekannte Wettlauf zwischen Achilles und der Schildkröte kann * etwa dadurch charakterisiert werden, daß Achilles doppelt so schnell läuft wie die Schildkröte und diese zu Beginn einen Vorsprung von l Metern besitzt. Den weiteren Wettlauf zerlegt man häufig (vgl. [12]) in folgende Phasen: in der ersten Phase legt

Achilles *l* Meter zurück; in der zweiten Phase durchläuft Achilles die Strecke, die von der Schildkröte in der ersten Phase zurückgelegt worden ist usw. Man gebe in zwei Zahlenfolgen die von Achilles bzw. der Schildkröte in jeder Phase zurückgelegten Strecken an.

Wir werden im weiteren häufig einfach von der Zahlenfolge

$$\{a_n\} \tag{10.3}$$

sprechen und darunter (10.1) mit $n = 1, 2, \ldots$ verstehen.

In engem Zusammenhang mit Zahlenfolgen stehen deren Teilfolgen. *Teilfolgen* einer Zahlenfolge $\{a_n\}$ erhält man wie folgt: es sei $\{k_1, k_2, \ldots, k_n, k_{n+1}, \ldots\}$ eine beliebige Teilmenge der natürlichen Zahlen, wobei

$$k_1 < k_2 < \ldots < k_n < k_{n+1} < \ldots$$

gilt; dann ist $\{a_{k_n}\}$ eine *Teilfolge* von $\{a_n\}$. Wir werden das gegebenenfalls durch $\{a_{k_n}\} \subset \{a_n\}$ ausdrücken. Eine Teilfolge von $\{a_n\}$ ergibt sich also dadurch, daß gewisse Glieder dieser Folge – es müssen jedoch unendlich viele sein – ausgewählt und zu einer neuen Folge „zusammengestellt" werden.

10.2.   Einfachste Eigenschaften von Zahlenfolgen

Die Darlegung der einfachsten Eigenschaften von Zahlenfolgen hat Wesentliches gemeinsam mit den entsprechenden Darlegungen für Funktionen (vgl. Abschnitt 9.3.). Deshalb empfehlen wir dem Leser, die folgenden Ausführungen insbesondere mit denen für monotone bzw. beschränkte Funktionen zu vergleichen.

D.10.1 Definition 10.1: *Eine Zahlenfolge* $\{a_n\}$ *heißt* **monoton wachsend,** *wenn*

$$a_n \leq a_{n+1} \quad \text{für alle} \quad n = 1, 2, \ldots \tag{10.4}$$

gilt; entsprechend wird sie **monoton fallend** *genannt, wenn*

$$a_n \geq a_{n+1} \quad \text{für alle} \quad n = 1, 2, \ldots \tag{10.5}$$

gilt. Gelten dagegen für eine Zahlenfolge $\{a_n\}$ *Ungleichungen der Art* (10.4) *bzw.* (10.5) *ohne Gleichheitszeichen*

$$a_n < a_{n+1} \quad \text{für alle} \quad n = 1, 2, \ldots \tag{10.6}$$

bzw.

$$a_n > a_{n+1} \quad \text{für alle} \quad n = 1, 2, \ldots, \tag{10.7}$$

dann heißt die Folge **streng monoton wachsend** *bzw.* **streng monoton fallend.**

* *Aufgabe 10.3:* Es seien n und r zwei beliebige natürliche Zahlen mit $n < r$. Man zeige, daß dann für monoton wachsende bzw. fallende Zahlenfolgen immer die Ungleichungen

$$a_n \leq a_r \quad \text{bzw.} \quad a_n \geq a_r$$

gelten.

Mit der Eigenschaft monotoner Folgen, die in der Aufgabe 10.3 formuliert ist, wird völlige Analogie zur Monotonie von Funktionen hergestellt. Dazu ist lediglich zu beachten, daß die Rolle des Arguments x von Funktionen bei Zahlenfolgen vom Index n eingenommen wird.

Beispiel 10.3: Die geometrische Folge $\{a_n\}$, $a_n = aq^{n-1}$ mit $a > 0$, ist für $0 < q < 1$ streng monoton fallend; dagegen ist sie für $1 < q$ streng monoton wachsend. Wir zeigen hier nur die letzte Behauptung. Wegen $1 < q$ folgt auf jeden Fall $q^{n-1} > 0$. Wird daher $1 < q$ mit q^{n-1} und danach mit $a > 0$ multipliziert, so ergibt sich $aq^{n-1} < aq^n$ oder $a_n < a_{a+1}$, $n = 1, 2, \ldots$

Beispiel 10.4: Die Folge $\{a_n\}$, $a_n = \dfrac{1}{n}$, ist streng monoton fallend. Tatsächlich, es muß gezeigt werden, daß $a_n > a_{n+1}$ oder $\dfrac{1}{n} > \dfrac{1}{n+1}$, $n = 1, 2, \ldots$, gilt. Letzteres ist aber eine unmittelbare Folge aus der evidenten Ungleichung $n + 1 > n$, $n = 1, 2, \ldots$

Aufgabe 10.4: Man betrachte eine geometrische Folge $\{a_n\}$, $a_n = aq^{n-1}$, mit $a < 0$ *
und untersuche – ähnlich wie in Beispiel 10.3 – ihr Monotonieverhalten.

Aufgabe 10.5: Ist die Folge $\{a_n\}$, $a_n = -\dfrac{4n - 15}{n^2}$, monoton?   *

Mit der Zahlenfolge $\{a_n\}$, $a_n = 2n + (-1)^n$, weisen wir auf eine zwar monoton wachsende, jedoch nicht streng monoton wachsende Folge hin.

Aufgabe 10.6: Für die Zahlenfolge $\{a_n\}$, $a_n = cn + \dfrac{7}{3}(-1)^n$, untersuche man, ob es einen Wert c *
gibt, für den $\{a_n\}$ zwar monoton, jedoch nicht streng monoton wachsend ist. Außerdem prüfe man, ob es Werte c gibt, für die $\{a_n\}$ streng monoton wachsend ist.

Zahlenfolgen können genau wie Funktionen beschränkt sein.

Definition 10.2: *Eine Zahlenfolge* $\{a_n\}$ *heißt* **beschränkt**, *wenn es eine endliche Kon-* **D.10.2**
stante C derart gibt, daß

$$|a_n| \leqq C \quad \text{für alle} \quad n = 1, 2, \ldots;$$

dabei heißt C **Schranke** *der Folge* $\{a_n\}$. *Eine Folge heißt nach* **oben** *bzw.* **nach unten**
beschränkt, *wenn es eine endliche Konstante K bzw k derart gibt, daß*

$$a_n \leqq K \quad \text{bzw.} \quad a_n \geqq k \quad \text{für alle} \quad n = 1, 2, \ldots$$

gilt; dabei wird K **obere Schranke** *und k* **untere Schranke** *von* $\{a_n\}$ *genannt.*

Die folgenden konkreten Zahlenfolgen mögen diese Begriffe erläutern.

Beispiel 10.5: Die Folge $\{a_n\}$, $a_n = \dfrac{1 - 3n}{n}$, ist beschränkt. Es gilt nämlich für alle $n = 1, 2, \ldots$

$$|a_n| = \left| \frac{1 - 3n}{n} \right| = \left| 3 - \frac{1}{n} \right| < 3.$$

Daher ist jede Zahl $C \geqq 3$ eine Schranke dieser Folge. Außerdem überzeugt man sich wegen $a_n = \dfrac{1}{n} - 3$ leicht, daß jede Zahl $k \leqq -3$ eine untere Schranke und jede Zahl $K \geqq -2$ eine obere Schranke der Zahlenfolge ist.

Beispiel 10.6: Eine geometrische Folge $\{a_n\}$, $a_n = aq^{n-1}$, ist für $-1 \leqq q \leqq 1$ immer beschränkt, und jede Zahl $C \geqq |a|$ ist eine Schranke dieser Folge. Tatsächlich, für $q \in [-1, 1]$ gilt nämlich $|q|^{n-1} \leqq 1$, so daß $|a_n| \leqq |a|$ für alle $n = 1, 2, \ldots$ folgt.

Als Beispiel einer unbeschränkten Folge nennen wir die arithmetische Folge mit $d \neq 0$.

* *Aufgabe 10.7:* Es seien zwei beliebige beschränkte Folgen $\{a_n\}$ und $\{b_n\}$ gegeben. Sind dann auch die Folgen $\{c_n\}$, $c_n = a_n b_n$, und $\{d_n\}$, $d_n = a_n + b_n$, beschränkt?

Abschließend vertiefen wir die bisherigen Darlegungen durch folgende Bemerkungen.

1. Häufig trifft man die intuitive Vorstellung, daß streng monoton wachsende Folgen nicht beschränkt sind. Das ist jedoch i. allg. falsch, wie die geometrische Zahlenfolge für $a < 0$ und $0 < q < 1$ zeigt. Sie ist nämlich sowohl beschränkt (siehe Beispiel 10.6) als auch streng monoton wachsend (vgl. Lösung der Aufgabe 10.4).
2. Wenn die Folge $\{a_n\}$ eine der obengenannten Eigenschaften besitzt, so besitzt auch jede ihrer Teilfolgen diese Eigenschaft.

10.3.   Nullfolgen und ihr Vergleich

Es gibt eine Klasse von Zahlenfolgen, die sich durch eine besondere Eigenschaft auszeichnen. Sie besteht darin, daß der Betrag des allgemeinen Gliedes einer solchen Folge „beliebig klein" wird. Präziser ist damit folgendes gemeint: Es sei ε eine beliebig kleine Zahl größer als Null (es kann z. B. $\varepsilon = 10^{-20}$ sein); dann existiert immer eine natürliche Zahl $N(\varepsilon)$ mit der Eigenschaft, daß $|a_n| < \varepsilon$ für alle $n \geq N(\varepsilon)$ gilt. Das Argument ε deutet hier an, daß die Zahl $N(\varepsilon)$ sich in Abhängigkeit von dem gewählten ε ändert. Eine solche Eigenschaft besitzt z. B. die Folge $\{a_n\}$ mit $a_n = \dfrac{1}{n^2}$. Für sie gilt nämlich $|a_n| = \dfrac{1}{n^2}$, so daß bei beliebigem $\varepsilon > 0$ immer $|a_n| < \varepsilon$ für alle $n \geq N(\varepsilon)$ folgt, wobei für $N(\varepsilon)$ die kleinste ganze Zahl gewählt werden kann, die noch größer ist als $\dfrac{1}{\sqrt{\varepsilon}}$.

In diesem Zusammenhang erweist es sich als nützlich, den Begriff der ε-Umgebung einer Zahl a anzuwenden (vgl. Abschnitt 7.8.). Wir bezeichnen sie mit $U_\varepsilon(a)$ und verstehen im weiteren darunter die Menge

$$U_\varepsilon(a) = \{x \in R^1 \mid a - \varepsilon < x < a + \varepsilon\}; \tag{10.8}$$

dabei ist ε eine gewisse positive Zahl. Mit anderen Worten, wir bezeichnen hier mit $U_\varepsilon(a)$ das offene Intervall $(a - \varepsilon, a + \varepsilon)$:

$$U_\varepsilon(a) = (a - \varepsilon, \; a + \varepsilon) \tag{10.9}$$

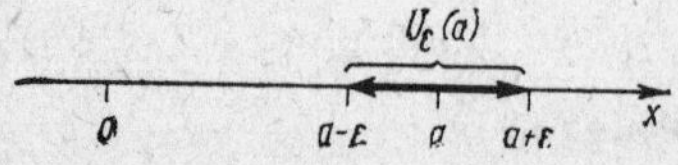

Bild 10.1.
Darstellung der ε-Umgebung der Zahl a

(vgl. Bild 10.1). Es sei bemerkt, daß $x \in U_\varepsilon(a)$ äquivalent ist mit

$$|x - a| < \varepsilon. \tag{10.10}$$

Mit Hilfe der ε-Umgebung läßt sich nun leicht folgender Begriff einführen:

Definition 10.3: *Eine Zahlenfolge* $\{a_n\}$ *heißt* **Nullfolge**, *wenn für jede positive Zahl* **D.10.3** $\varepsilon > 0$ *eine natürliche Zahl* $N(\varepsilon)$ *derart existiert, daß*

$$a_n \in U_\varepsilon(0) \quad \text{für alle} \quad n \geqq N(\varepsilon) \tag{10.11}$$

gilt.

Zur Erläuterung dieser Definition bemerken wir:

1. Die Forderung (10.11) ist gleichbedeutend damit, daß

$$|a_n| < \varepsilon \quad \text{für alle} \quad n \geqq N(\varepsilon) \tag{10.12}$$

ist. Somit sind Nullfolgen solche Zahlenfolgen, deren Glieder a_n mit wachsendem n dem Betrage nach „beliebig klein" werden, also auf der Zahlenachse beliebig nahe bei Null liegen. Daraus ist auch der Name „Nullfolge" abgeleitet.

2. Für die Definition der Nullfolge ist es von prinzipieller Bedeutung, daß (10.11) für *jede* positive Zahl ε gilt. So ist z. B. die Folge $\{a_n\}$, $a_n = \dfrac{2n + 7}{30n}$, keine Nullfolge, obwohl man sich für $\varepsilon = \dfrac{1}{10}$ zunächst davon überzeugen kann, daß

$$|a_n| < \frac{1}{10} \quad \text{für alle} \quad n \geqq 8$$

gilt. Wählt man nämlich ein kleineres ε, etwa $\varepsilon = \dfrac{1}{100}$, so folgt wegen $a_n > \dfrac{2n}{30n}$

$$= \frac{1}{15} > \frac{1}{100}, \text{ daß die Bedingung } a_n \in U_\varepsilon(0) \text{ bei } \varepsilon = \frac{1}{100} \text{ für kein } n \text{ erfüllt ist.}$$

3. Von ebenso prinzipieller Bedeutung für die Definition der Nullfolge ist es, daß (10.11) *für alle* $n \geqq N(\varepsilon)$ gilt. So ist z. B. die Folge $\{a_n\}$, $a_n = 1 + (-1)^n$, keine Nullfolge, obwohl $a_n = 0$ für alle ungeraden $n = 1, 3, 5, \ldots$ gilt und somit für diese n natürlich bei jedem positiven ε auch $a_n \in U_\varepsilon(0)$ folgt. Für alle geraden n ergibt sich dagegen $a_n = 2$, so daß bei einem $\varepsilon \in (0, 2)$ immer $a_n \notin U_\varepsilon(0)$, $n = 2, 4, 6, \ldots$, folgt.

Es sei erwähnt, daß (10.11) bzw. (10.12) häufig auch so formuliert werden: $a_n \in U_\varepsilon(0)$ bzw. $|a_n| < \varepsilon$ gilt *für alle hinreichend großen* n.

Beispiel 10.7: $\{a_n\}$, $a_n = \dfrac{(-1)^n}{n}$, ist eine Nullfolge. Tatsächlich, es sei ε eine beliebige positive Zahl. Dann muß für alle hinreichend großen n die Bedingung $|a_n| < \varepsilon$ gelten. Wegen $|a_n| = \dfrac{1}{n}$ ist das äquivalent mit $\dfrac{1}{n} < \varepsilon$ oder $\dfrac{1}{\varepsilon} < n$. Wählt man also für $N(\varepsilon)$ die kleinste ganze Zahl, die noch größer als $\dfrac{1}{\varepsilon}$ ist, so gilt für dieses $N(\varepsilon)$ (10.12) und damit auch (10.11).

Aufgabe 10.8: Man zeige, daß $\{a_n\}$, $a_n = q^n$, für jedes feste $q \in (-1, 1)$ eine Nullfolge $*$ ist.

Ohne auf Einzelheiten einzugehen, erwähnen wir noch, daß auch Folgen wie

$$\{a_n\}, a_n = \frac{1}{n^\alpha}, \quad \alpha > 0, \tag{10.13}$$

$$\{a_n\}, a_n = \frac{P(n)}{R(n)}, \tag{10.14}$$

Nullfolgen sind; im Falle von (10.14) sind $P(n)$ und $R(n)$ gewisse Polynome, wobei $R(n)$ höheren Grades als $P(n)$ ist.

Unter den Eigenschaften von Nullfolgen geben wir hier ohne Beweis folgende an:

1. Jede Nullfolge ist beschränkt; die Umkehrung gilt jedoch im allgemeinen nicht.

2. Sind $\{a_n\}$ und $\{b_n\}$ Nullfolgen, so sind auch

$$\{a_n \pm b_n\}, \quad \{a_n b_n\} \quad \text{und} \quad \{c a_n\}$$

Nullfolgen; im letzten Falle ist c eine beliebige Konstante.

Der Quotient zweier Nullfolgen $\{a_n\}$ und $\{b_n\}$ kann, muß jedoch nicht wieder eine Nullfolge sein. Wenn jedoch auch $\left\{\dfrac{a_n}{b_n}\right\}$ eine Nullfolge ist, dann nennt man $\{a_n\}$ im Vergleich zu $\{b_n\}$ *eine Nullfolge höherer Ordnung.*

*   *Aufgabe 10.9:* Es sei $1 > q_1 > q_2 > 0$. Man vergleiche die beiden Nullfolgen $\{a_n\}$, $a_n = q_1^n$, und $\{b_n\}$, $b_n = q_2^n$, und prüfe, ob eine von höherer Ordnung im Vergleich zur anderen ist.

S.10.1   **Satz 10.1:** *Jede Teilfolge einer Nullfolge ist ebenfalls eine Nullfolge.*

S.10.2   **Satz 10.2:** *Wenn $\{a_n\}$ eine Nullfolge ist und für $\{b_n\}$ eine natürliche Zahl N_1 derart existiert, daß*

$$|b_n| \leqq |a_n| \quad \text{für alle} \quad n \geqq N_1,$$

dann ist auch $\{b_n\}$ eine Nullfolge.

*   *Aufgabe 10.10:* Man beweise Satz 10.1.

10.4.   Konvergenzbegriff für Zahlenfolgen

Dieser Abschnitt ist dem für die gesamte Differential- und Integralrechnung fundamentalen Begriff der Konvergenz gewidmet. Dabei wird er hier zunächst im Zusammenhang mit Zahlenfolgen behandelt. Später werden wir ihm in den vielfältigsten Beziehungen bei Funktionen begegnen.

Im allgemeinen Sprachgebrauch bedeutet Konvergenz soviel wie sich an etwas annähern. In eben diesem Sinne wird der Begriff „Konvergenz" auch in der Mathematik verwendet. Für Zahlenfolgen bedeutet Konvergenz speziell, daß es eine gewisse Zahl a gibt, an die sich die Glieder der Folge annähern. Das Maß für diese Annäherung ist der Abstand zwischen der Zahl a und den Gliedern a_n der Zahlenfolge $\{a_n\}$. Er wird ausgedrückt durch die Zahl $|a_n - a|$.

D.10.4   **Definition 10.4:** *Eine (konstante) endliche Zahl a heißt* **Grenzwert** *der Zahlenfolge $\{a_n\}$, und diese Folge heißt* **konvergent** *gegen den Grenzwert a, wenn es zu jedem $\varepsilon > 0$ eine natürliche Zahl $N(\varepsilon)$ derart gibt, daß*

$$|a_n - a| < \varepsilon \quad \text{für alle} \quad n \geqq N(\varepsilon) \tag{10.15}$$

gilt. Man schreibt für die Konvergenz von $\{a_n\}$ gegen a

$$\lim_{n \to \infty} a_n = a \tag{10.16}$$

oder

$$a_n \to a \quad \text{für} \quad n \to \infty. \tag{10.17}$$

Die Schreibweisen (10.16) bzw. (10.17) werden gelesen als „Limes a_n für n gegen ∞ ist gleich a" bzw. „a_n konvergiert gegen a für n gegen ∞". Damit bringt besonders die Schreibweise (10.17) das Wesen der Konvergenz einer Zahlenfolge $\{a_n\}$ gegen einen Grenzwert a zum Ausdruck: Mit wachsendem Index nähern sich die Glieder der Folge immer mehr dem Grenzwert, wird also ihr Abstand von diesem Grenzwert immer kleiner (vgl. auch Satz 10.3). Hierzu muß man natürlich ergänzen, daß diese Annäherung nicht unbedingt monoton erfolgen muß (siehe Beispiel 10.9).

Als ein Spezialfall konvergenter Zahlenfolgen erhält man die Nullfolgen; sie sind dadurch charakterisiert, daß ihr Grenzwert gleich Null ist (diese Begriffsbildung ist mit Definition 10.3 identisch).

Satz 10.3: *Die Folge $\{a_n\}$ konvergiert dann und nur dann gegen a, wenn die Folge der* **S.10.3** *Abstände $\{|a_n - a|\}$ eine Nullfolge ist.*

Es sei besonders der theoretische Charakter der Definition 10.4 betont. Er besteht darin, daß durch diese Definition zwar der Begriff des Grenzwertes eingeführt, jedoch keinerlei praktische Anleitung zu seiner Ermittlung gegeben wird. Diese Frage muß auf die folgenden Abschnitte (siehe 10.5., 10.6. und 10.8.) vertagt werden. Deshalb kann man mit Hilfe der Definition 10.4 für eine konkrete Zahlenfolge nur entscheiden, ob eine gegebene Zahl ihr Grenzwert ist oder nicht.

Beispiel 10.8: Für die Folge $\{a_n\}$, $a_n = \dfrac{1 + 3n + 5n^2}{4n^2}$, ist von den beiden Zahlen 3 und $\dfrac{5}{4}$ nur letztere Grenzwert dieser Folge. Tatsächlich, für $n = 1, 2, \ldots$ gilt

$$a_n = \frac{1 + 3n}{4n^2} + \frac{5}{4} \leqq \frac{n + 3n}{4n^2} + \frac{5}{4} = \frac{1}{n} + \frac{5}{4} \leqq \frac{9}{4}.$$

Also ist $\{a_n\}$ nach oben beschränkt, wobei $\dfrac{9}{4}$ eine obere Schranke der Folge ist. Dann kann der Abstand $|a_n - 3|$ aber nie kleiner als $\dfrac{3}{4}$ werden, so daß die Forderung (10.15) für kein $\varepsilon \in \left(0, \dfrac{3}{4}\right)$ erfüllt ist. Somit ist die Zahl 3 nicht Grenzwert der Folge $\{a_n\}$. Dagegen ergibt sich für $\dfrac{5}{4}$ zunächst

$$\left| a_n - \frac{5}{4} \right| = \frac{1 + 3n}{4n^2} \leqq \frac{1}{n}.$$

Aus dieser Abschätzung folgt mit Satz 10.1 (vgl. noch Beispiel 10.7) die Behauptung.

Aufgabe 10.11: Man prüfe, ob eine der Zahlen 2 oder 4 Grenzwert der Folge   *

$$\{a_n\}, a_n = \frac{2 - 4n + 12n^2}{3n^2},$$

ist.

Die Definition 10.4 hat große theoretische Bedeutung. Mit ihrer Hilfe kann man für konvergente Zahlenfolgen eine ganze Reihe von Eigenschaften nachweisen, ohne ihren Grenzwert zu kennen. Ausführlicher folgen derartige Betrachtungen im nächsten Abschnitt. Hier wird das zunächst beim Beweis folgender Aussage demonstriert.

Satz 10.4: *Wenn für eine Zahlenfolge $\{a_n\}$ die Konvergenzbeziehungen*   **S.10.4**

$$\lim_{n \to \infty} a_n = \bar{a} \quad \text{und} \quad \lim_{n \to \infty} a_n = \tilde{a}$$

gelten, dann folgt $\bar{a} = \tilde{a}$, d. h., der Grenzwert einer konvergenten Zahlenfolge ist eindeutig bestimmt.

Diese Aussage ist bewiesen, wenn wir zeigen können, daß $|\bar{a} - \tilde{a}| = 0$ gilt. Also betrachten wir $|\bar{a} - \tilde{a}|$ etwas näher.

$$|\bar{a} - \tilde{a}| = |\bar{a} - a_n + a_n - \tilde{a}| \leq |\bar{a} - a_n| + |a_n - \tilde{a}|.$$

Jeden der beiden Summanden $|\bar{a} - a_n|$ und $|a_n - \tilde{a}|$ kann man wegen der vorausgesetzten Konvergenz für alle hinreichend großen n kleiner als jede positive Zahl ε machen. Daher ergibt sich $|\bar{a} - \tilde{a}| < 2\varepsilon$, und da ε eine beliebige positive Zahl ist, folgt (vgl. Lösung der Aufgabe 10.12) $|\bar{a} - \tilde{a}| = 0$ oder $\bar{a} = \tilde{a}$.

* *Aufgabe 10.12:* Man überlege sich, ob es nichtnegative Zahlen gibt, die kleiner als alle positiven Zahlen sind.

* *Aufgabe 10.13:* Man zeige, daß für die Zahlenfolge $\{s_n\}$, $s_n = \sum\limits_{i=1}^{n} q^i$, $n = 1, 2, \ldots$, $0 \leq q < 1$, die Grenzwertrelation $\lim\limits_{n \to \infty} s_n = \dfrac{q}{1 - q}$ gilt.

Durchaus nicht jede Zahlenfolge besitzt einen Grenzwert im Sinne der Definition 10.4. Zahlenfolgen, die keinen Grenzwert besitzen, also nicht konvergent sind, werden *divergent* genannt. Die Menge aller divergenten Zahlenfolgen wird ihrerseits noch einmal unterteilt in bestimmt und unbestimmt divergente Zahlenfolgen.

D.10.5   **Definition 10.5:** *Eine Zahlenfolge* $\{a_n\}$ *heißt* **bestimmt divergent***, wenn es zu jeder beliebig großen Zahl* $A > 0$ *eine natürliche Zahl* $N(A)$ *derart gibt, daß*

$$a_n > A \quad \text{für alle} \quad n \geq N(A)$$

bzw.

$$a_n < -A \quad \text{für alle} \quad n \geq N(A).$$

Diese beiden Fälle werden kurz ausgedrückt durch

$$\lim\limits_{n \to \infty} a_n = +\infty \quad \textit{bzw.} \quad \lim\limits_{n \to \infty} a_n = -\infty.$$

Gilt dagegen keiner dieser beiden Fälle und ist die Zahlenfolge auch nicht konvergent, so heißt sie **unbestimmt divergent***.*

Ohne auf Einzelheiten einzugehen, weisen wir auf folgende Beispiele hin.

Beispiel 10.9: Für die Folge $\{a_n\}$, $a_n = aq^{n-1}$, mit $q > 1$ und $a > 0$ gilt $\lim\limits_{n \to \infty} a_n = +\infty$.

Beispiel 10.10: Für die Folge $\{b_n\}$, $b_n = bq^{n-1}$, mit $q > 1$ und $b < 0$ gilt $\lim\limits_{n \to \infty} b_n = -\infty$.

Beispiel 10.11: Die Folge $\{c_n\}$, $c_n = cq^{n-1}$, mit $q < -1$ und $c > 0$ ist unbestimmt divergent.

10.5.   Eigenschaften von und Rechnen mit konvergenten Zahlenfolgen

Wir folgen unserer bisherigen Methodik. Im vorangehenden Abschnitt wurde ein neues mathematisches Objekt – die konvergente Zahlenfolge – eingeführt. Jetzt untersuchen wir dessen wesentlichste Eigenschaften und insbesondere die Möglichkeiten, mit diesem Objekt zu rechnen. Dabei werden wir zwar die Existenz des Grenzwertes, nicht jedoch die Kenntnis seines konkreten Wertes voraussetzen. Dennoch erweist es sich, daß die Eigenschaften und die Rechenregeln für Zahlenfolgen es in einer Reihe von Fällen gestatten, Grenzwerte zu berechnen. Schon hier sei bemerkt, daß es keine allgemeingültige Methode zur Ermittlung des Grenzwertes einer konvergenten Zahlenfolge gibt. Hierzu ist vielmehr die Spezifik der jeweils vorliegenden Folge auszunutzen. Das Anliegen dieses Abschnittes besteht auch darin, aus den Eigenschaften und insbesondere aus den Rechenregeln für konvergente Zahlenfolgen erste Hinweise für die Berechnung der Grenzwerte abzuleiten.

Untersuchen wir zunächst, ob eine konvergente Zahlenfolge die in Abschnitt 10.2. genannten einfachsten Eigenschaften der Monotonie und Beschränktheit besitzt.

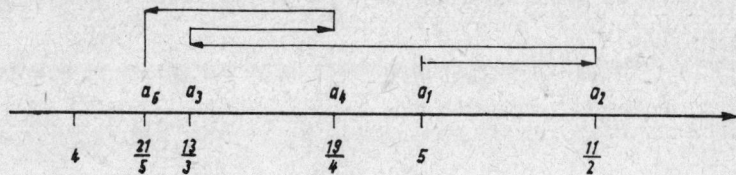

Bild 10.2. Darstellung der konvergenten aber nicht monotonen Zahlenfolge

$$\{a_n\}, \quad a_n = \frac{1}{n} [2 + (-1)^n + 4n]$$

Beispiel 10.12: Die Zahlenfolge $\{a_n\}$, $a_n = \dfrac{2 + (-1)^n + 4n}{n}$, ist konvergent gegen den Grenzwert 4. Davon kann man sich überzeugen, indem man analoge Betrachtungen wie in Beispiel 10.8 anstellt. Die Konvergenz dieser Folge ist jedoch nicht monoton. Man prüft nämlich leicht nach, daß einerseits $a_{2k-1} < a_{2k}$ und andererseits $a_{2k} > a_{2k+1}$ für beliebige $k = 1, 2, \ldots$ gilt (vgl. Bild 10.2).

Zahlenfolgen von der in Beispiel 10.12 genannten Art kann man beliebig viele konstruieren. Neben diesen gibt es aber auch Zahlenfolgen, deren Konvergenz in anderer Weise erfolgt.

Aufgabe 10.14: Man nehme folgende Konvergenzaussagen als bewiesen hin   *

$$\lim_{n \to \infty} a_n = 4 \quad \text{für} \quad a_n = \frac{4n + 1}{n}, \qquad \lim_{n \to \infty} b_n = 4 \quad \text{für} \quad b_n = \frac{4n - 1}{n},$$

$$\lim_{n \to \infty} c_n = 4 \quad \text{für} \quad c_n = \frac{4n + (-1)^n}{n}, \quad n = 1, 2, \ldots,$$

und zeige, daß $\{a_n\}$ streng monoton fallend, $\{b_n\}$ streng monoton wachsend und $\{c_n\}$ nicht monoton ist.

Verallgemeinert man die Ergebnisse von Beispiel 10.12 und Aufgabe 10.14, so kommt man zu der Schlußfolgerung, daß konvergente Zahlenfolgen monoton sein können, es jedoch nicht sein müssen. Mit anderen Worten, aus der Konvergenz einer Zahlenfolge kann man im allgemeinen nicht deren Monotonie schlußfolgern.

Bezüglich der Beschränktheit kann dagegen folgender Satz bewiesen werden.

Satz 10.5: *Jede konvergente Zahlenfolge $\{a_n\}$ ist beschränkt.*   **S.10.5**

Zum Beweis bezeichnen wir den Grenzwert von $\{a_n\}$ mit a. Dann gibt es für eine beliebig fixierte Zahl $\varepsilon > 0$ eine natürliche Zahl $N(\varepsilon)$ derart, daß (10.15) gilt. Somit folgt $-\varepsilon < a_n - a < \varepsilon$ oder

$a - \varepsilon < a_n < a + \varepsilon$ für alle $n \geqq N(\varepsilon)$. Dann gilt aber auch $|a_n| < C_1$ für alle $n \geqq N(\varepsilon)$, wobei C_1 die größere der beiden Zahlen $|a - \varepsilon|$ und $|a + \varepsilon|$ ist. Bezeichnet man nun mit C die größte der Zahlen $C_1, |a_1|, |a_2|, \ldots, |a_{N(\varepsilon)-1}|$, dann folgt die Behauptung $|a_n| < C$ für alle $n = 1, 2, \ldots$.

Die Umkehrung von Satz 10.5 gilt nicht, d. h., im allgemeinen ist nicht jede beschränkte Zahlenfolge auch konvergent. Das wird im Beispiel 10.13 bewiesen. Man kann jedoch zeigen, daß aus jeder beschränkten Folge eine konvergente Teilfolge ausgewählt werden kann (vgl. Satz 10.14 in Abschnitt 10.8.).

Bevor wir eine weitere Eigenschaft konvergenter Zahlenfolgen formulieren, möge sich der Leser einmal – ohne zu rechnen, nur seiner Intuition folgend – überlegen, wie sich der Abstand $|a_n - a_{n+1}|$ zweier benachbarter Glieder einer konvergenten Zahlenfolge mit wachsendem n verhält. In der Hoffnung, daß er der richtigen Antwort nahe gekommen ist, formulieren wir nun den

S.10.6 Satz 10.6: *Für eine konvergente Zahlenfolge $\{a_n\}$ bilden die Abstände $d_n = |a_n - a_{n+1}|$ zweier beliebiger benachbarter Glieder eine Nullfolge, d. h.* $\lim\limits_{n \to \infty} d_n = 0$.

Hiernach ist es leicht, das oben erwähnte Beispiel zu geben.

Beispiel 10.13: Die Folge $\{a_n\}$, $a_n = \dfrac{n+1}{n}(-1)^n$, ist zwar beschränkt, denn man prüft leicht die Ungleichung $|a_n| < 2$, $n = 1, 2, \ldots$, nach. Dennoch ist sie nicht konvergent; für den Abstand zweier beliebiger benachbarter Glieder ergibt sich nämlich

$$|a_n - a_{n+1}| = \left| \frac{n+1}{n}(-1)^n - \frac{n+1+1}{n+1}(-1)^{n+1} \right|$$

$$= \left| (-1)^n \left(1 + \frac{1}{n} + 1 + \frac{1}{n+1} \right) \right| \geqq 2, \quad n = 1, 2, \ldots$$

Daher ist $\{d_n\}$, $d_n = |a_n - a_{n+1}|$, keine Nullfolge, so daß nach Satz 10.6 die Folge $\{a_n\}$ selbst nicht konvergent sein kann.

Unter den Eigenschaften konvergenter Zahlenfolgen sei noch folgende erwähnt.

S.10.7 Satz 10.7: *Jede Teilfolge einer konvergenten Zahlenfolge $\{a_n\}$ ist ebenfalls konvergent und besitzt den gleichen Grenzwert wie die ursprüngliche Folge $\{a_n\}$.*

Wenden wir uns nun dem Rechnen mit konvergenten Zahlenfolgen zu und erklären zunächst, daß wir ganz allgemein unter der Summe zweier Zahlenfolgen $\{a_n\}$ und $\{b_n\}$ die neue Zahlenfolge $\{a_n + b_n\}$ verstehen. Wir führen also die Addition zweier Zahlenfolgen auf die Addition ihrer Glieder mit gleichem Index zurück. Analog werden Differenz, Produkt und Quotient zweier Zahlenfolgen sowie das Produkt einer Zahlenfolge mit einer Zahl erklärt. Uns interessiert nun, ob das Ergebnis derartiger arithmetischer Verknüpfungen von konvergenten Zahlenfolgen wieder konvergente Zahlenfolgen sind. Antwort hierauf geben die folgenden Aussagen:

S.10:8 Satz 10.8: *Die beiden Folgen $\{a_n\}$ bzw. $\{b_n\}$ seien konvergent gegen den Grenzwert a bzw. b:*

$$\lim\limits_{n \to \infty} a_n = a, \quad \lim\limits_{n \to \infty} b_n = b.$$

Dann sind auch die Summe bzw. Differenz $\{a_n \pm b_n\}$, das Produkt $\{a_n b_n\}$ dieser beiden Folgen sowie die Folge $\{c a_n\}$, wobei c eine gewisse reelle Zahl ist, konvergent.

Dabei gelten bezüglich der Grenzwerte die Formeln

$$\lim_{n \to \infty} (a_n \pm b_n) = \lim_{n \to \infty} a_n \pm \lim_{n \to \infty} b_n = a \pm b, \tag{10.18}$$

$$\lim_{n \to \infty} a_n b_n = \lim_{n \to \infty} a_n \cdot \lim_{n \to \infty} b_n = ab, \tag{10.19}$$

$$\lim_{n \to \infty} c a_n = c \lim_{n \to \infty} a_n = ca. \tag{10.20}$$

Satz 10.9: *Wenn bezüglich der beiden Folgen $\{a_n\}$ und $\{b_n\}$ die gleichen Voraussetzungen* **S.10.9** *wie in Satz 10.8 erfüllt sind und zusätzlich $b \neq 0$ sowie $b_n \neq 0$, $n = 1, 2, \ldots$, gilt, dann ist auch der Quotient $\left\{\dfrac{a_n}{b_n}\right\}$ wieder eine konvergente Folge. Dabei gilt bezüglich des Grenzwertes dieser Folge*

$$\lim_{n \to \infty} \frac{a_n}{b_n} = \frac{\lim\limits_{n \to \infty} a_n}{\lim\limits_{n \to \infty} b_n} = \frac{a}{b}. \tag{10.21}$$

Den Beweis dieser Sätze führen wir nur für (10.19). Nach den einführenden Bemerkungen von Abschnitt 10.4. genügt es zu zeigen, daß die Folge der Abstände $\{d_n\}$, $d_n = |a_n b_n - ab|$, eine Nullfolge ist. Hierzu bemerken wir

$$|a_n b_n - ab| = |a_n b_n - ab_n + ab_n - ab| \leq |b_n| |a_n - a| + |a| |b_n - b|. \tag{10.22}$$

Beachtet man nun, daß $\{b_n\}$ eine beschränkte Folge ist (siehe Satz 10.5) und $\{|a_n - a|\}$ sowie $\{|b_n - b|\}$ Nullfolgen sind, so steht auf der rechten Seite von (10.22) die Summe zweier Nullfolgen. Dann folgt aber auch $\lim\limits_{n \to \infty} |a_n b_n - ab| = 0$, womit (10.19) bewiesen ist.

Die Formeln (10.18) bis (10.21) gestatten es, in einer Reihe von Fällen die Grenzwerte konvergenter Folgen zu ermitteln. Das gilt insbesondere für Folgen der Art

$$\{a_n\} \quad \text{mit} \quad a_n = \frac{P(n)}{R(n)}, \tag{10.23}$$

wobei $P(n)$ und $R(n)$ Polynome sind und $R(n)$ höheren oder gleichen Grades wie $P(n)$ ist.

Beispiel 10.14: Wir betrachten noch einmal die Folge aus Beispiel 10.8. Zur Anwendung der obigen Formeln formen wir das allgemeine Glied a_n dieser Folge zunächst in entsprechender Weise um:

$$a_n = \frac{1 + 3n + 5n^2}{4n^2} = \frac{n^2 \left(\dfrac{1}{n^2} + \dfrac{3}{n} + 5\right)}{4n^2} = \frac{\dfrac{1}{n^2} + \dfrac{3}{n} + 5}{4}.$$

Wendet man nun erst (10.21) und danach auf den dabei entstehenden Zähler (10.18) an und beachtet (10.13), so erhält man

$$\lim_{n \to \infty} a_n = \frac{\lim\limits_{n \to \infty} \dfrac{1}{n^2} + \lim\limits_{n \to \infty} \dfrac{3}{n} + \lim\limits_{n \to \infty} 5}{\lim\limits_{n \to \infty} 4} = \frac{5}{4}.$$

Im allgemeinen Falle (10.23) wird ähnlich wie im Beispiel (10.14) vorgegangen: Man klammert die höchste Potenz von n, die in $R(n)$ auftritt, sowohl im Zähler als auch im Nenner aus, kürzt sie heraus und wendet dann zunächst (10.21) und danach (10.18) an.

* *Aufgabe 10.15:* Man ermittle jeweils den Grenzwert von den Zahlenfolgen

$$\{a_n\}, \; a_n = \frac{7 + 3n + 4n^2 - 5n^3}{2n + 10n^3}, \qquad \{b_n\}, \; b_n = \frac{5n + 4n^2 + 6n^3}{1 - 2n^2 + 3n^4}.$$

Gelingt es also mit den Formeln (10.18) bis (10.21) den Grenzwert einer Folge zu ermitteln, dann ist damit auch automatisch deren Konvergenz nachgewiesen. Besonders bemerkenswert daran ist, daß man die von den Praktikern häufig als „unhandlich" empfundenen Betrachtungen mit ε und $N(\varepsilon)$ zum Nachweis der Konvergenz völlig umgehen kann.

* *Aufgabe 10.16:* $\{a_n\}$ und $\{b_n\}$ seien zwei konvergente Zahlenfolgen, wobei $a_n \neq 0$ und $b_n \neq 0$ für alle $n = 1, 2, \ldots$ und $\lim\limits_{n \to \infty} a_n = 3$, $\lim\limits_{n \to \infty} b_n = 4$. Man ermittle die Grenzwerte der Folgen $\{c_n\}$, $c_n = 2a_n - 3b_n$, $\{d_n\}$, $d_n = \dfrac{4a_n + b_n}{a_n b_n}$.

Abschließend weisen wir noch auf folgende Aussage hin: Wenn $a_n \geqq 0$ $(n = 1, 2, \ldots)$ und $\lim\limits_{n \to \infty} a_n = a$, dann folgt $\lim\limits_{n \to \infty} \sqrt{a_n} = \sqrt{a}$. Hier wird nur der Fall $a = 0$ bewiesen, und zwar indirekt. Die Behauptung $\lim\limits_{n \to \infty} \sqrt{a_n} = 0$ ist gleichbedeutend damit, daß zu jedem $\varepsilon > 0$ ein $N(\varepsilon)$ derart existiert, daß $\sqrt{a_n} < \varepsilon$ für alle $n \geqq N(\varepsilon)$. Angenommen, diese Aussage gilt nicht. Dann gibt es wenigstens zu einem $\varepsilon_1 > 0$ ein $N_1(\varepsilon_1)$ derart, daß $\sqrt{a_n} \geqq \varepsilon_1$ für alle $n \geqq N_1(\varepsilon_1)$ oder $a_n \geqq \varepsilon_1^2 > 0$ für alle $n \geqq N_1(\varepsilon_1)$. Letzteres steht aber im Widerspruch zu der Voraussetzung, daß $\lim\limits_{n \to \infty} a_n = 0$ gelten soll. Mit diesem Widerspruch ist unsere Aussage für den Fall $a = 0$ bewiesen. Weitere Aussagen ähnlicher Art werden noch im Zusammenhang mit der Stetigkeit von Funktionen gezeigt (vgl. Band 2).

10.6. Konvergenzkriterien

In diesem Abschnitt werden Kriterien entwickelt, die es gestatten, darüber zu entscheiden, ob eine gegebene Folge konvergent ist oder nicht. Solche Kriterien sind sowohl von praktischer als auch von theoretischer Bedeutung. Für die Praxis – insbesondere beim Einsatz von Rechenautomaten – ist es natürlich sinnvoll, von einer Zahlenfolge, deren Grenzwert ermittelt werden soll, erst einmal zu zeigen, daß sie einen solchen besitzt. In vielen theoretischen Untersuchungen kommt es weniger darauf an, den Grenzwert zu berechnen. Vielmehr muß einfach der Nachweis geführt werden, daß eine Folge konvergent ist. Für einen solchen Nachweis steht uns bisher nur die Definition 10.4 zur Verfügung; um sie anwenden zu können, muß der Grenzwert jedoch bereits bekannt sein. So ergibt sich auch aus theoretischer Sicht die Notwendigkeit, solche Kriterien zu entwickeln, mit denen man über die Konvergenz einer Zahlenfolge entscheiden kann, ohne deren Grenzwert zu kennen. Schließlich können Konvergenzkriterien in einigen Fällen auch die Berechnung von Grenzwerten ermöglichen bzw. erleichtern (siehe Beispiel 10.16, 10.17 sowie Aufgabe 10.20).

Vor uns steht also die Aufgabe, die in Definition 10.4 enthaltene Kopplung von Grenzwert und Konvergenz aufzulösen und Aussagen über die Konvergenz unabhängig von der Kenntnis des Grenzwertes zu machen. Hierzu liegt es nahe, sich zunächst noch einmal den einfachsten Eigenschaften von Zahlenfolgen zuzuwenden. Wir haben gesehen, daß im allgemeinen weder die Monotonie allein oder die Beschränktheit allein die Konvergenz einer Zahlenfolge garantieren. Es gilt jedoch

Satz 10.10: *Wenn eine Folge monoton wachsend und nach oben beschränkt bzw.* **S.10.10**
monoton fallend und nach unten beschränkt ist, dann ist sie konvergent.

Mit diesem Satz ist ein erstes Kriterium gegeben, das es gestattet, die Konvergenz einer Zahlenfolge nachzuweisen, ohne deren Grenzwert zu kennen oder zu berechnen. Hierzu muß gezeigt werden, daß die Folge sowohl monoton als auch beschränkt ist. Es sei bemerkt, daß es dabei genügt, von der Folge eine abgeschwächte Monotonie in folgendem Sinne nachzuweisen: $\{a_n\}$ heißt *im weiteren Sinne monoton wachsend*, wenn es eine natürliche Zahl n_0 derart gibt, daß $a_n \leq a_{n+1}$ für alle $n \geq n_0$ gilt. Analog wird das monotone Fallen im weiteren Sinne definiert.

Beispiel 10.15: Mit Hilfe von Satz 10.10 zeigen wir, daß die Folge

$$\{a_n\}, a_n = \sqrt{d + \sqrt{d + \sqrt{d + \ldots + \sqrt{d}}}}, d > 0, \text{ konvergent ist}; \text{ zu } a_n \text{ sei bemerkt, daß}$$

der Summand d und mit ihm die Wurzel genau n-mal auftritt (vgl. [10]). Es ist also

$$a_1 = \sqrt{d}, \quad a_2 = \sqrt{d + \sqrt{d}}, \quad a_3 = \sqrt{d + \sqrt{d + \sqrt{d}}}, \ldots. \text{ Zur Anwendung von Satz 10.10}$$

zeigen wir zunächst, daß $\{a_n\}$ monoton wachsend ist. Das ergibt sich einfach durch

$$a_{n+1} = \underset{1}{\sqrt{d + \underset{2}{\sqrt{d + \underset{3}{\sqrt{d + \ldots + \underset{n}{\sqrt{d + \underset{n+1}{\sqrt{d}}}}}}}}} > \underset{1}{\sqrt{d + \underset{2}{\sqrt{d + \underset{3}{\sqrt{d + \ldots + \underset{n}{\sqrt{d}}}}}}} = a_n,$$

wobei zur besseren Übersichtlichkeit die Wurzeln numeriert worden sind und die triviale Ungleichung $\sqrt{d + \sqrt{d}} > \sqrt{d}$ benutzt worden ist (man beachte die Monotonie der Wurzelfunktion, Abschnitt 9.4.). Es genügt nun zu zeigen, daß $\{a_n\}$ nach oben beschränkt ist. Hierzu bemerken wir, daß $a_n < \sqrt{d} + 1$ für alle $n = 1, 2, \ldots$ gilt (siehe Aufgabe 10.17). Damit erfüllt die Folge $\{a_n\}$ die Bedingungen von Satz 10.10 und ist somit konvergent.

Aufgabe 10.17: Man zeige, daß für das allgemeine Glied a_n der Folge von Beispiel 10.15 die Ungleichung $a_n < \sqrt{d} + 1$, $n = 1, 2, \ldots$, gilt. ✳

Aufgabe 10.18: Man zeige, daß die Zahlenfolge $\{a_n\}$, $a_n = \dfrac{q^n}{n!}$, für festes $q > 1$ konvergent ist. ✳

Aufgabe 10.19: Man zeige mit Hilfe von Satz 10.10, daß die Folge $\{a_n\}$, $a_n = \dfrac{1}{n^\alpha}$, für $\alpha > 0$ konvergent ist. ✳

Nun wird gezeigt, daß die Kenntnis der Konvergenz einer Folge es unter Umständen auch gestattet, ihren Grenzwert einfach zu ermitteln.

Beispiel 10.16: Wir betrachten die Folge von Beispiel 10.15 und nutzen ihre Konvergenz zur Berechnung des Grenzwertes. Hierzu versuchen wir zwischen a_{n+1} und a_n eine Beziehung aufzustellen. Man sieht leicht, daß im gegebenen Falle

$$a_{n+1} = \sqrt{d + a_n} \quad \text{oder} \quad a_{n+1}^2 = d + a_n$$

gilt. Bezeichnet man den existierenden aber zunächst noch unbekannten Grenzwert mit a und geht nun in der letzten Gleichung zum Grenzwert über, so erhält man

$a^2 = d + a$ oder $a^2 - a - d = 0$. Diese quadratische Gleichung hat die beiden Lösungen $a_{1,2} = \frac{1}{2} \pm \frac{1}{2}\sqrt{1 + 4d}$, von denen die Zahl $\frac{1}{2} - \frac{1}{2}\sqrt{1 + 4d} < 0$ als Grenzwert unserer Folge nicht in Betracht kommt, weil alle $a_n > 0$ und damit auch $a \geq 0$ gelten muß. Also folgt für den Grenzwert $a = \frac{1}{2} + \frac{1}{2}\sqrt{1 + 4d}$.

* *Aufgabe 10.20:* Man ermittle den Grenzwert der konvergenten Zahlenfolge $\{a_n\}$, $a_n = \frac{q^n}{n!}$, $q > 1$.

In einer Reihe von Fällen gelingt es auch, Aussagen über die Konvergenz einer Folge einschließlich ihres Grenzwertes zu erhalten, indem man sie mit bereits untersuchten Folgen vergleicht. Grundlage hierfür ist der

S.10.11 **Satz 10.11** *(Vergleichskriterium): Eine Folge $\{b_n\}$ ist konvergent gegen den Grenzwert a, wenn es zwei andere Zahlenfolgen $\{a_n\}$ und $\{c_n\}$ derart gibt, daß*

und

1. $\lim_{n \to \infty} a_n = a,\quad \lim_{n \to \infty} c_n = a$

2. $a_n \leq b_n \leq c_n,\quad n = 1, 2, \ldots,$

gilt.

Beispiel 10.17: Es ist die Folge $\{a_n\}$, $a_n = \frac{\sqrt{n^2 + (-1)^n n}}{n}$, zu untersuchen. Um das Vergleichskriterium anzuwenden, muß a_n „vorsichtig", d. h. unter geringfügigen Änderungen nach oben und unten, derart abgeschätzt werden, daß sich dabei Folgen ergeben, die gegen den gleichen Grenzwert konvergieren. Im gegebenen Falle bieten sich dafür die Abschätzungen

$$a_n = \frac{\sqrt{n^2 + (-1)^n n}}{n} = \sqrt{1 + (-1)^n \frac{1}{n}} \leq \sqrt{1 + \frac{1}{n}} < 1 + \frac{1}{n}$$

sowie

$$a_n = \sqrt{1 + (-1)^n \frac{1}{n}} \geq \sqrt{1 - \frac{1}{n}} > 1 - \frac{1}{n}$$

an. Damit erhalten wir $b_n < a_n < c_n$ mit $b_n = 1 - \frac{1}{n}$ und $c_n = 1 + \frac{1}{n}$. Beachtet man, daß offensichtlich $\lim_{n \to \infty} b_n = \lim_{n \to \infty} c_n = 1$ gilt, so liefert Satz 10.11 für die gegebene Folge den Grenzwert $\lim_{n \to \infty} a_n = 1$.

Die bisher genannten Konvergenzkriterien sind an spezielle Eigenschaften gebunden, die nicht jede konvergente Folge besitzen muß. Dagegen hat das folgende Kriterium allgemeinen Charakter in dem Sinne, daß es an keinerlei konkrete Eigenschaften wie Monotonie oder andere gebunden ist. Es wurde von B. Bolzano und A. L. Cauchy formuliert und ist von fundamentaler Bedeutung für die gesamte Analysis sowie auch für die modernen Gebiete wie z. B. die Funktionalanalysis (siehe Bd. 22). Seine Grundidee basiert darauf, daß für eine konvergente Folge $\{a_n\}$ mit dem Grenzwert a die Relation (10.15) gilt. Diese kann auch wie folgt geschrieben werden:

$$a - \varepsilon < a_n < a + \varepsilon \quad \text{oder} \quad a_n \in U_\varepsilon(a) \quad \text{für alle} \quad n \geq N(\varepsilon).$$

In dieser Form ist sofort ersichtlich (vgl. Bild 10.1), daß der Abstand zwischen zwei beliebigen Gliedern a_i und a_j mit $i, j, \geq N(\varepsilon)$ bei einer konvergenten Zahlenfolge nie größer als die Länge 2ε des Intervalls $(a - \varepsilon, a + \varepsilon)$ werden kann. Mit anderen Worten: für hinreichend große i und j muß der Abstand $|a_i - a_j|$ für die Glieder einer konvergenten Folge beliebig klein werden. Es konnte auch die Umkehrung dieser Aussage bewiesen werden. So ergab sich

Satz 10.12 *(Cauchysches Konvergenzkriterium): Eine Zahlenfolge $\{a_n\}$ ist dann und* **S.10.12** *nur dann konvergent, wenn es zu jedem $\varepsilon > 0$ eine natürliche Zahl $N(\varepsilon)$ derart gibt, daß*

$$|a_i - a_j| < \varepsilon \quad \text{für alle} \quad i, j \geq N(\varepsilon) \tag{10.24}$$

gilt.

Der Beweis kann z. B. in [10] nachgelesen werden.

Das Cauchysche Konvergenzkriterium hat sich bei zahlreichen theoretischen Untersuchungen bewährt. Genannt seien hier der Konvergenznachweis für die Näherungsfolgen bei iterativer Lösung von Gleichungen und insbesondere das Fixpunktprinzip (vgl. [8], [9] und Bd. 22).

10.7. Einige spezielle Zahlenfolgen

In den vorangegangenen Abschnitten haben wir uns mit konvergenten Zahlenfolgen beschäftigt und dabei für gewisse Klassen solcher Folgen Methoden zur Berechnung ihres Grenzwertes kennengelernt. Mit diesen Klassen waren aber durchaus nicht alle konvergenten Folgen erfaßt. Im folgenden werden einige spezielle Zahlenfolgen untersucht. Die Konvergenzaussagen für sie erweisen sich wiederum als gutes Hilfsmittel bei der Ermittlung des Grenzwertes einer Reihe anderer Folgen.

Zunächst beginnen wir mit einer bestimmt divergenten Folge. Als solche erweist sich nämlich

$$\{a_n\}, \quad a_n = \frac{a^n}{n^k}, \quad a > 1, \quad k > 0. \tag{10.25}$$

Zum Beweis dieser Behauptung benötigen wir eine Hilfsungleichung, die uns auch in einem anderen Zusammenhang noch nützlich sein wird. Wegen $a > 1$ gibt es ein $d > 0$ derart, daß $a = 1 + d$ ist. Daher ergibt sich nach der binomischen Formel

$$a^n = (1 + d)^n = \sum_{i=0}^{n} \binom{n}{i} d^i > \binom{n}{2} d^2 = \frac{n(n - 1)}{2} d^2 \geq \frac{n^2}{4} d^2,$$

wobei die letzte Ungleichung für alle $n \geq 2$ gilt. Setzt man hier für d seinen Wert $a - 1$ ein, so erhält man die gewünschte Hilfsungleichung

$$a^n > \frac{(a - 1)^2}{4} n^2, \tag{10.26}$$

woraus speziell für $0 < k \leq 1$

$$\frac{a^n}{n^k} \geq \frac{a^n}{n} > \frac{(a - 1)^2}{4} n \tag{10.27}$$

folgt. Aus (10.27) ergibt sich für $0 < k \leq 1$ sofort

$$\lim_{n \to \infty} \frac{a^n}{n} = +\infty \quad \text{und} \quad \lim_{n \to \infty} \frac{a^n}{n^k} = +\infty. \tag{10.28}$$

Damit ist die obige Behauptung für $0 < k \leqq 1$ bewiesen. Für beliebiges $k > 1$ gilt aber

$$a_n = \frac{a^n}{n^k} = \left(\frac{\tilde{a}^n}{n}\right)^k \quad \text{mit} \quad \tilde{a} = a^{\frac{1}{k}} > 1.$$

Hieraus ergibt sich wegen $k > 1$

$$a_n > \frac{\tilde{a}^n}{n},$$

woraus wegen (10.28) auch

$$\lim_{n \to \infty} \frac{a^n}{n^k} = +\infty$$

folgt. Damit ist die obige Behauptung für die Folge (10.25) vollständig bewiesen. Man vergleiche dieses Ergebnis mit dem der Aufgabe 10.18.

Wir wenden nun die Hilfsungleichung (10.26) für Konvergenzuntersuchungen der Folge

$$\{a_n\}, \quad a_n = \sqrt[n]{n},$$

an. Da $\sqrt[n]{n} > 1$ für alle $n = 2, 3, \ldots$ gilt, kann man hier $a = \sqrt[n]{n}$ setzen; das liefert

$$n > \frac{n^2}{4}\left(\sqrt[n]{n} - 1\right)^2 \quad \text{oder} \quad \frac{2}{\sqrt{n}} + 1 > \sqrt[n]{n} > 1.$$

Hieraus folgt mit Satz 10.11 wegen der offensichtlichen Beziehung

$$\lim_{n \to \infty}\left(1 + \frac{2}{\sqrt{n}}\right) = 1$$

auch

$$\lim_{n \to \infty} \sqrt[n]{n} = 1. \tag{10.29}$$

Dieses Resultat kann u. a. wie folgt angewendet werden.

Beispiel 10.18: Es gilt die Limesrelation

$$\lim_{n \to \infty} \frac{\lg n}{n} = 0. \tag{10.30}$$

Tatsächlich, wegen (10.29) sowie wegen $10^\varepsilon > 1, \varepsilon > 0$, gibt es zu jedem $\varepsilon > 0$ ein $N(\varepsilon)$ derart, daß

$$1 < \sqrt[n]{n} < 10^\varepsilon \quad \text{für alle} \quad n \geqq N(\varepsilon).$$

Berücksichtigt man, daß die Logarithmusfunktion monoton wachsend ist, so folgt

$$\lg 1 < \lg \sqrt[n]{n} < \lg 10^\varepsilon,$$

woraus sich auf Grund der Eigenschaften der Logarithmusfunktion die Ungleichung

$$0 < \frac{1}{n} \lg n < \varepsilon \quad \text{für alle} \quad n \geqq N(\varepsilon)$$

ergibt. Da $\varepsilon > 0$ beliebig ist, folgt aus ihr (vgl. Aufgabe 10.12) die Behauptung (10.30).

Im Zusammenhang mit (10.29) sei noch folgende allgemeingültige Konvergenzaussage erwähnt.

Satz 10.13: *Wenn eine Folge $\{a_n\}$ gegen den Grenzwert a konvergiert, dann konvergiert* **S.10.13** *auch die Folge $\{b_n\}$ mit*

$$b_n = \frac{a_1 + a_2 + \ldots + a_n}{n}$$

gegen a.

Beispiel 10.19: Die Limesrelation

$$\lim_{n \to \infty} \frac{1 + \sqrt[2]{2} + \sqrt[3]{3} + \ldots + \sqrt[n]{n}}{n} = 1$$

ist eine unmittelbare Folgerung des Satzes 10.13 sowie des Ergebnisses (10.29).

Als dritte und letzte spezielle Zahlenfolge erwähnen wir

$$\{a_n\}, \quad a_n = \left(1 + \frac{1}{n}\right)^n, \quad n = 1, 2, \ldots \tag{10.31}$$

Ohne hier auf Einzelheiten einzugehen, bemerken wir, daß diese Folge streng monoton wachsend sowie nach oben beschränkt ist und daher auch konvergiert. Ihr Grenzwert ist die Wachstumskonstante e

$$\lim_{n \to \infty} \left(1 + \frac{1}{n}\right)^n = e, \quad \text{wobei} \quad e = 2{,}718\,281\,828\,4 \ldots \tag{10.32}$$

Beispiel 10.20: Wir benutzen das Resultat (10.32), um zu zeigen, daß

$$\lim_{n \to \infty} \left(1 + \frac{1}{2n}\right)^n = \sqrt{e} \tag{10.33}$$

ist. Dazu nehmen wir die einfache Umformung

$$\left(1 + \frac{1}{2n}\right)^n = \sqrt{\tilde{a}_n} \quad \text{mit} \quad \tilde{a}_n = \left(1 + \frac{1}{2n}\right)^{2n}$$

vor. Dabei ist $\{\tilde{a}_n\}$ eine Teilfolge von (10.31), und somit gilt $\tilde{a}_n \to e$, woraus die Behauptung (10.33) folgt (vgl. mit letztem Absatz in Abschnitt 10.5.).

Aufgabe 10.21: Man untersuche, ob die Zahlenfolge $\{a_n\}$, $a_n = \left(\dfrac{kn + 1}{kn}\right)^n$, für eine ***** beliebig fixierte natürliche Zahl $k > 0$ konvergiert.

10.8. Häufungspunkte und lim sup sowie lim inf

In den Abschnitten 10.3. bis 10.7. wurden – abgesehen von einzelnen Bemerkungen und Beispielen – konvergente Zahlenfolgen untersucht. Dabei haben wir gesehen, daß der Grenzwert einer konvergenten Zahlenfolge eindeutig bestimmt ist. Jetzt betrachten wir beliebige, jedoch beschränkte Folgen. Für sie gilt eine Aussage, auf deren Tragweite hier nur aufmerksam gemacht werden kann. Die Aussage bringt ein fundamentales Prinzip der gesamten Analysis und Funktionalanalysis zum Ausdruck. Sie hängt eng zusammen mit dem allgemeinen Begriff der kompakten Menge.

S.10.14 **Satz 10.14:** *Aus einer beliebigen beschränkten Folge $\{a_n\}$ kann man immer konvergente Teilfolgen auswählen.*

Zu diesem Satz sei bemerkt, daß sein Inhalt uns für konvergente Folgen bereits bekannt ist. Sie sind nämlich beschränkt (siehe Satz 10.5), und außerdem konvergiert auch jede ihrer Teilfolgen, und zwar gegen den Grenzwert der Folge. Das wesentliche Neue an dem Satz 10.14 besteht darin, daß von der Folge $\{a_n\}$ nur die Beschränktheit gefordert wird und also auch divergente, jedoch beschränkte Folgen wie z. B.

$\{a_n\}$, $a_n = (-1)^n + \dfrac{1}{n}$, zugelassen sind. Dabei werden die Teilfolgen solcher Folgen

i. allg. nicht mehr gegen ein und denselben Grenzwert konvergieren. In diesem Zusammenhang ergibt sich die Frage, ob ein kleinster und ein größter Grenzwert unter den Grenzwerten aller konvergenten Teilfolgen einer beschränkten Zahlenfolge existiert. Die Antwort hierauf gibt der folgende Satz.

S.10.15 **Satz 10.15:** *Unter den Grenzwerten aller konvergenten Teilfolgen einer beschränkten Folge $\{a_n\}$ gibt es einen kleinsten a_* und einen größten a^*.*

D.10.6 **Definition 10.6:** *Die Zahlen a_* bzw. a^* haben eine spezielle Bezeichnung. Sie werden* **unterer** *bzw.* **oberer Grenzwert** *der beschränkten Folge $\{a_n\}$ genannt und mit*

$$a_* = \lim \inf a_n \quad bzw. \quad a^* = \lim \sup a_n$$

oder auch

$$a_* = \underline{\lim}\, a_n \quad bzw. \quad a^* = \overline{\lim}\, a_n$$

bezeichnet.

Beispiel 10.21: Die Folge $\{a_n\}$, $a_n = (-1)^n \left(1 + \dfrac{1}{n}\right)$, $n = 1, 2, \ldots$, ist offensichtlich

beschränkt, denn es gilt z. B. $|a_n| = \left|1 + \dfrac{1}{n}\right| \leqq 2$. Also existieren für sie die Zahlen a_* und a^*. Man kann zeigen, daß $a_* = -1$ und $a^* = +1$ ist.

Ohne Beweis werden nun einige Eigenschaften des unteren bzw. oberen Grenzwertes einer beschränkten Zahlenfolge formuliert (Einzelheiten siehe [10]).

1. Für jedes $\varepsilon > 0$ existiert eine natürliche Zahl $N^*(\varepsilon)$ derart, daß

$$a_n < a^* + \varepsilon \quad \text{für alle} \quad n > N^*(\varepsilon).$$

2. Für jedes $\varepsilon > 0$ existiert eine natürliche Zahl $N_*(\varepsilon)$ derart, daß

$$a_* - \varepsilon < a_n \quad \text{für alle} \quad n > N_*(\varepsilon).$$

Diese beiden Eigenschaften lassen sich auch so formulieren: Sind a_* bzw. a^* der untere bzw. obere Grenzwert einer beschränkten Zahlenfolge $\{a_n\}$, so liegen bei beliebigem $\varepsilon > 0$ nur endlich viele Glieder der Folge außerhalb des Intervalls $(a_* - \varepsilon, a^* + \varepsilon)$. Für konvergente Zahlenfolgen ist uns eine solche Schlußfolgerung bereits bekannt. In diesem Zusammenhang stellen wir die

* *Aufgabe 10.22:* Man beweise, daß eine beschränkte Zahlenfolge $\{a_n\}$ dann und nur dann konvergent ist, wenn ihr oberer Grenzwert gleich ihrem unteren ist: $a^* = a_*$.

Der obere Grenzwert besitzt neben den bereits genannten auch noch folgende Eigenschaft:

3. Zu jedem $\varepsilon > 0$ und jeder natürlichen Zahl N existiert wenigstens ein Element a_n mit $n > N$ derart, daß

$$a^* - \varepsilon < a_n$$

ist. Eine analoge Eigenschaft gilt für den unteren Grenzwert a_*.

Nun wenden wir uns dem Begriff des Häufungspunktes zu. Er ist in gewisser Weise eine Verallgemeinerung des Grenzwertes. Um diese Verallgemeinerung zu erhalten, gehen wir den in solchen Fällen üblichen Weg. Wir wählen für die Definition des Grenzwertes eine Formulierung, von der man durch Vernachlässigung oder Abschwächung einer Forderung dann zu einer Verallgemeinerung gelangt. Zuvor sei noch erwähnt, daß der Begriff des Häufungspunktes nicht auf Zahlenfolgen beschränkt ist, sondern für beliebige Mengen, für deren Elemente ein Abstand erklärt ist, definiert werden kann.

Es sei $\{a_n\}$ eine konvergente Zahlenfolge mit dem Grenzwert a. Dann gibt es zu jedem $\varepsilon > 0$ eine natürliche Zahl $N(\varepsilon)$ derart, daß $|a_n - a| < \varepsilon$ für alle $n \geqq N(\varepsilon)$ ist. Für alle hinreichend großen n gilt also

$$a_n \in U_\varepsilon(a). \tag{10.34}$$

In dieser Formulierung des Grenzwertes nehmen wir nun eine Abschwächung vor, um zum Begriff des Häufungspunktes zu gelangen. Wir fordern nämlich nicht mehr, daß (10.34) für alle hinreichend großen n erfüllt ist, sondern nur noch, daß es wenigstens ein a_n gibt, welches (10.34) erfüllt. Zusätzlich wird allerdings verlangt, daß dieses $a_n \neq a$ ist. Präziser gehen wir wie folgt vor:

Definition 10.7: *Es sei M eine beliebige Punktmenge der reellen Zahlengeraden, d. h.* **D.10.7** *eine beliebige Menge reeller Zahlen. Dann heißt ein Punkt a der Zahlengeraden (eine Zahl a)* **Häufungspunkt** *der Menge M, wenn es zu jedem $\varepsilon > 0$ ein Element $a' \in M$ derart gibt, daß $a' \neq a$ und*

$$a' \in U_\varepsilon(a). \tag{10.35}$$

ist.

Als erstes erwähnen wir folgende Eigenschaft des Häufungspunktes. Besitzt eine Menge M einen Häufungspunkt, so kann dieser zur Menge M gehören, kann aber auch nicht zu ihr gehören.

Beispiel 10.22: Es sei $M = (-1, 1)$. Dann ist jeder Punkt $a \in (-1, 1)$ Häufungspunkt von M, aber auch die nicht zu M gehörenden Randpunkte ± 1 sind Häufungspunkte von M. Tatsächlich, es seien $a \in (-1, 1)$ und $\varepsilon > 0$ beliebig fixiert. Dann gilt für $r = \frac{1}{2} \min(\varepsilon, a + 1, 1 - a)$ sowohl $U_r(a) \subset U_\varepsilon(a)$ als auch $U_r(a) \subset M$, und daher ist (10.35) für jedes $a' \in U_r(a)$ mit $a' \neq a$ erfüllt.

Aufgabe 10.23: Man zeige, daß der Randpunkt $a = 1$ Häufungspunkt der Menge $*$ $M = (-1, 1)$ ist.

Folgende Eigenschaft des Häufungspunktes erläutert seinen Namen. Ist a Häufungspunkt einer Menge M, so gibt es in jeder ε-Umgebung von a unendlich viele Punkte dieser Menge, die alle von a verschieden sind (vgl. Beispiel 10.22). Anschaulich gesprochen heißt das eben gerade, daß sich in jeder Umgebung eines Punktes mit den in der Definition 10.7 genannten Eigenschaften unendlich viele Punkte der Menge befinden, sich also dort „häufen". Darauf beruht die Bezeichnung Häufungspunkt.

Betrachtet man Zahlenfolgen gleichzeitig als Punktmenge auf der Zahlengeraden, so gelten über die Beziehungen zwischen ihnen und dem Begriff des Häufungspunktes folgende Aussagen.

1. Wenn eine konvergente Zahlenfolge unendlich viele Glieder enthält, die von ihrem Grenzwert verschieden sind, so ist ihr Grenzwert gleichzeitig ihr einziger Häufungspunkt.
2. Enthält eine konvergente Zahlenfolge dagegen nur endlich viele Glieder, die von ihrem Grenzwert verschieden sind, so besitzt sie keinen Häufungspunkt und insbesondere ist ihr Grenzwert nicht Häufungspunkt für sie.
3. Wenn eine divergente, jedoch beschränkte Zahlenfolge höchstens endlich viele gleiche Glieder enthält, so besitzt sie mindestens zwei Häufungspunkte, nämlich ihren unteren und oberen Grenzwert.

* *Aufgabe 10.24:* Man untersuche, ob die Zahlenfolgen

$$\{a_n\}, \ a_n = [1 + (-1)^n]\frac{4n - 3}{n^2}, \qquad \{b_n\}, \ b_n = [1 + (-1)^n]\frac{4n - 3}{n},$$

konvergent oder divergent sind. Im Falle der Konvergenz ermittle man ihren Grenzwert und prüfe, ob dieser Grenzwert gleichzeitig ihr Häufungspunkt ist. Im Falle der Divergenz prüfe man, ob die Folgen beschränkt sind. Sollten sie sich als beschränkt erweisen, so ermittle man ihren oberen und unteren Grenzwert und prüfe, ob diese Grenzwerte gleichzeitig Häufungspunkte für die Folgen sind.

10.9.   Bedeutung von Zahlenfolgen und Grenzwert für die numerische Mathematik

Wenn die Mathematik als Hilfsmittel bei praktischen Untersuchungen angewendet wird, so ergibt sich in vielen Fällen die Aufgabe, konkrete Zahlen zu ermitteln, d. h. numerische Lösungen zu finden. Als ein Beispiel hierfür sei die Aufgabe genannt, für eine Funktion $f(x)$, $x \in D_f$, die Nullstellen, d. h. diejenigen $x \in D_f$ zu bestimmen, für die

$$f(x) = 0 \tag{10.36}$$

gilt. Eine andere Aufgabe dieser Art besteht darin, den Flächeninhalt einer ebenen Fläche zu bestimmen, deren Randkurven die Graphen bekannter Funktionen sind.

Sehr einfach und exakt kann die Lösung von (10.36) angegeben werden, wenn z. B. $f(x) = 3x - 12$ ist. Sie lautet dann $x_0 = 4$. Komplizierter wird es schon, wenn $f(x) = 3x - 1$ ist. Dann lautet die Lösung $x_0 = \frac{1}{3}$. Will man diese Zahl nun im Dualsystem darstellen – das macht sich insbesondere bei der Anwendung von elektronischen Rechenanlagen notwendig – dann stößt man schon auf Schwierigkeiten, bei deren Überwindung die Zahlenfolgen von Nutzen sind. Man überzeugt sich leicht davon (vgl. Aufgabe 10.13 und deren Lösung), daß

$$\frac{1}{3} = \lim_{n \to \infty} s_n \quad \text{mit} \quad s_n = \sum_{i=1}^{n} \left(\frac{1}{4}\right)^i = \sum_{i=1}^{n} \left(\frac{1}{2}\right)^{2i}$$

ist. Somit kann für hinreichend großes n näherungsweise $\frac{1}{3} \approx s_n$ gesetzt werden. Da s_n bereits im Dualsystem dargestellt ist, haben wir damit auch eine näherungsweise Darstellung der Zahl $\frac{1}{3}$ im Dualsystem erhalten.

Noch schwieriger wird die Lösung von (10.36), wenn $f(x)$ kein **Polynom** ersten Grades ist. Auch in diesen Fällen sind Zahlenfolgen ein wesentliches Hilfsmittel zur näherungsweisen Bestimmung der gesuchten Lösung. Dabei werden die Zahlenfolgen auf dem Wege der sogenannten Iteration konstruiert. Das Wesen der Iteration besteht darin, daß die zu lösende Gleichung $f(x) = 0$ durch eine andere der Art $x = h(x)$ ersetzt wird. Dabei muß letztere so beschaffen sein, daß sie die gleichen Lösungen wie $f(x) = 0$ besitzt. (Wie diese Funktion gewonnen wird, ist in Band 18, Numerische Methoden, bzw. in [8] ausführlich behandelt.) Danach wird für die gesuchte Lösung eine Näherungsfolge $\{x_n\}$ konstruiert. Dazu wählt man eine Zahl x_0, von der man annimmt, daß sie möglichst nahe bei der gesuchten Lösung liegt, und berechnet dann $x_1 = h(x_0)$. Danach folgen $x_2 = h(x_1)$, $x_3 = h(x_2)$, ... und allgemein

$$x_{n+1} = h(x_n), \quad n = 0, 1, 2, \dots \tag{10.37}$$

Wenn $h(x)$ bzw. $f(x)$ gewissen Bedingungen genügen, dann konvergiert die so konstruierte Zahlenfolge $\{x_n\}$ gegen eine Nullstelle von $f(x)$. Wir demonstrieren dieses allgemeine Vorgehen an einem Beispiel.

Beispiel 10.23: Es sollen die Nullstellen der Funktion $f(x) = x^2 - 2 - \ln x$, $x \geq 1$, ermittelt werden, d. h., es sollen diejenigen Werte $x \geq 1$ bestimmt werden, für die

$$x^2 - 2 - \ln x = 0 \tag{10.38}$$

gilt (vgl. R. Zurmühl, Praktische Mathematik für Ingenieure und Physiker).

Zunächst überlegen wir uns, ob überhaupt eine Lösung von (10.38) existiert, die nicht kleiner als eins ist. Dazu wird (10.38) umgeformt auf $x^2 - 2 = \ln x$. Stellt man nun die beiden Funktionen $g_1(x) = x^2 - 2$, $g_2(x) = \ln x$, $x \geq 1$, graphisch dar (siehe Bild 10.3), so überzeugt man sich davon, daß genau eine Lösung von (10.38) existiert, die nicht kleiner als eins ist. Sie liegt in der Nähe des Wertes 1,6.
Im gegebenen Falle kann u. a.

$$h(x) = x - \frac{x^2 - 2 - \ln x}{2x - \dfrac{1}{x}}, \quad x \geq 1,$$

gewählt und Gleichung (10.38) durch $x = h(x)$ ersetzt werden. Es sei erwähnt, daß es sich hierbei um das sogenannte Newtonsche Verfahren handelt (Einzelheiten siehe Abschnitt 7.7. in Band 2 bzw. Band 18). Damit nimmt (10.37) die konkrete Form

$$x_{n+1} = x_n - \frac{x_n^2 - 2 - \ln x_n}{2x_n - \dfrac{1}{x_n}}, \quad n = 0, 1, \dots,$$

an. Wählt man nun für $x_0 = 1{,}6$ (vgl. Bild 10.3), so konvergiert die auf diese Weise konstruierte Folge $\{x_n\}$ gegen die gesuchte Lösung von (10.38). Dabei ergibt sich bereits mit $x_2 = 1{,}5646$ ein Wert, von dem man zeigen kann, daß er sich höchstens noch um $0{,}0006$ von der gesuchten Lösung unterscheidet.

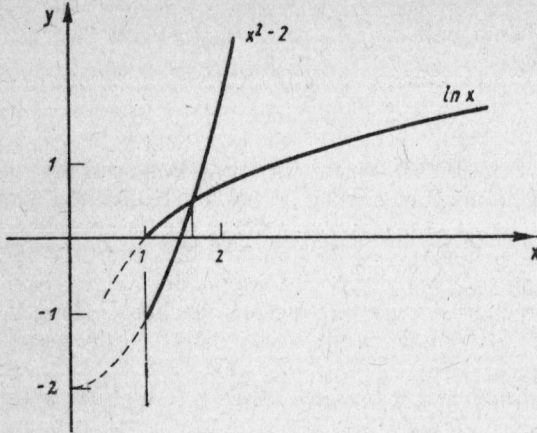

Bild 10.3.
Graphische Ermittlung einer Näherungs-
lösung der Gleichung
$x^2 - 2 = \ln x, \ x \geqq 1$

In ähnlicher Weise wie im vorangehenden Beispiel spielen konvergente Zahlenfolgen auch bei der eingangs erwähnten Flächenberechnung (vgl. Band 2, Abschnitt 10., bzw. [2], Abschnitt 3.3.4.) und bei vielen anderen praktischen Untersuchungen eine wichtige Rolle. Ihre Bedeutung für die numerische Mathematik besteht dabei darin, daß man gesuchte Zahlen entweder als Grenzwerte konvergenter
Zahlenfolgen berechnen oder sie näherungsweise durch die Glieder solcher Folgen
ersetzen kann.

* *Aufgabe 10.25:* Für die Gleichung $x^2 - 2 = 0$ ist die positive Lösung näherungsweise durch Konstruktion einer Iterationsfolge $\{x_n\}$ zu bestimmen. Dazu wähle
man $x_0 = 1{,}4$ und ersetze die obige Gleichung durch die Gleichung $x = h(x)$ mit

$$h(x) = x - \frac{x^2 - 2}{2x}.$$

Danach berechne man die ersten zwei Glieder der Iterationsfolge.

Lösungen der Aufgaben

3.1:

Wahrheitstabelle der Shefferschen Funktion $\overline{p \wedge q}$

p	F	W	F	W
q	F	F	W	W
$p \wedge q$	F	F	F	W
$\overline{p \wedge q}$	W	W	W	F

Wahrheitstabelle der Nicodschen Funktion $\overline{p \vee q}$

p	F	W	F	W
q	F	F	W	W
$p \vee q$	F	W	W	W
$\overline{p \vee q}$	W	F	F	F

3.2: Wir erklären die Aussagen: $m = $ „Peter studiert Mathematik", $o = $ „Peter studiert Operationsforschung", $k = $ „Peter studiert Kybernetik".

Die in der Aufgabe gestellte Frage kann mit ja beantwortet werden, wenn die folgende Aussagenverbindung stets wahr ist, das heißt, in der letzten Zeile der Wahrheitstabelle nur das Symbol W auftritt (man durchdenke diese Behauptung!):

$$p = [(((m \rightarrow (o \vee k)) \wedge \bar{o}) \wedge (m \vee o \vee k)) \rightarrow k].$$

Die Wahrheitstabelle zu dieser Aussagenverbindung ist

m	F	W	F	W	F	W	F	W
o	F	F	W	W	F	F	W	W
k	F	F	F	F	W	W	W	W
$p_1 = o \vee k$	F	F	W	W	W	W	W	W
$p_2 = m \rightarrow p_1$	W	F	W	W	W	W	W	W
$p_3 = p_2 \wedge \bar{o}$	W	F	F	F	W	W	F	F
$p_4 = m \vee o \vee k$	F	W	W	W	W	W	W	W
$p_5 = p_3 \wedge p_4$	F	F	F	F	W	W	F	F
$p = p_5 \rightarrow k$	W	W	W	W	W	W	W	W

Völlig gleichgültig, ob die Aussagen m, o, k wahre bzw. falsche Aussagen sind, ist p stets wahr, so daß wir die Frage mit ja beantworten können.

3.3: Es sei $X = \{1, 2, \ldots\}$ der Bereich der Variablen n für folgende Aussageformen: $p(n) = $ „n ist eine Primzahl", $q(n) = $ „3 teilt $n - 1$", $r(n) = $ „3 teilt $n + 1$". Die gegebene Aussageformverbindung ist in logischen Zeichen geschrieben.

$$p(n) \rightarrow q(n) \vee r(n).$$

Ist n fest gewählt, so ergibt sich folgende Wahrheitstabelle

p	F	W	F	W	F	W	F	W
q	F	F	W	W	F	F	W	W
r	F	F	F	F	W	W	W	W
$s = q \vee r$	F	F	W	W	W	W	W	W
$p \rightarrow s$	W	F	W	W	W	W	W	W

Mit diesen Betrachtungen ist jedoch noch in keiner Weise bewiesen, daß die Aussage $(\forall n) \, p(n) \rightarrow q(n) \vee r(n)$ eine wahre Aussage ist. Der Beweis wird empfohlen.

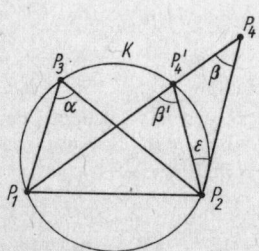

Bild L.4.1

3.4: 1. Für jed... e Zahl $x \geq 1$ gilt: Wenn x durch 2 teilbar ist, so ist x keine Primzahl (falsch, denn $x = 2$ ist durch 2 teilbar und Primzahl). 2. Für jede natürliche Zahl $x \geq 1$ gilt: Wenn x nicht durch 2 und nicht durch 3 teilbar ist, dann ist x eine Primzahl (diese Aussage ist falsch). 3. Für jede natürliche Zahl $x \geq 1$ gilt: Wenn x eine Primzahl ist, so ist x nicht durch 2 und nicht durch 3 teilbar (falsch, denn $x = 3$ ist Primzahl und durch 3 teilbar). 4. Für jede natürliche Zahl $x \geq 1$ gilt: x ist genau dann durch 2 und durch 3 teilbar, wenn x durch 6 teilbar ist (richtig). 5. Es existiert eine natürliche Zahl $x \geq 1$ so, daß, wenn x nicht durch 2 und nicht durch 3 teilbar ist, x eine Primzahl ist (richtig, zum Beispiel $x = 5$).

3.5: a) Wir bezeichnen mit x eine Variable, deren Bereich die Menge $X = \{0, 1, 2, \ldots\}$ der natürlichen Zahlen und mit y eine Variable, deren Bereich die Menge $Y = \{1, 2, 3, 5, 7, \ldots\}$ der Primzahlen ist. Dann gilt für unsere Aussage p, $p = (\forall x)\,(\exists y)\,y > x$. b) Es sei x eine Variable, deren Bereich X die Menge der reellen Zahlen ist. Dann gilt für die verbal formulierte Aussage q, $q = (\forall x)\,x^2 > 0$, und deren Verneinung $\bar{q}$ wird $\bar{q} = (\exists x)\,x^2 \leq 0$ (q ist falsch, $\bar{q}$ wahr).

4.1: Wir beweisen die Richtigkeit von $\bar{q}_1 \to \bar{p}$. (Der Beweis von $\bar{q}_2 \to \bar{p}$ verläuft entsprechend.) Da P_4 außerhalb K liegt, existiert ein Punkt P'_4, der auf K und $\overline{P_1 P_4}$ liegt. Nach dem Peripheriewinkelsatz gilt für den Winkel bei $P'_4 : \alpha = \beta'$. Wir betrachten das Dreieck $P_2 P'_4 P_4$. Nach dem Außenwinkelsatz gilt $\beta' > \beta$, und somit ist $\alpha > \beta$. Also gilt $\bar{p} = \,,\alpha \neq \beta$", was zu beweisen war (Bild L.4.1).

4.2: Tabelle: de Morgansche Regeln

p	F	W	F	W
q	F	F	W	W
$s = \bar{p} \vee \bar{q}$	W	W	W	F
$t = \overline{p \wedge q}$	F	F	F	W
$u = \overline{p \wedge q}$	W	W	W	F
$u \leftrightarrow s$	W	W	W	W

p	F	W	F	W
q	F	F	W	W
$s = \bar{p} \wedge \bar{q}$	W	F	F	F
$t = \overline{p \vee q}$	F	W	W	W
$u = \overline{p \vee q}$	W	F	F	F
$u \leftrightarrow s$	W	W	W	W

4.3: Wir konstruieren die Wahrheitstabelle für die der logischen Schlußfigur entsprechende Aussagenverbindung

$$(\bar{q} \wedge (\bar{q}_1 \to \bar{p}) \wedge (\bar{q}_2 \to \bar{p})) \to (\bar{q} \to \bar{p}) \quad \text{mit} \quad \bar{q} = \text{entweder } \bar{q}_1 \text{ oder } \bar{q}_2:$$

p	F	W	F	W	F	W	F	W
q_1	F	F	W	W	F	F	W	W
q_2	F	F	F	F	W	W	W	W
$\bar{q}_1$	W	W	F	F	W	W	F	F
$\bar{q}_2$	W	W	W	W	F	F	F	F
$\bar{q} = \text{entweder } \bar{q}_1 \text{ oder } \bar{q}_2$	F	F	W	W	W	W	F	F
$s = \bar{q}_1 \to \bar{p}$	W	F	W	W	W	F	W	W
$t = \bar{q}_2 \to \bar{p}$	W	F	W	F	W	W	W	W
$u = \bar{q} \wedge s \wedge t$	F	F	W	F	W	F	F	F
$v = \bar{q} \to \bar{p}$	W	W	W	F	W	F	W	W
$u \to v$	W	W	W	W	W	W	W	W

4.4: Die Gleichung $\sqrt{x + 2} + \sqrt{2x + 7} = 4$ besitze die reelle Lösung x. Dann ist x auch Lösung von $x + 2 + \sqrt{2x + 7} = 16$ und damit auch von $\sqrt{2x + 7} = 14 - x$. Die Lösungen der quadratischen Gleichung sind $x_1 = 21$, $x_2 = 9$. Die Überprüfung zeigt, daß $x_1 = 21$ die Ausgangsgleichung nicht erfüllt, sondern lediglich $x_2 = 9$. Also ist $x_2 = 9$ einzige Lösung.

4.5: Für $n = 3$ gilt $2^3 = 8 > 2 \cdot 3 + 1 = 7$ (Induktionsanfang). Für festes k, $k \geq 3$, sei nun $2^k > 2k + 1$ erfüllt (Induktionsannahme). Dann ist $2^{k+1} > 2(k + 1) + 1$ zu beweisen. Es gilt:

$2^{k+1} = 2 \cdot 2^k > 2(2k + 1) = 4k + 2$. Es bleibt zu zeigen, daß $4k + 2 > 2(k + 1) + 1 = 2k + 3$, d. h. $4k + 2 > 2k + 3$, also $2k > 1$ gilt. Diese Ungleichung ist für $k \geqq 3$ selbstverständlich erfüllt und somit der Induktionsschritt nachgewiesen. Mit Hilfe des Induktionsschlusses folgt die Behauptung.

4.6: Für $n = 0$ ist die Gleichung richtig: $\sum\limits_{m=0}^{0} mx^{m-1} = \dfrac{1 - (0 + 1) x^0 + 0 \cdot x^{0+1}}{(1 - x)^2} = 0$ (Induktions-

anfang). Die Gleichung gelte nun für beliebiges fest gewähltes $k \geqq 0$ (Induktionsannahme). Zu zeigen

ist: $\sum\limits_{m=0}^{k+1} mx^{m-1} = \dfrac{1 - (k + 2) x^{k+1} + (k + 1) x^{k+2}}{(1 - x)^2}$. Es gilt: $\sum\limits_{m=0}^{k+1} mx^{m-1} = \sum\limits_{m=0}^{k} mx^{m-1} + (k + 1) x^k$

$= \dfrac{1 - (k + 1) x^k + kx^{k+1}}{(1 - x)^2} + (k + 1) x^k = \dfrac{1 - (k + 1) x^k + kx^{k+1} + (k + 1) x^k(1 - x)^2}{(1 - x)^2}$

$= \dfrac{1 - (k + 2) x^{k+1} + (k + 1) x^{k+2}}{(1 - x)^2}$, w. z. b. w.

5.1: 1. $x = -(a + b)$ löst nach IV. (S. 39) die Gleichung $(a + b) + x = 0$. Ferner ist mit $b + y = -a$ nach IV. $y = -a - b$ und nach III. $3a + (b + y) = (a + b) + y = a + (-a) = 0$. Wegen der Eindeutigkeit der Lösung muß $y = x$ sein. 2. Aus der 2. abgeleiteten Regel der Beispiele 5.3 folgt: $(-a) + (-b) = -a - b$. Die Regel folgt aus I.2. und I.3. (S. 37).

5.2: $\sqrt{2^{\pi}} = \sqrt{2}^{\pi} > \sqrt{2}^{3,14} > 1,41^{3,14}$; $\sqrt{2}^{\pi} < \sqrt{2}^{3,15} < 1,42^{3,15}$;

$\sqrt{2}^{-\frac{1}{\sqrt{\pi}}} > \sqrt{2}^{-\frac{1}{\sqrt{3,14}}} > 1,42^{-\frac{1}{\sqrt{3,14}}}$.

5.3: a) $27 = 1 \cdot 2^4 + 1 \cdot 2^3 + 0 \cdot 2^2 + 1 \cdot 2^1 + 1 \cdot 1^0 = \text{LLOLL}$; $53.625 = 1 \cdot 2^5 + 1 \cdot 2^4 + 0 \cdot 2^3 + 1 \cdot 2^2 + 0 \cdot 2^1 + 1 \cdot 2^0 + 1 \cdot 2^{-1} + 0 \cdot 2^{-2} + 1 \cdot 2^{-3} = \text{LLOLOL.LOL}$.
b) $\text{LLOLO.OLO} = 1 \cdot 2^4 + 1 \cdot 2^3 + 0 \cdot 2^2 + 1 \cdot 2^1 + 0 \cdot 2^0 + 0 \cdot 2^{-1} + 1 \cdot 2^{-2} + 0 \cdot 2^{-3} = 26.25$;
$\text{LOLLOLLLOLL.LLLLLL} = 1467.984375$.

5.4: $(a^2 + c^2) (b^2 + d^2) - (ab + cd)^2 = a^2d^2 - 2adbc + b^2c^2 = (ad - bc)^2 \geqq 0$.

5.5: Wir beweisen jede Ungleichung für sich. Nach Voraussetzung ist:

$a(a - b) \leqq 0$	$0 \leqq (\sqrt{a} - \sqrt{b})^2$	$0 \leqq (a - b)^2$	$a \leqq b$
$a^2 + ab \leqq 2ab$	$2\sqrt{ab} \leqq a + b$	$ab \leqq \dfrac{1}{4}(a^2 + 2ab + b^2)$	$a + b \leqq 2b$
$a \leqq \dfrac{2ab}{a + b} = H$	$H = \dfrac{2ab}{a + b} \leqq \sqrt{ab} = G$	$G = \sqrt{ab} \leqq \dfrac{1}{2}(a + b) = A$	$A \leqq b$

5.6: I. Induktionsanfang für $n = 1$: $1 + a < \dfrac{1}{1 - a}\ \Big|\ (1 - a) > 0$, $0 < a^2$ richtig, da $a \neq 0$.

II. Mit der Induktionsannahme ist für $n = k$: $(1 + a)^k < \dfrac{1}{1 - ka}$. III. Beide Seiten mit $1 + a > 0$

multiplizieren: $(1 + a)^{k+1} < \dfrac{1}{1 - ka}(1 + a) < \dfrac{1}{1 - ka} \cdot \dfrac{1}{1 - a} < \dfrac{1}{1 - (k + 1) a}$. IV. Die
Ungleichung gilt für $n = k + 1$ und somit für alle natürlichen $n \geqq 1$.

5.7: a) Fallunterscheidung: 1. Für $x - 3 > 0$ folgt $4 < x$, 2. $x - 3 < 0 \to x < 3$, insgesamt $x < 3$
und $x > 4$. b) $z = \dfrac{x - 4}{2x^2 - 7x + 5} = \dfrac{x - 4}{2(x - 1)\left(x - \dfrac{5}{2}\right)} = \dfrac{x - x_3}{2(x - x_1)(x - x_2)}$ (Bild L.5.1).

Bild L.5.1

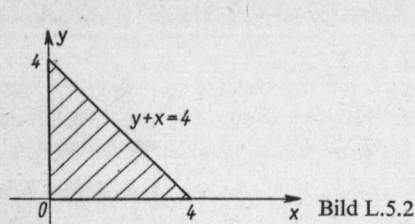

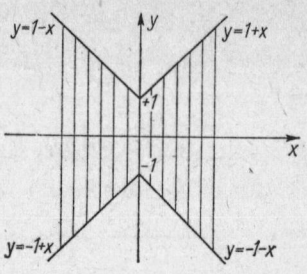

Bild L.5.2   Bild L.5.3

c) Die Punkte liegen im Inneren und auf dem Rande des schraffierten Dreiecks (Bild L.5.2).

5.8: a) Fallunterscheidung: 1. Für $2x + 3 \geq 0$ folgt $-\dfrac{3}{2} \leq x < 0$, 2. Für $2x + 3 \leq 0$ folgt $-2 < x < -\dfrac{3}{2}$, insgesamt $-2 < x < 0$. b) Fallunterscheidung wie in a) ergibt $x_1 = \dfrac{1}{2}$, $x_2 = -\dfrac{11}{2}$.

c) Wir ermitteln durch Fallunterscheidung zunächst folgende Intervalle: 1. Für $x \geq 4$ folgt $x \geq 3 + \sqrt{13}$; 2. Für $-1 < x \leq 4$ folgt $-1 < x \leq 2$; 3. Für $x < -1$ folgt $x \leq -2$; also insgesamt gilt die Ungleichung für folgende x: $x \leq -2$; $-1 < x \leq 2$; $3 + \sqrt{13} \leq x$.

d) $|x| + |x - 1| + |x - 2| = \begin{cases} 3x - 3 & \text{für} & x \geq 2 \\ x + 1 & \text{für} & 1 \leq x \leq 2 \\ -x + 3 & \text{für} & 0 \leq x \leq 1 \\ -3x + 3 & \text{für} & x \leq 0 \end{cases}$ Die Ungleichung gilt für $x > 3$ und $x < -1$.

5.9: a) $|x + y| < 1$ entspricht $-1 < x + y < +1$ oder $-1 - x < y < 1 - x$. c) Fallunterscheidung (Bild L.5.3): 1. $x \geq 0$; $|y| \leq 1 + x$; $-(1 + x) \leq y \leq 1 + x$. 2. $x \leq 0$; $|y| \leq 1 - x$; $-(1 - x) \leq y \leq 1 - x$.

5.10: Fallunterscheidung: 1. $a < b$; $\dfrac{a + b + |b - a|}{2} = \dfrac{2b}{2} = b$; 2. $a > b$; $\dfrac{a + b + |b - a|}{2} = \dfrac{2a}{2} = a$. Die 2. Beziehung ist analog zu beweisen.

5.11: a) $13(1 + i)$; b) $1 + 2i$; c) $3 + 2i$; d) $(1 + i)^8 = [(1 + i)^2]^4 = (2i)^4 = 16$; e) $4(1 + i)$;

f) $\sqrt{i} = a + bi$; $i = (a + bi)^2 = a^2 - b^2 + 2abi \to a^2 - b^2 = 0$; $2ab = 1$, $a = \pm \dfrac{\sqrt{2}}{2}$, $b = \pm \dfrac{\sqrt{2}}{2}$; $\sqrt{i} = \pm \dfrac{\sqrt{2}}{2}(1 + i)$; g) $\sqrt{-5 + 12i} = a + bi$; $a^2 - b^2 = -5$, $2ab = 12$; $a = \pm 2$, $b = \pm 3$; $\sqrt{-5 + 12i} = \pm (2 + 3i)$. Man entwickle die Lösungen von f) und g) über die Formel (5.12)!

5.12: a) $e^{i3\pi} = \cos 3\pi + i \sin 3\pi = -1$; b) $e^{-i\frac{\pi}{3}} = \cos \dfrac{\pi}{3} - i \sin \dfrac{\pi}{3} = \dfrac{1}{2} - \dfrac{1}{2}\sqrt{3}\,i$;

c) $e^{i\frac{11}{6}\pi} = \cos \dfrac{\pi}{6} - i \sin \dfrac{\pi}{6} = \dfrac{1}{2}\sqrt{3} - \dfrac{1}{2}i$; d) $e^{i\left(\frac{3}{2}\pi + 2n\pi\right)} = -i$.

5.13: a) $r = 2$, $\varphi = \dfrac{\pi}{2}$; $2i = 2\left(\cos \dfrac{\pi}{2} + i \sin \dfrac{\pi}{2}\right) = 2\,e^{i\frac{\pi}{2}}$; b) $r = \sqrt{2}$, $\varphi = \dfrac{5}{4}\pi$ ($\sim 225°$);

$\sqrt{2}\left(\cos \dfrac{5}{4}\pi + i \sin \dfrac{5}{4}\pi\right) = \sqrt{2}\,e^{i\frac{5}{4}\pi}$; c) $r = 2\sqrt{3}$, $\varphi = 330°$; $2\sqrt{3}(\cos 330° + i \sin 330°)$

$= 2\sqrt{3}\,e^{i\frac{11}{6}\pi}$. Man vergleiche das Ergebnis mit dem von 5.12c)!

5.14: a) $2(\cos 60° + i \sin 60°) = 1 + \sqrt{3}i$; b) $2\sqrt{3}(\cos 300° + i \sin 300°) = \sqrt{3} - 3i$.

5.15: a) $z^3 = 3 - i\sqrt{3} = \sqrt{12}\,(\cos 330° + i \sin 330°)$; $w_k^{(3)} = \sqrt[6]{12}\,[\cos(110° + k \cdot 120°)$
$+ i \sin(110° + k \cdot 120°)]$, $k = 0, 1, 2$; $w_0^{(3)} = \sqrt[6]{12}\,(\cos 110° + i \sin 110°) = -0.52 + 1.42i$; $w_1^{(3)}$
$= \sqrt[6]{12}\,(\cos 230° + i \sin 230°) = -0.97 - 1.16i$, $w_2^{(3)} = \sqrt[6]{12}\,(\cos 350° + i \sin 350°) = 1.49 - 0{,}26i$
(Bild L.5.4a);

b) $z^4 = 81 = 81\,(\cos 0° + i \sin 0°)$; $w_k^{(4)} = 3\left(\cos k\,\dfrac{\pi}{2} + i \sin k\,\dfrac{\pi}{2}\right)$; $k = 0, 1, 2, 3$; $w_0^{(4)} = 3$,
$w_1^{(4)} = 3i$, $w_2^{(4)} = -3$, $w_3^{(4)} = -3i$ (Bild L.5.4b).

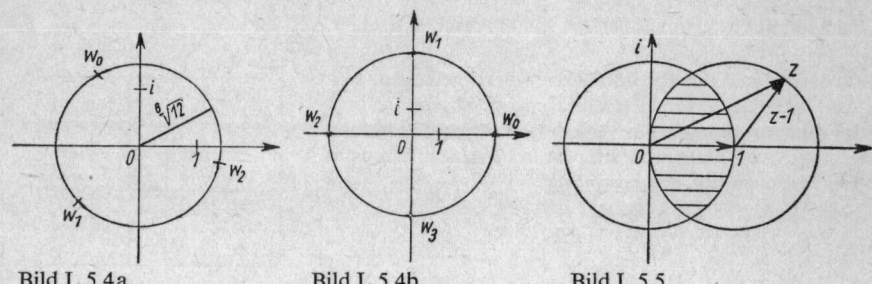

Bild L.5.4a   Bild L.5.4b   Bild L.5.5

5.16: a) $z = r\,e^{i\varphi}$, $|z| = r < 1$, stellt das Innere des Einheitskreises dar. $|z - 1| < 1$ stellt das Innere
des Kreises mit dem Mittelpunkt $z_0 = 1$ und dem Radius 1 dar. Im schraffierten Bereich liegen die
gesuchten komplexen Zahlen (Bild L.5.5). b) $z \cdot \bar{z} = r\,e^{i\varphi} \cdot r\,e^{-i\varphi} = r^2 = 1$. Die entsprechenden
Punkte liegen auf dem Einheitskreis. c) $|\arg z| < \dfrac{\pi}{2}$, $-\dfrac{\pi}{2} < \arg z < +\dfrac{\pi}{2}$, $-\dfrac{\pi}{2} < \varphi < +\dfrac{\pi}{2}$
(rechte Halbebene). d) $z = a + ib$; $|a| + |b| = 1$ (Bild L.5.6). e) $z = a + ib$; $|a| \cdot |b| = 1$ (Bild L.5.7).

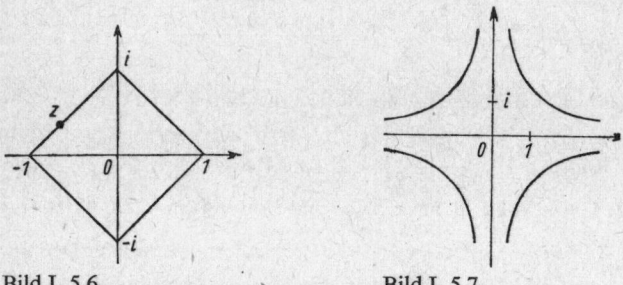

Bild L.5.6   Bild L.5.7

6.1: Permutationen ohne Wiederholung (es werden alle 3 zur Verfügung stehenden Farben verwendet; keine Farbe soll mehrfach an einem Rohr vorkommen): $P_3 = 3! = 6$.

6.2: Kombinationen ohne Wiederholung: $n = 6$, $k = 1, 2, \ldots, 6$; $C_{ges} = \sum\limits_{k=1}^{6} C_6^k = \binom{6}{1} + \binom{6}{2}$
$+ \ldots + \binom{6}{6} = 63$.

6.3: Hier wird die Anzahl der Elemente n gesucht, wobei jeweils die Mindestanzahl 15 der notwendigen Zusammenstellungen vorgegeben ist. a) Variationen mit Wiederholung: $V_{w_n}^2 = n^2 \geqq 15$.
Man benötigt also mindestens 4 Farben.

b) Kombinationen mit Wiederholung: $C_{w_n}^2 = \binom{n + 2 - 1}{2} = \binom{n + 1}{2} = \dfrac{(n + 1)\,n}{2} \geqq 15$,
$n^2 + n - 30 \geqq 0$, $n \geqq 5$. Man benötigt also mindestens 5 Farben.

c) Kombinationen ohne Wiederholung: $C_n^2 = \binom{n}{2} = \dfrac{n(n-1)}{2} \geqq 15$, $n^2 - n - 30 \geqq 15$, $n \geqq 6$.
Man benötigt also mindestens 6 Farben.

6.4: $n = 8$, $k = 3$. a) Kombinationen ohne Wiederholung: $C_8^3 = \binom{8}{3} = \dfrac{8 \cdot 7 \cdot 6}{1 \cdot 2 \cdot 3} = 56$.
b) Variationen ohne Wiederholung: $V_8^3 = \dfrac{8!}{5!} = 8 \cdot 7 \cdot 6 = 336$.

6.5: a) Variationen mit Wiederholung: $n = 10$ (10 Ziffern), $k = 5$ (fünfstellige Rufnummern): $V_{w_n}^k = n^k = 10^5 = 100000$. b) Von den 100000 Anschlüssen beginnen $V_{w_{10}}^4 = 10^4 = 10000$ Anschlüsse mit 0; also verbleiben 90000 Anschlüsse.

6.6: Um ohne Umwege von A nach B zu gelangen, muß man 6 Abschnitte in x-Richtung und 5 Abschnitte in y-Richtung zurücklegen. Die verschiedenartigen Zusammenstellungen von 6 x-Abschnitten und 5 y-Abschnitten sind Permutationen mit Wiederholung:

$$P_{w_n}^{(6,5)} = \dfrac{11!}{6! \, 5!} = 462.$$

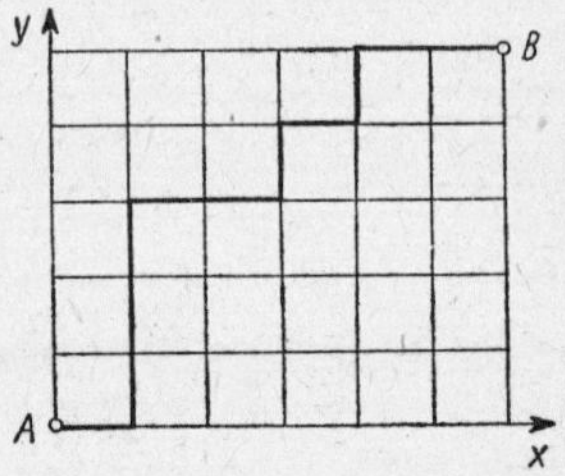

Bild L.6.1

6.7: a) $\displaystyle\sum_{v=0}^{n} \binom{a+v}{v} = \binom{a+1+n}{n}$, a reell, $n \geqq 0$, (6.21);

I. Induktionsanfang $n = 0$: $\displaystyle\sum_{v=0}^{0} \binom{a+v}{v} = 1 = \binom{a+1}{0}$,

II. Induktionsannahme $n = k$: $\displaystyle\sum_{v=0}^{k} \binom{a+v}{v} = \binom{a+1+k}{k}$,

III. $\displaystyle\sum_{v=0}^{k} \binom{a+v}{v} + \binom{a+k+1}{k+1} = \sum_{v=0}^{k+1} \binom{a+v}{v} = \binom{a+1+k}{k} + \binom{a+k+1}{k+1}$.

Mit (6.20) folgt dann: $\displaystyle\sum_{v=0}^{k+1} \binom{a+v}{v} = \binom{a+k+2}{k+1}$.

IV. Formel (6.21) gilt für $n = k + 1$ und damit für alle natürlichen $n \geqq 0$.

7.1: Es ist $A = \left\{ x \mid x \in \mathbf{R} \wedge |x+1| \leqq \dfrac{x}{2} + 2 \right\} = \{ x \mid x \in \mathbf{R} \wedge -2 \leqq x \leqq +2 \}$, denn: 1) wenn $x + 1 \geqq 0$ ist, folgt $x + 1 \leqq \dfrac{x}{2} + 2$, d.h. $x \leqq 2$, und 2) wenn $x + 1 < 0$ ist, folgt $-x - 1 \leqq \dfrac{x}{2} + 2$, d.h. $\dfrac{3}{2} x \geqq -3$ (gleichwertig mit $x \geqq -2$). Demzufolge ist $\bar{A}$ nach Definition:

$$\bar{A} = \{ x \mid (-\infty < x < -2) \vee (+2 < x < +\infty) \}.$$

7.2: a) Es sei $3 - 2x > 0$, d.h. $x < \dfrac{3}{2}$. Dann gilt bei Richtigkeit der Ungleichung auch $3x + 2 \geqq 2(3 - 2x)$, d.h. $3x + 2 \geqq 6 - 4x$. Hieraus folgt $x \geqq \dfrac{4}{7}$. Da die Rechenschritte rückwärts durchlaufbar sind, lösen alle $x \in \left[\dfrac{4}{7}, \dfrac{3}{2} \right)$ die Ungleichung. Für $x = \dfrac{3}{2}$ ist der Ausdruck $\dfrac{3x + 2}{3 - 2x}$ nicht erklärt. Für $x > \dfrac{3}{2}$ ist $3 - 2x < 0$. Deshalb folgt $3x + 2 \leqq 2(3 - 2x)$, d.h. $6x \leqq 4$, also $x \leqq \dfrac{2}{3}$. Demzufolge besitzt die Ungleichung für $x > \dfrac{3}{2}$ keine Lösungen. Die Lösungsmenge ist $\left[\dfrac{4}{7}, \dfrac{3}{2} \right)$. b) Die Lösungsmenge ist $(-\infty, -8] \cup \left[2, \dfrac{8}{3} \right]$. Man unterscheide die drei Fälle: $x \leqq -3$, $-3 < x \leqq \dfrac{5}{2}$, $x > \dfrac{5}{2}$. c) Es sei $x \leqq -5$. Dann geht Ungleichung $|x - 1| + |x + 5| \leqq 4$ über in $-(x - 1) - (x + 5) = -2x - 4 \leqq 4$, d.h. $x \geqq -4$.

Es existiert also keine Lösung mit $x \leqq -5$.

Entsprechend betrachte man die Teilintervalle $-5 < x \leqq 1$ und $1 < x$. Dabei zeigt sich, daß kein x die betrachtete Ungleichung löst. Die Lösungsmenge ist also gleich $\emptyset$.

7.3: siehe L.7.1, L.7.2 und L.7.3

7.4: Die Beziehungen a), b), d) sind richtig, während c) nur für $B \subseteq A$ gilt. Man illustriere diese Aussagen an Skizzen, z. B. wie in Bild L.7.1, L.7.2.

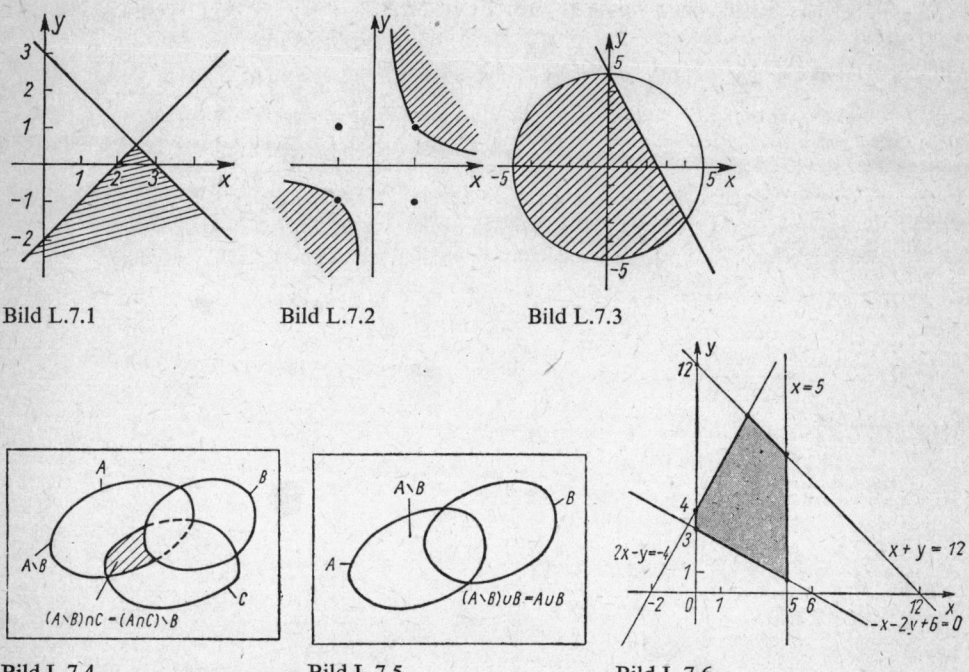

Bild L.7.1   Bild L.7.2   Bild L.7.3

Bild L.7.4   Bild L.7.5   Bild L.7.6

7.5: a) $(A \cup B) \setminus B = A \setminus B$. Demzufolge ist $A \cap ((A \cup B) \setminus B) = A \cap (A \setminus B) = A \setminus B$. b) Nach Formel (7.21) gilt $\bar{A} \cup \bar{B} \cup \bar{C} = \overline{A \cap B \cap C}$. Deshalb ist $(A \cap B \cap C) \cup \bar{A} \cup \bar{B} \cup \bar{C} = (A \cap B \cap C) \cup (\overline{A \cap B \cap C}) = M$.

7.6: a) $A = \{3, 13, 23, 30, 31, 32, 33, 34, 35, 36, 37, 38, 39, 43\}$; $B = \{8, 16, 24, 32, 40, 48\}$; $C = \{2, 4, 6, 8, 20, 22, 24, 26, 28, 40, 42, 44, 46, 48\}$. b) $\mu(A) = 14$; $\mu(B) = 6$; $\mu(C) = 14$; $\mu(A \cup B) = 19$; $\mu(A \cap B) = 1$; $\mu(A \cap C) = 0$; $\mu(B \cap C) = 4$; $\mu(\overline{B \cap C}) = 46$, $\mu(A \cap B \cap C) = 0$. c) Es muß gelten $X \subseteq \overline{A \cup B \cup C}$, denn dann sind $X \cap A = \emptyset$, $X \cap B = \emptyset$, $X \cap C = \emptyset$ erfüllt. Man wähle z. B. $X = \{1, 5, 7, 9\}$. d) $D = (A \cap B \cap \bar{C}) \cup (A \cap C \cap \bar{B}) \cup (B \cap C \cap \bar{A})$. Die Mengen $A \cap B \cap \bar{C}$, $A \cap C \cap \bar{B}$, $B \cap C \cap \bar{A}$ sind paarweise disjunkt. Deshalb ist $\mu(D) = \mu(A \cap B \cap \bar{C}) + \mu(A \cap C \cap \bar{B}) + \mu(B \cap C \cap \bar{A}) = 1 + 0 + 4 = 5$.

7.7: Wir suchen $\mu(O)$ und $\mu(A)$, $A = I \cap O \cap \bar{T}$. Wir berechnen zunächst $\mu(A)$. Es gilt: $B = I \cap (O \cup T) = A \cup (I \cap T)$. Daraus folgt: $\mu(B) = \mu(A) + \mu(I \cap T)$, also $8 = \mu(A) + 8$, d. h., $\mu(A) = 0$. Auch zur Berechnung von $\mu(O)$ versuchen wir wieder eine Darstellung als Vereinigung paarweise disjunkter Mengen zu finden. Es ist: $M = O \cup (I \cap \bar{O}) \cup (T \cap \bar{I} \cap \bar{O}) \cup (\overline{I \cup T \cup O})$ und damit $\mu(M) = \mu(O) + \mu(I \cap \bar{O}) + \mu(T \cap \bar{I} \cap \bar{O}) + \mu(\overline{I \cup T \cup O})$. $100 = \mu(O) + 23 + \mu(T \cap \bar{I} \cap \bar{O}) + 24$. Ähnlich zeigt man, daß $\mu(T \cap \bar{I} \cap \bar{O}) = 35$ ist und hiermit gilt $\mu(O) = 18$.

7.8: Es ist $A = \{-1, 0, 1, 2\}$, $B = \{0, -1, +1\}$ und somit $A \times B = \{(-1, 0), (-1, -1), (-1, 1), (0, 0), (0, -1), (0, 1), (1, 0), (1, -1), (1, 1), (2, 0), (2, -1), (2, 1)\}$.

7.9: Die Punkte $(0,0)$ und $(5,10)$ gehören zum Geradenstück. Wir nehmen an, eine Darstellung der Form $A \times B$ sei möglich, wobei A Teilmenge der x-Achse, B Teilmenge der y-Achse sei. Dann gilt: $0 \in A$ und $5 \in A$, $0 \in B$ und $10 \in B$. Nach Definition des Kreuzproduktes ist dann aber auch zum Beispiel $(0,10) \in A \times B$. Der Punkt $(0,10)$ gehört aber nicht zum Geradenstück. Das ist ein Widerspruch zur Annahme, das Geradenstück würde sich als Kreuzprodukt $A \times B$ darstellen lassen.

7.10: a) Wir setzen $X = R^1$ und $A = [0,1)$ und benutzen Definition 7.22. Es sei $x = 0$, $0 \in A$ ausgewählt. Dann gibt es kein $r > 0$ so, daß $K(0,r) = \{x \mid x \in \mathbf{R} \wedge |x| < r\}$ Teilmenge von A ist. b) $A' = [0,1) \cap [1,2] = \emptyset$, denn $1 \notin [0,1)$, aber $1 \in [1,2]$. $B = ([-1,1] \cup (0,2)) \cap ([1,2] \cup [3,10))$ $= [-1,2) \cap [1,10) = [1,2)$.

7.11: Die graphische Darstellung der Polyedermenge ist in Bild L.7.3 angegeben.

8.1: Es sei M die Menge aller Gießereibetriebe und N die Menge aller Verbraucher von Gießereierzeugnissen der DDR. Weiter seien $G \in M$ bzw. $V \in N$ beliebige Elemente (d. h. Gießereien bzw. Verbraucher) dieser Mengen. Dann ist die gesuchte Abbildung A diejenige Teilmenge von $M \times N$, die als Elemente nur solche Paare (G, V) enthält, bei denen Vertragsbeziehungen zwischen G und V bestehen.

8.2: Von den gegebenen Wertepaaren erfüllen nur $(3,9)$, $(8,6)$, $(9,4)$ und $(16,0)$ die Ungleichung.

8.3: A enthält nur die Paare $(5, x_2)$ mit $x_2 = 0,1,\ldots,7$ sowie nur die Paare $(x_1,6)$ mit $x_1 = 0,1,\ldots,8$.

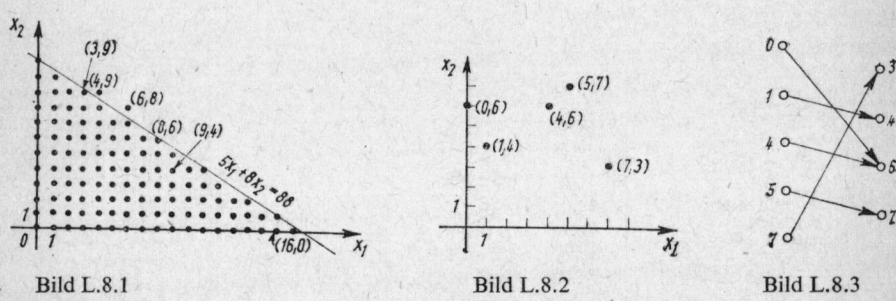

Bild L.8.1   Bild L.8.2   Bild L.8.3

8.4: siehe Bild L.8.1

8.5: M muß wenigstens die Zahlen $0, 1, 4, 5$ und 7 enthalten; bezüglich N muß wenigstens gelten $3, 4, 6, 7 \in N$.

8.6: Die Bilder L.8.2 und L.8.3 zeigen die gesuchten Darstellungen.

8.7: a) Der Erlös für den Verkauf von k Mengeneinheiten der Ware beträgt kp Geldeinheiten. Daher kann mit $M = \{1, 2, \ldots, Q\}$ und mit $N = \{p, 2p, 3p, \ldots, Qp\}$ die Beziehung zwischen verkauften Mengeneinheiten und Erlös als Abbildung A aus $\mathbf{N}$ in $\mathbf{N}$ aufgefaßt werden. Dabei besteht A aus allen geordneten Paaren (k, kp), wobei $k \in M$ beliebig ist, und es gilt: $D_A = M \subset \mathbf{N}$, $W_A = N \subset \mathbf{N}$. b) Aus dieser Aufgabenstellung folgt keine konkrete Beziehung zwischen Temperatur und Druck. Deshalb müssen wir allgemein vorgehen. Es sei $M = [T_1, T_2]$, und N sei die Menge der Werte, die sich für den Druck des Gases bei Temperaturen $T \in M$ ergeben. Dann kann die Beziehung zwischen Temperatur und gemessenem Druck als Abbildung A aus R^1 in R^1 aufgefaßt werden. Dabei besteht A aus allen geordneten Paaren (T, p), wobei $T \in M$ beliebig und p der bei dieser Temperatur gemessene Druck ist. Weiter gilt $D_A = M \subset R^1$, $W_A = N \subset R^1$.

Wir bemerken noch, daß – bei entsprechend gewählten Werten für T_1 und T_2 – für die Temperatur und den zugehörigen Druck die Formel $p = \gamma V^{-1} T$ gilt, wobei V das Volumen des Gases und γ eine spezifische Gaskonstante bezeichnet.

8.8: $D_{A_1} = \{1,2\}$, $D_{A_2} = \{1,2,3\}$, $W_{A_1} = \{a,b,c\}$, $W_{A_2} = \{a\}$. Bei A_1 sind die Zahlen $1, 2$ Originale und die Buchstaben a, b und c Bilder; konkret ist z. B. a Bild sowohl von 1 als auch von 2, jedoch nicht von 3. Bei A_2 sind ebenfalls die Zahlen $1, 2, 3$ Originale, dagegen gibt es nur ein Bild, nämlich a.

8.9: Mit den Bezeichnungen der Lösung von Aufgabe 8.7, Teil b) ergibt sich $A = \{(T, p) \mid T \in [T_1, T_2]$ $\wedge p \in R^1 \wedge p = \gamma V^{-1} T\}$. Die zu (8.3) analoge Möglichkeit der Darstellung von A ergibt sich, wenn man mit $p_A(T, p)$ die Aussageform „$p = \gamma V^{-1} T \wedge T \in [T_1, T_2]$" bezeichnet:
$A = \{(T, p) \mid T \in R^1 \wedge p \in R^1 \wedge p_A(T, p)\}$.

8.10: Ist $p(G, V)$ die Aussageform „Zwischen der Gießerei G und dem Verbraucher V bestehen vertragliche Beziehungen", so lautet die gesuchte Darstellung $A = \{(G, V) \mid G \in M \wedge V \in N \wedge p(G, V)\}$.

8.11: Ist k die Kraft, m die Masse und b die Beschleunigung des Körpers, so folgt aus der Aufgabenstellung die Formel $k = mb$. Nehmen wir nun an, daß die Beschleunigung nur Werte aus dem Intervall $[b_1, b_2]$ annehmen kann, so ergibt sich $A = \{(b, k) \mid b \in [b_1, b_2] \wedge k \in R^1 \wedge k = mb\}$.

8.12: a) $A = \{(-2, 4), (-1, 1), (0, 0), (1, 1), (2, 4), (3, 9)\}$.
b) siehe schraffierte Halbebene einschließlich der Geraden $y = -x + 4$ in Bild L.8.4.

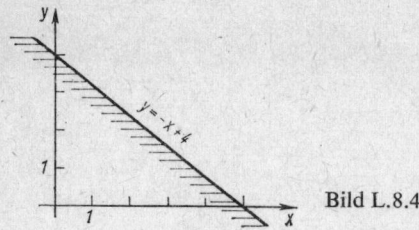

Bild L.8.4

8.13: A_1 ist keine lineare Abbildung, weil der Linearkombination von Originalen im allgemeinen nicht die Linearkombination ihrer Bilder entspricht, d. h. weil aus $(x_i, y_i) \in A_1$, $i = 1, 2$, i. allg. nicht $(a_1 x_1 + a_2 x_2, a_1 y_1 + a_2 y_2) \in A_1$ folgt. Dagegen ist A_2 eine lineare Abbildung. A_3 ist wiederum keine lineare Abbildung, weil ihr Definitionsbereich $[-3, 4]$ kein linearer Raum ist.

8.14: $A^{-1} = \{(4, -2), (1, -1), (0, 0), (1, 1), (4, 2), (9, 3)\}$, wobei $D_{A^{-1}} = \{0, 1, 4, 9\}$ und $W_{A^{-1}} = \{-2, -1, 0, 1, 2, 3\}$ gilt.

8.15: Es seien zwei beliebige Elemente (m, a_1), $(m, a_2) \in A$ gegeben. Dann ist m eine der Maschinen in der Halle und a_1 sowie a_2 sind Arbeiter, die sie bedienen. Da nach der Aufgabenstellung jede Maschine immer nur vom gleichen Arbeiter bedient werden soll, muß $a_1 = a_2$ gelten. Also ist A eine Funktion. Damit ist ein Zusammenhang, der nicht quantitativer Natur ist (nämlich der zwischen Maschinen und den sie bedienenden Arbeitern), durch eine Funktion modelliert.

8.16: $M_F \subset M_O \subset M_f \subset M_A$.

8.17: A_1 ist eindeutig, denn zu jedem Original $P = (x_1, x_2) \in R^2$ gehört ein eindeutig bestimmtes Bild $z = x_1^2 + x_2^2$. Dagegen ist A_1^{-1} nicht mehr eindeutig, weil z. B. $(4, P_0)$, $(4, P_1) \in A_1^{-1}$ gilt, obwohl $P_0 = (2, 0)$ verschieden von $P_1 = (0, 2)$ ist. Also ist A_1 zwar eindeutig, jedoch nicht eineindeutig. Außerdem ist A_1 nach Definition 2.8 ein Funktional.

A_2 ist ebenfalls eindeutig, jedoch nicht eineindeutig. Ersteres folgt daraus, daß jedem Original $x = (x_1, x_2, \ldots, x_m, x_{m+1}, \ldots, x_n) \in R^n$ ein eindeutig bestimmtes Bild $y = (x_1, x_2, \ldots, x_m)$ zugeordnet ist. Letzteres folgt daraus, daß unterschiedlichen Elementen von R^n wie $(x_1, \ldots, x_m, 0, \ldots, 0)$ und $(x_1, \ldots, x_m, 1, \ldots, 1)$ das gleiche $y = (x_1, \ldots, x_m)$ zugeordnet ist und daher A_2^{-1} nicht eindeutig ist. Außerdem ist A_2 nach Definition 2.7 ein Operator, jedoch – wenn $1 < m$ – kein Funktional. Dieser Operator wird auch *Projektion* von R^n auf R^m genannt.

A_3 ist eineindeutig. Das prüft man leicht nach. Außerdem ist A_3 für $1 < n$ ein Operator, jedoch kein Funktional. Er wird für $a = -1$ *Spiegelung am Koordinatenursprung* und für $0 < a < 1$ *Kontraktion* genannt.

A_4 ist nicht eindeutig und kann deshalb auch nicht eineindeutig sein. Letzteres ist trivial, ersteres folgt daraus, daß $n > m$ ist. Daher muß es wenigstens ein Erzeugnis geben, für dessen Produktion mehr als ein Rohstoff benötigt wird. Daher ist A_4 auch nur eine Abbildung.

9.1: Für die gesuchten Zahlen muß gelten $a_1 = a_2 = a$ mit $a \geq 3$.

9.2: Die Zahlen $a_1 = -3$, $b_1 = -1$, $a_2 = 1$, $b_2 = 3$ erfüllen die gestellten Forderungen.

9.3: Für die angegebenen Werte ergibt sich folgende Wertetabelle:

x	1	$\frac{5}{4}$	$\frac{3}{2}$	$\frac{7}{4}$	2	$\frac{9}{4}$	$\frac{5}{2}$	$\frac{11}{4}$	3
y	2	$\frac{21}{16}$	$\frac{3}{4}$	$\frac{5}{16}$	0	$-\frac{3}{16}$	$-\frac{1}{4}$	$-\frac{3}{16}$	0

Die graphische Darstellung der Funktion unter Verwendung dieser Wertetabelle zeigt Bild L.9.1.

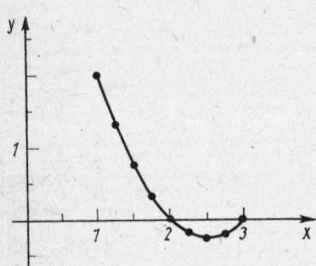

Bild L.9.1

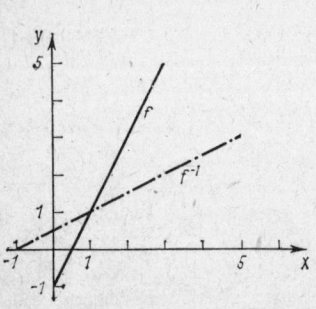

Bild L.9.2

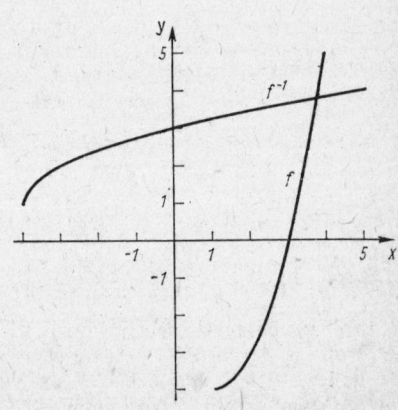

Bild L.9.3

9.4: Der Radikand muß größer oder gleich Null sein: $4x - 20 \geqq 0$. Hieraus folgt $4x \geqq 20$ oder $x \geqq 5$, so daß der mathematische Definitionsbereich mit $I = [5, +\infty)$ gegeben ist.

9.5: Aus $x \in [0, 3]$ oder $0 \leqq x \leqq 3$ folgt zunächst $0 \leqq 2x \leqq 6$ und schließlich $-1 \leqq 2x - 1 \leqq 5$, so daß $W_f = [-1,5]$ gilt. Weiter ergibt die Elimination von x aus $y = 2x - 1$ die Beziehung $x = \frac{1}{2}(y + 1)$. Daher lautet die zu (9.23) analoge Darstellung $f^{-1}: y = \frac{1}{2}(x + 1)$, $x \in [-1,5]$. Die Graphen von f und f^{-1} zeigt Bild L.9.2.

9.6: f ist eine Parabel. Von einer Parabel sind jedoch immer nur die einzelnen „Äste" links bzw. rechts vom Scheitelpunkt eineindeutige Funktionen. Die x-Koordinate x_s des Scheitelpunktes der gegebenen Parabel erhält man aus einer entsprechenden Formel (vgl. [4]) zu $x_s = 1$. Daher muß $1 \leqq a$ gelten. Wir wählen $a = 1$. Für $1 \leqq x \leqq 4$ folgt $-4 \leqq x^2 - 2x - 3 \leqq 5$, so daß $W_f = [-4,5]$ gilt. Die formale Elimination von x aus $y = x^2 - 2x - 3$ ergibt $x = 1 \pm \sqrt{4 + y}$. Das Minuszeichen scheidet aus, weil $x \in [0, 4]$ sein muß. Daher lautet die zu (9.23) analoge Darstellung von $f^{-1}: y = 1 + \sqrt{4 + x}$, $x \in [-4,5]$. Die Graphen von f und f^{-1} zeigt Bild L.9.3. Wir erwähnen noch, daß für die Funktion f_a bei $a < 1$ zwar auch eine Umkehrabbildung, jedoch keine Umkehrfunktion mehr existiert.

9.7: f ist eine Parabel. Sie nimmt ihren kleinsten Funktionswert für $x = x_s$ an (x_s — x-Koordinate des Scheitelpunktes der Parabel). Für x_s ergibt sich aus einer entsprechenden Formel (vgl. [4]): $x_s = 1$. Somit folgt also $f(x) \geq f(1) = 1 - 2 - 1 = -2$ für alle $x \in (-\infty, +\infty)$. Daher ist $C_1 = -3$ erst recht eine untere Schranke. Weiter sollen die Zahlen a, b so bestimmt werden, daß $x^2 - 2x - 1 \leq 7$ oder $x^2 - 2x - 8 \leq 0$ für alle $x \in [a, b]$ gilt. Nun ist aber $h(x) = x^2 - 2x - 8$, $x \in (-\infty, +\infty)$ selbst eine Parabel, die negative Werte nur zwischen ihren Nullstellen annimmt (vorausgesetzt, diese Nullstellen sind reelle Zahlen). Löst man die Gleichung $x^2 - 2x - 8 = 0$, so folgt $h(x) \leq 0$ für alle $x \in [-2,4]$ oder $f(x) \leq 7$ für alle $x \in [a, b]$ mit $a = -2$, $b = 4$.

9.8: Es seien $x_1, x_2 \in R^1$, beliebig, mit $x_1 < x_2$. Dann gilt $2x_2 = 2x_1 + a$ mit $a > 0$. Somit folgt $e^{2x_2} = e^{2x_1 + a} = e^a \cdot e^{2x_1} > e^{2x_1}$, wobei $e^a > 1$ für $a > 0$ benutzt wurde. Nach Multiplikation mit -1 und anschließender Addition der Zahl 1 ergibt sich die geforderte Ungleichung $1 - e^{2x_2} < 1 - e^{2x_1}$.

9.9: Es sei $x_1 < x_2 \leq -\dfrac{a}{2}$. Daraus folgt $x_1 + \dfrac{a}{2} < x_2 + \dfrac{a}{2} \leq 0$. Nach entsprechender Multiplikation erhält man hieraus $\left(x_1 + \dfrac{a}{2}\right)^2 > \left(x_1 + \dfrac{a}{2}\right)\left(x_2 + \dfrac{a}{2}\right) \geq \left(x_2 + \dfrac{a}{2}\right)^2$ oder $x_1^2 + ax_1 + \dfrac{a^2}{4} > x_2^2 + ax_2 + \dfrac{a^2}{4}$. Addiert man hier auf beiden Seiten $\left(b - \dfrac{a^2}{4}\right)$, so erhält man die gewünschte Ungleichung $x_1^2 + ax_1 + b > x_2^2 + ax_2 + b$. Analog wird der Satz für $-\dfrac{a}{2} \leq x_1 < x_2$ bewiesen.

9.10: Es sei $x_1, x_2 \in I$ mit $x_1 < x_2$ beliebig. Aus den Voraussetzungen über f_1 und f_2 folgt dann $f_1(x_1) < f_1(x_2)$ und $f_2(x_1) < f_2(x_2)$. Addiert man diese beiden Ungleichungen bzw. multipliziert man sie mit $a < 0$, so folgt $f_1(x_1) + f_2(x_1) < f_1(x_2) + f_2(x_2)$ bzw. $af_i(x_1) > af_i(x_2)$, $i = 1, 2$, w. z. b. w.

9.11: Es muß für beliebige $x_1, x_2 \in R^1$ die Ungleichung $-\left(\dfrac{1}{2}x_1 + \dfrac{1}{2}x_2\right)^2 \geq -\dfrac{1}{2}x_1^2 - \dfrac{1}{2}x_2^2$ gezeigt werden. Diese Forderung ist äquivalent mit $\dfrac{1}{2}x_1^2 + \dfrac{1}{2}x_2^2 - \left(\dfrac{1}{2}x_1 + \dfrac{1}{2}x_2\right)^2 \geq 0$. Die letzte Ungleichung ist aber immer erfüllt, denn man überzeugt sich nach einigen einfachen Umformungen davon, daß ihre linke Seite gleich dem nichtnegativen Ausdruck $\dfrac{1}{4}(x_1 - x_2)^2$ ist.

9.12: Das Zählerpolynom besitzt die Nullstellen $x_1 = -3$ und $x_2 = 4$; die Nullstellen des Nennerpolynoms sind $x_3 = -1$, $x_4 = 0$, $x_5 = 4$. Daher gelten die Zerlegungen $x^2 - x - 12 = (x + 3)(x - 4)$ sowie $x^4 - 3x^3 - 4x^2 = x^2(x + 1)(x - 4)$, und die gebrochen rationale Funktion hat in $x_1 = -3$ eine Nullstelle der Vielfachheit 1, in $x_3 = -1$ einen Pol der Ordnung 1, in $x_4 = 0$ einen Pol der Ordnung 2 und in $x = 4$ eine Lücke; letztere stellt eine hebbare Unstetigkeit dar.

9.13: Aus dem Definitionsbereich der Logarithmusfunktion (vgl. Abschnitt 9.4.) folgt die Bedingung $1 - x^2 > 0$. Das ist gleichbedeutend mit $1 > x^2$ oder $-1 < x < 1$. Somit ergibt sich für das gesuchte Intervall $I = (-1, 1)$.

9.14: Das Anliegen dieser Aufgabe ist eine reine Rechenübung. Empfehlung: Man löse zunächst die eckigen Klammern auf der rechten Seite der behaupteten Formel auf; den dabei erhaltenen Doppelbruch forme man auf einen einfachen Bruch um. Nun löse man die dritte Gleichung des Systems (9.62) nach c_2 auf und forme den so für c_2 erhaltenen Ausdruck auf den bereits erwähnten Bruch um.

9.15: Mit dem zusätzlichen Stützpaar $(2, -43)$ anstelle von $(1, 4)$ ergibt sich in Beispiel 9.11, daß $c_4 = 0$ ist. Somit führt dieses Stützpaar nicht zu einer Erhöhung des Grades des Newtonschen Interpolationspolynoms. Die Ursache hierfür liegt darin, daß $(2, -43)$ schon Element des Polynoms $P_3(x)$ ist, d. h., es gilt bereits $P_3(2) = -43$.

9.16: Verwendet man die gegebenen Stützpaare in der angegebenen Reihenfolge, so lautet das entsprechende Gleichungssystem (9.62) jetzt:

$i = 0:$ $\quad 115 = c_0,$

$i = 1:$ $\quad -2 = c_0 - c_1,$

$i = 2:$ $\quad 4 = c_0 - 3c_1 - 3(-2)c_2,$

$i = 3:$ $\quad 7 = c_0 - 4c_1 - 4(-3)c_2 - 4(-3)(-1)c_3,$

$i = 4:$ $\quad 73 = c_0 - 6c_1 - 6(-5)c_2 - 6(-5)(-3)c_3 - 6(-5)(-3)(-2)c_4.$

Die schrittweise Lösung dieses linearen Gleichungssystems, beginnend mit der ersten Gleichung, liefert für $\hat{P}_4(x)$ die Koeffizienten $\hat{c}_0 = 115$, $\hat{c}_1 = 117$, $\hat{c}_2 = 40$, $\hat{c}_3 = 10$, $\hat{c}_4 = 2$, und wir erhalten $\hat{P}_4(x) = 115 + 117(x - 4) + 40(x - 4)\,(x - 3) + 10(x - 4)\,(x - 3)\,(x - 1) + 2(x - 4)\,(x - 3) \times (x - 1)\,x$. Löst man nun sowohl hier als auch in $P_4(x)$ alle Klammern auf und ordnet nach wachsenden Potenzen von x, so überzeugt man sich davon, daß tatsächlich $P_4(x) = \hat{P}_4(x) = 7 + 3x - 2x^2 - 6x^3 + 2x^4$, $x \in R^1$, gilt.

9.17: Zunächst bildet man das Differenzenschema (siehe Rechenschema L.9.2). Ihm entnimmt man die erforderlichen Differenzen. Dabei liegt die Besonderheit vor, daß $\Delta^5 y = 0$ ist; die Ursache hierfür ist darin zu sehen, daß die 6 Stützpaare zu einem Polynom von nur viertem Grade gehören. Beachtet man weiter, daß im gegebenen Falle $h = 1$ ist, so ergibt sich $P_4(x) = 73 - 63(x + 2) + 30(x + 2)\,(x + 1) - 10(x + 2)\,(x + 1)\,x + 2(x + 2)\,(x + 1)\,x(x - 1)$.

Rechenschema L.9.2

x_i	y_i	$\Delta^1 y$	$\Delta^2 y$	$\Delta^3 y$	$\Delta^4 y$	$\Delta^5 y$
-2	73					
		-63				
-1	10		60			
		-3		-60		
0	7		0		48	
		-3		-12		0
1	4		-12		48	
		-15		36		
2	-11		24			
		9				
3	-2					

9.18: Die Behauptung ist bewiesen, wenn man zeigen kann, daß die Abbildung nicht eindeutig ist. Das ergibt sich aber aus der Periodizität der Funktion $g(t) = \sin t$, $t \in R^1$. Hiernach gehören nämlich z. B. alle Paare $(1, 2k\pi)$, $k = 0, \pm 1, \pm 2, \ldots$, zu der Abbildung. Also ist sie nicht eindeutig.

9.19: Da $g(\alpha) = r \cos \alpha$, $\alpha \in (0, \pi)$, eine eineindeutige Funktion ist, folgt sofort, daß mit (9.72) eine Funktion gegeben ist. Berücksichtigt man, daß $\sin \alpha = \sqrt{1 - \cos^2 \alpha}$ für $\alpha \in (0, \pi)$ gilt, so kann die durch (9.72) gegebene Funktion auch durch $y = -\sqrt{r^2 - x^2}$, $x \in (-r, r)$, ausgedrückt werden. Ihr Graph ist der Halbkreis, der in der unteren Halbebene liegt und den Radius r sowie den Punkt $(x, y) = (0, 0)$ zum Zentrum hat. Setzt man nun in $y = -\sqrt{r^2 - x^2}$ den Ausdruck für x aus (9.73) ein, so erhält man nach entsprechenden Umformungen den in (9.73) für y gegebenen Term. Also ist durch (9.72) und (9.73) tatsächlich die gleiche Funktion gegeben.

9.20: Das Gleichgewicht muß für die obere Rolle hergestellt werden. An ihr greifen die Kraft $\dfrac{Q}{2}$ über den Radius R, die gleiche Kraft über den Radius r sowie die Kraft P über den Radius R an. Die beiden letzten wirken der ersten entgegen. Deshalb muß nach dem Hebelgesetz gelten $\dfrac{q}{2} R = \dfrac{q}{2} r + pR$ oder

$$p = f(q, r, R) \quad \text{mit} \quad f(q, r, R) = \frac{(R - r)\,q}{2R}, \quad R, r, q > 0.$$

9.21: Das Bild 9.20 enthält schon alle notwendigen Bezeichnungen. Ihm entnehmen wir unter Beachtung der Symmetrie des Problems zunächst

$$l = 2(\overparen{AB} + \overparen{BC} + \overparen{CE} + \overparen{EF}). \tag{L.9.1}$$

Weiter folgt durch entsprechende geometrische Betrachtungen $\overparen{AB} = \dfrac{\pi}{2} R$, $\overparen{BC} = \alpha R$, $\overparen{EF} = \left(\dfrac{\pi}{2} - \alpha\right) r$ sowie $\overline{CE} = \sqrt{d^2 - (R - r)^2}$. Außerdem kann man zeigen, daß $\alpha = \arcsin \dfrac{R - r}{d}$. Werden nun die gefundenen Ausdrücke in (L.9.1) eingesetzt, so ergibt sich die gesuchte Funktion zu $l = f(d, r, R)$ mit $f(d, r, R) = \pi(R + r) + 2(R - r) \arcsin \dfrac{R - r}{d} + 2\sqrt{d^2 - (R - r)^2}$. Der

Definitionsbereich dieser Funktion besteht – ausgehend von den konkreten Bedingungen der Variablen d, r, R – aus der Menge aller der (d, r, R), für die $d, r, R > 0$ und außerdem $d > R + r$ gilt.

9.22: Beim Verkauf der x_i ME des Erzeugnisses E_i wird ein Gewinn von $c_i x_i$ erzielt. Daher ergibt sich für den Gesamtgewinn g die Funktion $g = f(x_1, x_2, \ldots, x_k) = \sum\limits_{i=1}^{k} c_i x_i$, wobei der Definitionsbereich aus gewissen geordneten k-Tupeln natürlicher Zahlen $(x_1, x_2, \ldots, x_k)$ besteht.

9.23: Die vom Punkt beschriebene Kurve ist bereits in Bild 9.21 dargestellt. Diesem Bild entnimmt man die Beziehungen $x = \overline{OA} = \overline{OB} - \overline{AB}$ und $y = \overline{AP_A} = R + \overline{CP_A}$, woraus nach entsprechenden geometrischen Überlegungen folgende Parameterdarstellung für die Kurve folgt: $x = R\alpha - r\sin\alpha$, $y = R - r\cos\alpha$; $\alpha \in R^1$.

9.24: Wir nennen hier zwei Beispiele: die Gewichtsskala auf handelsüblichen Küchenwaagen und die Temperaturskala auf Bade-, Zimmer- und Fieberthermometer.

9.25: Unter Benutzung der in Bild 9.24 dargestellten Funktionsleiter findet man nach Addition bzw. Subtraktion entsprechender Strecken $c \approx 5{,}4$ km sowie $a \approx 5{,}8$ m. Für das dritte Dreieck muß man zunächst die Umformung $b \approx \sqrt{67^2 - 26^2} \approx 10 \sqrt{6{,}7^2 - 2{,}6^2}$ vornehmen. Danach findet man $\sqrt{6{,}7^2 - 2{,}6^2} \approx 6{,}2$, womit $b \approx 62$ m folgt. Analog ergibt sich für das letzte Dreieck $c = 500$ m.

9.26: Da für $x \in [1, 10]$ die Abschätzungen $0 \leq \lg x \leq 1$ folgen, haben wir als Maßstabsfaktor $l_x = 125$ mm zu wählen. Analog zu Beispiel 9.16 bestimmen wir nun aus der Forderung $0{,}5$ mm $\leq \lambda \leq 1{,}25$ mm die verschiedenen Unterteilungsintervalle. Dazu müssen x und Δx so gewählt werden, daß $0{,}5 \leq 125 \lg \dfrac{x + \Delta x}{x} \leq 1{,}25$ gilt. Hieraus ergeben sich die Unterteilungsintervalle

$$0{,}86 \leq x \leq 2{,}16 \quad \text{für} \quad \Delta x = 2 \cdot 10^{-2}, \qquad 2{,}15 \leq x \leq 5{,}4 \quad \text{für} \quad \Delta x = 5 \cdot 10^{-2},$$
$$4{,}3 \ \ \leq x \leq 10{,}8 \quad \text{für} \quad \Delta x = 10^{-1}.$$

$x \longrightarrow$

Bild L.9.4

Hält man sich näherungsweise an diese Intervalle, so ergibt sich die in Bild L.9.4 dargestellte Funktionsleiter. Die obigen Intervalle kann man auch mit Hilfe entsprechender Tabellen ermitteln. Da aus $\lg x_3 = \lg x_1 \pm \lg x_2$ die Beziehung $x_3 = x_1 x_2^{\pm 1}$ folgt, kann die konstruierte Funktionsleiter zur Multiplikation bzw. Division von Zahlen angewendet werden.

9.27: Es liegt nahe, eine Verbindung zwischen dieser Aufgabe und dem Beispiel 9.17 zu suchen. Vertauscht man dort die Rolle der Variablen, so erhält man $x = y^2$, $0 \leq y \leq 7$, wobei $0 \leq x \leq 49$ gilt. Das ist gleichbedeutend mit $y = \sqrt{x}$, $0 \leq x \leq 49$. Damit würde der Abschnitt $0 \leq x \leq 36$ der in Beispiel 9.17 konstruierten Funktionsleiter bereits die gewünschte Leiter darstellen, wenn er die geforderte Länge von etwa 100 mm hätte. Dieser Abschnitt ist aber (siehe Bild 9.26) nur 72 mm lang. Also muß er noch auf 100 mm „gestreckt" werden. Das wird konstruktiv unter Verwendung des aus der elementaren Geometrie bekannten Strahlensatzes gemacht (siehe Bild L.9.5).

9.28: Für $x \in [1,300]$ folgt $0 \leq \lg x \leq 2{,}4771$. Daher ergibt die Forderung, daß die x-Funktionsleiter etwa 60 mm lang werden soll, für den Maßstabsfaktor $l_x \approx \dfrac{60}{2{,}4771}$ mm. Wir setzen also $l_x = 25$ mm. Bild L.9.6 zeigt das gewünschte Funktionspapier.

10.1: $a_1 = -\dfrac{1}{2}$, $\quad a_2 = \dfrac{1}{4}$, $\quad a_3 = -\dfrac{1}{8}$, $\quad a_4 = \dfrac{1}{16}$, $\quad a_5 = -\dfrac{1}{32}$.

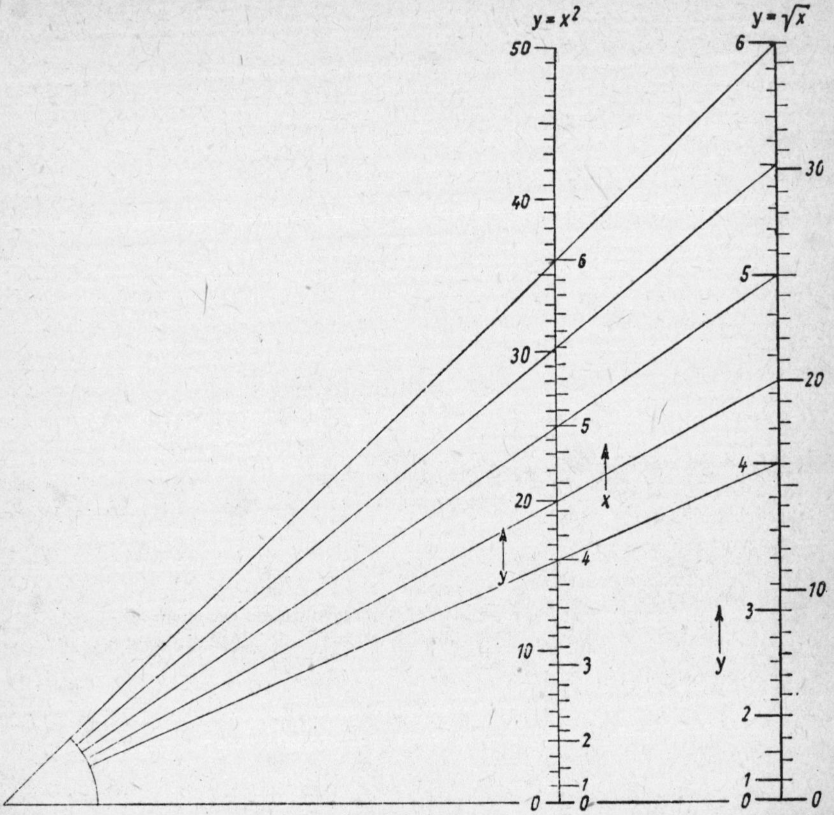

$y = x^2$ $y = \sqrt{x}$

Bild L.9.5

10.2: Da Achilles doppelt so schnell läuft wie die Schildkröte, so legt diese in der ersten Phase nur $\frac{l}{2}$ Meter zurück. Folglich legt Achilles in der zweiten Phase selbst $\frac{l}{2}$ Meter zurück, während die Schildkröte nur noch $\frac{l}{4}$ Meter bewältigt usw. Man erhält schließlich die beiden Zahlenfolgen:

Achilles: $\{a_n\},\ a_n = \dfrac{2l}{2^n},$ Schildkröte: $\{s_n\},\ s_n = \dfrac{l}{2^n}.$

Mit diesem Wettlauf hängen weitreichende philosophische Probleme zusammen (vgl. z. B. [12]).

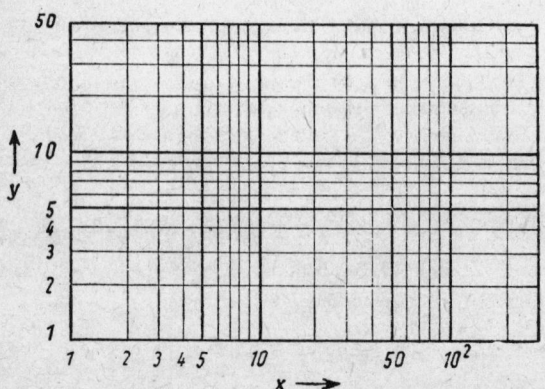

Bild L.9.6

10.3: Mit der Bezeichnung $p = r - n$ erhält man durch wiederholte Anwendung von (10.4):
$a_n \leqq a_{n+1} \leqq a_{n+2} \leqq \ldots \leqq a_{n+p-1} \leqq a_{n+p} = a_r$.

10.4: Die Folge ist für fixiertes $q \in (0, 1)$ streng monoton wachsend und für fixiertes $q \in (1, +\infty)$ streng monoton fallend (analog zu den Betrachtungen von Beispiel 10.3).

10.5: Die ersten 5 Glieder dieser Folge sind $a_1 = 11$, $a_2 = \dfrac{7}{4}$, $a_3 = \dfrac{1}{3}$, $a_4 = -\dfrac{1}{16}$, $a_5 = -\dfrac{1}{5}$.
Würde man aus dem Verhalten dieser Glieder schließen, daß die ganze Folge monoton fallend ist, so wäre das falsch. Denn man überzeugt sich leicht, daß z. B. $a_{10} = -\dfrac{1}{4}$, $a_{11} = -\dfrac{29}{121}$ und somit $a_{10} < a_{11}$ ist. Daher ist die Folge weder monoton wachsend noch monoton fallend. Man kann aber zeigen, daß für ihre Glieder gilt $a_n < a_{n+1}$ für alle $n \geqq 8$.

10.6: Zur Lösung der Aufgabe nehmen wir an, daß die Folge monoton wachsend ist und versuchen daraus eine Bedingung für c abzuleiten. Aus $a_n \leqq a_{n+1}$ würde

$$cn + \frac{7}{3}(-1)^n \leqq cn + c + \frac{7}{3}(-1)^{n+1} \quad \text{oder} \quad \frac{7}{3}(-1)^n \cdot 2 \leqq c$$

folgen. Setzt man nun $c = \dfrac{14}{3}$, so ist die Folge $\{a_n\}$, $a_n = \dfrac{14}{3}n + \dfrac{7}{3}(-1)^n$, zwar monoton wachsend, jedoch nicht streng monoton wachsend. Dagegen ist die Folge für jeden fixierten Wert $c > \dfrac{14}{3}$ streng monoton wachsend.

10.7: Es sei A die Schranke von $\{a_n\}$ und B die Schranke von $\{b_n\}$. Dann folgt aus $|c_n| = |a_n b_n| = |a_n| |b_n| \leqq AB$ bzw. $|d_n| = |a_n + b_n| \leqq |a_n| + |b_n| \leqq A + B$, daß auch die Folgen $\{c_n\}$ bzw. $\{d_n\}$ beschränkt sind.

10.8: Gemäß Definition 10.3 ist zu prüfen, ob zu jedem $\varepsilon > 0$ ein $N(\varepsilon)$ derart existiert, daß (10.11) gilt. Angenommen, es wäre $-\varepsilon < q^n < \varepsilon$. Daraus folgt $\varepsilon > |q^n| = |q|^n$ oder $\ln \varepsilon > n \ln |q|$. Wegen $|q| < 1$ ist aber $\ln |q| < 0$, so daß schließlich die Bedingung $n > \dfrac{\ln \varepsilon}{\ln |q|}$ folgt. Da alle durchgeführten Umformungen umkehrbar sind, ist die Bedingung (10.11) für jedes $\varepsilon > 0$ erfüllt, wenn $N(\varepsilon)$ gleich der größten ganzen Zahl gewählt wird, die kleiner oder gleich $\ln \varepsilon (\ln |q|)^{-1}$ ist.

10.9: Betrachtet man den Quotienten $c_n = \dfrac{b_n}{a_n} = \dfrac{q_2^n}{q_1^n} = q^n$ mit $q = \dfrac{q_2}{q_1} \in (0, 1)$, so folgt, daß $\{c_n\}$ ebenfalls eine Nullfolge ist (vgl. Lösung von Aufgabe 10.8), und daher ist $\{b_n\}$ im Vergleich zu $\{a_n\}$ eine Nullfolge höherer Ordnung.

10.10: Wendet man die zu (10.11) äquivalente Bedingung (10.12) an, so folgt aus den Voraussetzungen des Satzes, daß $|b_n| < \varepsilon$ für alle $n \geqq N_1(\varepsilon)$ gilt, wobei $N_1(\varepsilon) = \max (N_1, N(\varepsilon))$ gesetzt wurde.

10.11: Wegen $a_n - 2 = \dfrac{2 - 4n + 12n^2}{3n^2} - 2 = \dfrac{2 - 4n}{3n^2} + 2 > -\dfrac{4}{3n} + 2 > \dfrac{1}{2}$ kann die Bedingung (10.15) für kein $\varepsilon < \dfrac{1}{2}$ erfüllt werden, so daß 2 nicht Grenzwert der gegebenen Folge ist. Dagegen ergibt die Betrachtung von $|a_n - 4|$: $|a_n - 4| = \left| \dfrac{2 - 4n}{3n^2} \right| = \dfrac{4n - 2}{3n^2} < \dfrac{4}{3n}$. Weiter schlußfolgert man analog Beispiel 10.8 und findet so, daß 4 Grenzwert der Folge ist.

10.12: Es gibt nur eine einzige nichtnegative Zahl, die kleiner als alle positiven Zahlen ist, und das ist die Null. Es ist unmittelbar klar, daß Null kleiner als jede positive Zahl ist. Angenommen, sie ist nicht die einzige nichtnegative Zahl mit dieser Eigenschaft. Dann gäbe es eine Zahl $r_0 > 0$, die kleiner als jede positive Zahl ist. Dann müßte jedoch auch $\dfrac{r_0}{2} > r_0$ sein, woraus aber $r_0 < 0$ folgen würde. Dieser Widerspruch beweist, daß unsere Annahme falsch war.

10.13: Nach Definition 10.4 muß (10.15) gezeigt werden. Dazu betrachten wir

$$\left| s_n - \frac{q}{1-q} \right| = \left| \frac{s_n - s_n q - q}{1-q} \right| = \left| \frac{q - q^{n+1} - q}{1-q} \right| = \frac{1}{1-q} q^{n+1}.$$

Wegen $0 \leqq q < 1$ steht aber auf der rechten Seite eine Nullfolge, und somit existiert zu jedem $\varepsilon > 0$ eine natürliche Zahl $N(\varepsilon)$ derart, daß (10.15) erfüllt ist.

10.14:

$$a_n = 4 + \frac{1}{n} > 4 + \frac{1}{n+1} = \frac{4(n+1)+1}{n+1} = a_{n+1},$$

$$b_n = 4 - \frac{1}{n} < 4 - \frac{1}{n+1} = \frac{4(n+1)-1}{n+1} = b_{n+1}.$$

Es sei k eine beliebige natürliche Zahl. Dann betrachten wir die drei aufeinanderfolgenden Glieder $c_{2k}, c_{2k+1}, c_{2k+2}$. Wegen $c_{2k} = 4 + \frac{1}{2k}, c_{2k+1} = 4 - \frac{1}{2k+1}, c_{2k+2} = 4 + \frac{1}{2k+2}$ folgt $c_{2k} > c_{2k+1}$ und $c_{2k+1} < c_{2k+2}$, so daß $\{c_n\}$ weder monoton fallend noch monoton wachsend ist.

10.15: Unter Anwendung der Rechengesetze für konvergente Zahlenfolgen erhalten wir nach entsprechenden Umformungen

$$\lim_{n\to\infty} a_n = \lim_{n\to\infty} \frac{\frac{7}{n^3} + \frac{3}{n^2} + \frac{4}{n} - 5}{\frac{2}{n^2} + 10} = -\frac{1}{2}, \quad \lim_{n\to\infty} b_n = \lim_{n\to\infty} \frac{\frac{5}{n^3} + \frac{4}{n^2} + \frac{6}{n}}{\frac{1}{n^4} - \frac{2}{n^2} + 3} = 0.$$

10.16: Unter Anwendung entsprechender Rechengesetze für konvergente Zahlenfolgen erhalten wir

$$\lim_{n\to\infty} c_n = 2\lim_{n\to\infty} a_n - 3\lim_{n\to\infty} b_n = 6 - 12 = -6, \quad \lim_{n\to\infty} d_n = \frac{4\lim_{n\to\infty} a_n + \lim_{n\to\infty} b_n}{\lim_{n\to\infty} a_n \lim_{n\to\infty} b_n} = \frac{12+4}{3\cdot 4} = \frac{4}{3}.$$

10.17: Der Beweis wird durch vollständige Induktion geführt. Wegen $a_1 = \sqrt{d} < \sqrt{d} + 1$ ist die Behauptung für $n = 1$ richtig. Angenommen, sie sei für eine gewisse natürliche Zahl n richtig, d. h. es möge gelten $a_n < \sqrt{d} + 1$. Dann folgt wegen $a_{n+1} = \sqrt{d + a_n}$ auch $a_{n+1} < \sqrt{d + \sqrt{d} + 1} < \sqrt{d + 2\sqrt{d} + 1} = \sqrt{d} + 1$. Damit ist die Behauptung für alle $n = 1, 2, \ldots$ bewiesen.

10.18: Wegen der Gleichung

$$a_{n+1} = a_n \frac{q}{n+1} \tag{L.10.1}$$

folgt für alle $n + 1 > q$ die Ungleichung $a_{n+1} < a_n$. Daher ist $\{a_n\}$ streng monoton fallend im weiteren Sinne. Außerdem gilt offensichtlich $a_n > 0$, so daß $\{a_n\}$ nach Satz 10.10 konvergent ist.

10.19: Für $\alpha > 0$ folgt $n^\alpha < (n+1)^\alpha$, so daß $\{a_n\}$ streng monoton fällt. Außerdem gilt offensichtlich $a_n > 0$ für alle $n = 1, 2, \ldots$ Dann folgt aber wegen Satz 10.10, daß $\{a_n\}$ konvergent ist.

10.20: Nach der Lösung von Aufgabe 10.18 existiert der Grenzwert. Bezeichnet man ihn mit a und geht in (L.10.1) zum Grenzwert für $n \to \infty$ über, so erhält man $a = a \cdot 0$, woraus $a = 0$ folgt.

10.21: In Anlehnung an das Beispiel 10.20 wird auch hier das Resultat (10.32) verwendet. Dazu wird die Umformung $a_n = \left(\frac{kn+1}{kn} \right)^n = \left(1 + \frac{1}{kn} \right)^n = \sqrt[k]{\hat{a}_n}$ mit $\hat{a}_n = \left(1 + \frac{1}{kn} \right)^{kn}$ vorgenommen. Weiter folgt wie in Beispiel (10.20): $a_n \to \sqrt[k]{e}$.

10.22: Die Zahlenfolge $\{a_n\}$ konvergiere gegen den Grenzwert a. Dann konvergiert bekanntlich auch jede ihrer Teilfolgen gegen a, und daher folgt $a_* = a^* = a$, womit die Behauptung in einer Richtung bewiesen ist. Es sei nun $a_* = a^*$. Wir bezeichnen diesen gemeinsamen Wert mit a. Weiter sei $N(\varepsilon)$ für beliebiges $\varepsilon > 0$ die größere der beiden Zahlen $N_*(\varepsilon)$ und $N^*(\varepsilon)$ aus den beiden Eigenschaften 1. und 2. von a_* bzw. a^*. Dann gilt also bei beliebigem $\varepsilon > 0$ die Relation $a - \varepsilon < a_n < a + \varepsilon$ oder $|a_n - a| < \varepsilon$ für alle $n \geqq N(\varepsilon)$, womit die Konvergenz der Folge $\{a_n\}$ gezeigt und die Behauptung bewiesen ist.

10.23: Es genügt, nur positive $\varepsilon < 2$ zu betrachten. Bildet man für sie das Intervall $I_\varepsilon = (1 - \varepsilon, 1)$, so gilt sowohl $I_\varepsilon \subset M$ als auch $I_\varepsilon \subset U_\varepsilon(1)$. Daher ist (10.34) für alle $a' \in I_\varepsilon$ erfüllt.

10.24: Da der Faktor $1 + (-1)^n$ beschränkt bleibt und der zweite Faktor $\dfrac{4n - 3}{n^2}$ die Glieder einer Nullfolge bilden, konvergiert $\{a_n\}$ gegen Null. Obwohl unendlich viele Glieder der Folge $\{a_n\}$ selbst Null sind, ist der Grenzwert Null dennoch Häufungspunkt der gegebenen Folge, denn gleichzeitig sind unendlich viele ihrer Glieder (nämlich a_{2k}, $k = 1, 2, \ldots$) verschieden vom Grenzwert.

Für die Folge $\{b_n\}$ kann man nicht so einfach wie für die Folge $\{a_n\}$ auf Konvergenz schließen. Deshalb untersuchen wir zunächst, ob $\{b_n\}$ überhaupt beschränkt ist. Es ergibt sich hierbei

$$|b_n| \leqq 2\frac{4n - 3}{n} = 8 - \frac{6}{n} < 8. \tag{L.10.2}$$

Also ist $\{b_n\}$ beschränkt, folglich existieren b_* und b^*. Zu ihrer Ermittlung werden zunächst solche Teilfolgen von $\{b_n\}$ betrachtet, für die der Faktor $1 + (-1)^n$ eine einfache Form annimmt. Das ist für $\{b_{2k}\} \subset \{b_n\}$ und $\{b_{2k-1}\} \subset \{b_n\}$ der Fall ($k = 1, 2, \ldots$). Tatsächlich, für sie erhält man

$$b_{2k} = [1 + (-1)^{2k}]\frac{8k - 3}{2k} = \frac{8k - 3}{k} \quad \text{bzw.} \quad b_{2k-1} = [1 + (-1)^{2k-1}]\frac{8k - 4 - 3}{2k - 1} = 0,$$

woraus $\lim\limits_{k \to \infty} b_{2k} = 8$ und $\lim\limits_{k \to \infty} b_{2k-1} = 0$ folgt. Wegen (L.10.2) können wir aber auch gleichzeitig schlußfolgern, daß $b^* = 8$ gilt. In gleicher Weise folgt aus $b_n = [1 + (-1)^n]\dfrac{4n - 3}{n} \geqq 0$ die Relation $b_* = 0$. Nun überprüft man leicht, daß von den beiden Werten b_* und b^* nur letzterer auch Häufungspunkt der Folge $\{b_n\}$ ist.

10.25: Mit $x_{n+1} = x_n - \dfrac{x_n^2 - 2}{2x_n}$, $n = 0, 1, 2, \ldots$, ergibt sich

$$x_1 = \frac{14}{10} - \frac{\dfrac{196}{100} - \dfrac{200}{100}}{\dfrac{14}{5}} = \frac{99}{70} = 1{,}414286, \qquad x_2 = \frac{19\,601}{13\,860} = 1{,}414214.$$

Literatur

[1] Autorenkollektiv: Mathematik für ökonomische und ingenieur-ökonomische Fachrichtungen. Teil 1 – Mathematische Grundlagen. Berlin: Verlag Die Wirtschaft 1971.

[2] Autorenkollektiv: Operationsforschung, Bd. 1. Berlin: VEB Deutscher Verlag der Wissenschaften 1971.

[3] *Beresin, I. S.*; *Shidkow, N. P.*: Numerische Methoden, Bd. 2 (Übers. a. d. Russ.). Berlin: VEB Deutscher Verlag der Wissenschaften 1971.

[4] *Beyrodt, G.*; *Küstner, H.*: Vierstellige Logarithmen (Zahlen, Werte, Formeln). Berlin: Volk und Wissen, Volkseigener Verlag 1966.

[5] *Bittner, R.*; *Ilse, D.* u. a.: Kompendium der Mathematik. Berlin: Volk und Wissen, Volkseigener Verlag 1972.

[6] *Bronstein, I. N.*; *Semendjajew, K. A.*: Taschenbuch der Mathematik (Neubearbeitung). 22. Aufl. Leipzig: BSB B. G. Teubner Verlagsgesellschaft 1985.

[7] *Dallmann, H.*; *Elster, K.-H.*: Einführung in die höhere Mathematik für Naturwissenschaftler und Ingenieure. Band I. Jena: VEB Gustav Fischer Verlag 1968.

[8] *Dück, W.*: Numerische Methoden der Wirtschaftsmathematik. Berlin: Akademie-Verlag 1970.

[9] *Faddejew, D. K.*; *Faddejewa, W. N.*: Numerische Methoden der linearen Algebra (Übers. a. d. Russ.). Berlin: VEB Deutscher Verlag der Wissenschaften 1964.

[10] *Fichtenholz, G. M.*: Differential- und Integralrechnung, Bd. 1 (Übers. a. d. Russ.). Berlin: VEB Deutscher Verlag der Wissenschaften 1971.

[11] Ingenieurtaschenbuch Bauwesen, Band V. Teil 1 – Mathematik und Rechentechnik. Leipzig: BSB B. G. Teubner Verlagsgesellschaft 1972.

[12] Яновская, С. А.: Метододогические проблемы науки. Москва: изд. Мызл 1972.

[13] *Kantorowitsch, L. W.*; *Akilow, G. P.*: Funktionalanalysis in normierten Räumen (Übers. a. d. Russ.). Berlin: Akademie-Verlag 1964.

[14] *Klaus, G.*: Moderne Logik. Berlin: VEB Deutscher Verlag der Wissenschaften 1972.

[15] *Mangoldt, H. v.*; *Knopp, K.*: Einführung in die höhere Mathematik. Band I. 16. Aufl. Leipzig: S. Hirzel Verlag 1979.

[16] *Monjallon, A.*: Einführung in die moderne Mathematik. (Übers. a. d. Franz.). Leipzig: VEB Fachbuchverlag 1970.

[17] *Ostrowski, A.*: Vorlesungen über Differential- und Integralrechnung. Band II. Basel: Verlag Birkhäuser 1951.

[18] *Schröder, K.* (Hrsg.): Mathematik für die Praxis, Bd. 1. Berlin: VEB Deutscher Verlag der Wissenschaften 1965.

[19] *Schwarz, E.*: Nomographie (und andere Hilfsmittel für den Ingenieur). Berlin: VEB Verlag Technik 1960.

[20] *Sominski, I. S.*: Die Methode der vollständigen Induktion (Übers. a. d. Russ.). 3. Aufl. Berlin: VEB Deutscher Verlag der Wissenschaften 1961.

[21] *Werth, E.*; *Gröll, H.*: Nomographie. Leipzig: B. G. Teubner Verlagsgesellschaft 1964.

[22] *Willers, A.*: Elementar-Mathematik. 12. Aufl. Dresden: Verlag Theodor Steinkopff 1965.

[23] *Bock, H.*; *Gottwald, S.*; *Mühlig, R.-P.*: Zum Sprachgebrauch in der Mathematik (Lehrprogrammbuch). Leipzig: Akademische Verlagsgesellschaft Geest & Portig K.-G. 1972.

Namen- und Sachregister

I. N. BRONSTEIN † und K. A. SEMENDJAJEW, Moskau

Taschenbuch der Mathematik

22. Auflage, herausgegeben von G. GROSCHE, Leipzig, V. ZIEGLER † und
D. ZIEGLER, Leipzig

XI, 840 Seiten mit 390 Abbildungen. 14,5 cm × 20 cm. 1985
Plasteinband 29,50 M; Ausland 36,– M
Bestell-Nr. 6659118 · Bestellwort: Bronstein, Taschenbuch

Inhalt: Tabellen und graphische Darstellungen (Tabellen · Bilder elementarer Funktionen · Gleichungen und Parameterdarstellungen elementarer Kurven) · Elementarmathematik (Elementare Nährungsrechnung · Kombinatorik · Endliche Folgen, Summen, Produkte, Mittelwerte · Algebra · Elementare Funktionen · Geometrie) · Analysis (Differential- und Integralrechnung von Funktionen einer und mehrerer Variabler · Variationsrechnung und optimale Prozesse · Differentialgleichungen · Komplexe Zahlen, Funktionen einer komplexen Veränderlichen) · Spezielle Kapitel (Mengen, Relationen, Funktionen · Vektorrechnung · Differentialgeometrie · Fourierreihen, Fourierintegrale und Laplacetransformation) · Wahrscheinlichkeitsrechnung und mathematische Statistik (Wahrscheinlichkeitsrechnung · Mathematische Statistik) · Lineare Optimierung (Aufgabenstellung der linearen Optimierung und Simplexalgorithmus · Transportproblem und Transportalgorithmus · Typische Anwendungen der linearen Optimierung · Parametrische lineare Optimierung · Numerik und Rechentechnik (Numerische Mathematik · Rechentechnik und Datenverarbeitung)

Ergänzende Kapitel zu

BRONSTEIN/SEMENDJAJEW

Taschenbuch der Mathematik

3. Auflage, herausgegeben von G. GROSCHE, Leipzig, V. ZIEGLER † und
D. ZIEGLER, Leipzig

VI, 218 Seiten mit 36 Abbildungen. 14,5 cm × 20 cm. 1984
Plasteinband 12,– M; Ausland 19,80 M
Bestell-Nr. 6659126 Bestellwort: Bronstein, Ergänzungsbd.

Inhalt: Analysis (Funktionalanalysis · Maßtheorie und Lebesgue-Stieltjes-Integral · Tensorrechnung · Integralgleichungen) · Mathematische Methoden der Operationsforschung (Ganzzahlige lineare Optimierung · Nichtlineare Optimierung · Dynamische Optimierung · Graphentheorie · Spieltheorie · Kombinatorische Optimierungsaufgaben) · Mathematische Informationsverarbeitung (Grundbegriffe · Automaten · Algorithmen · Elementare Schaltalgebra · Simulation und statistische Versuchsplanung und -optimierung)

BSB B. G. TEUBNER VERLAGSGESELLSCHAFT · LEIPZIG